Draping for Fashion Design

美国经典服装立体裁剪完全教程

［美］希尔德·嘉菲 （Hilde Jaffe）

纽瑞·莱利斯 （Nurie Relis） 著

赵 明 译

U0216841

 中国纺织出版社

内 容 提 要

本书是引进美国版权的翻译图书，在美国已是第5版。本书主要讲立体裁剪在时装设计中的应用，主要内容涵盖服装由设计理念到成品的过程概述，立体裁剪的准备工作，基础原型、衣身、裙子、裤子、连衣裙、运动服和休闲服、高级定制服装，童装的立体裁剪和缝制技巧，腰部分割线及育克、领子、袖子、口袋的立体裁剪和缝制技巧，服装的功能性整理以及用制衣面料立体裁剪和试装。

本书内容丰富、实用易学，可供高等院校服装专业学生学习使用，服装企业设计人员、技术人员阅读，也可供广大服装爱好者自学参考。

原文书名：Draping for Fashion Design
原作者名：JAFFE, HILDE; RELIS, NURIE
© 原出版社，出版时间：Pearson Education Inc., 2012
Authorized translation from the English language edition, entitled DRAPING FOR FASHION DESIGN, 5E, 9780132447270 by JAFFE, HILDE; RELIS, NURIE, published by Pearson Education, Inc, publishing as Prentice Hall, Copyright © 2005, 2012 Pearson Education, Inc., publishing as Pearson Prentice Hall, One Lake Street, Upper Saddle River, NJ 07458.

CHINESE SIMPLIFIED language edition published by PEARSON EDUCATION ASIA LTD., and CHINA TEXTILE & APPAREL PRESS Copyright © 2014.
本书中文简体版经Pearson Education Inc.授权，由中国纺织出版社独家出版发行。本书内容未经出版者书面许可，不得以任何方式或任何手段复制、转载或刊登。

著作权合同登记号：图字：01-2011-5445

本书封面贴有Pearson Education (培生教育出版集团) 激光防伪标签。无标签者不得销售。

图书在版编目（CIP）数据

美国经典服装立体裁剪完全教程／（美）嘉菲，（美）莱利斯著；赵明译. —北京：中国纺织出版社，2014.7（2018.6重印）
（国际时尚设计丛书·服装）
ISBN 978-7-5180-0447-8

Ⅰ. ①美… Ⅱ. ①嘉…②莱…③赵… Ⅲ. ①立体裁剪—教材
Ⅳ. ①TS941.631

中国版本图书馆CIP数据核字（2014）第034509号

策划编辑：张晓芳　　责任编辑：宗　静　　特约编辑：付　俊
责任校对：楼旭红　　责任设计：何　建　　责任印制：储志伟

中国纺织出版社出版发行
地址：北京市朝阳区百子湾东里A407号楼　邮政编码：100124
销售电话：010—67004422　传真：010—87155801
http://www.c-textilep.com
E-mail：faxing@c-textilep.com
中国纺织出版社天猫旗舰店
官方微博 http://weibo.com/2119887771
北京玺诚印务有限公司印刷　各地新华书店经销
2014年7月第1版　2018年6月第2次印刷
开本：889×1194　1/16　印张：16.75
字数：271千字　定价：58.00元

凡购本书，如有缺页、倒页、脱页，由本社图书营销中心调换

序言

他们整装待发！他们再创佳绩！之前，你或许认为Hilde Jaffe和Nurie Relis的最近一版《美国经典服装立体裁剪完全教程》（*Draping for Fashion Design*）已经登峰造极。然而今天，该写作团队再次把此书推至新的巅峰！

作为一名成功的设计指导者，我在第七大道经营自己的公司长达45年，同时兼任F.I.T.时装学院的终身教授，并即将迎来在QVC电视购物公司任职第五个年头。在这里，我想自己有资格并且很荣幸给予此书高度的评价及诚挚的赞许。我对立体裁剪的热爱要追溯到学生时代。尽管平面裁剪制板同样重要，但如果抛弃立体裁剪，仅在打板桌上是无法做出合意的微妙细节。

令人欣喜的是，Hilde和Nurie没有改变此书一如既往的实用风格，而且在新版修订过程中，增补了有关童装制作的重要章节。同时，新增补的图解也更具新鲜感和美感，让我们能够更好地理解课程内容。

此书的可贵之处在于，两位作者把他们的知识及实践所得的方法，以一种通俗易懂的方式分享给我们。我们需要一本这样的书作为参考，不断地提升自己的技能，进而激发我们的创造性，为我们的事业带来更大的潜能。我相信此书是两位教授里程碑式的伟大作品，它将带领我们了解服装立体裁剪，并走得更远。

GEORGE SIMONTON 教授
GEORGE SIMONTON 有限公司总裁
美国时装设计协会成员

译者序

我在1993年参加世界银行贷款专家班开始了立体裁剪的学习。有幸在1997年开始拜师日本文化服装学院佐佐木·住江教授为师，并在之后作为佐佐木·住江教授的立体裁剪教学助手多年，20年来不断地研究学习意大利、法国、美国等国外的立体裁剪技术，在工作实践中深感立体裁剪技术在时装结构设计中的重要性。而且体裁剪的教材对于学生和老师都是非常必要。

《美国经典服装立体裁剪完全教程》从款式结构分析、制作方法、效果呈现等几个方面对主要服装品类的款式案例进行逐一介绍，通过图片和步骤分解的形式展现了立体裁剪的整个过程，并且对人台与面料之间的空间把握、制作过程中的注意事项等都有详细的记录。可以说是将立体裁剪从理论到实践，再从实践到理论进行了完整的系统梳理。

北京服装学院在立体裁剪教学方面非常重视，我所负责的立体裁剪课程正在大家的努力下被建设为精品课程，在这个过程中我和我的研究生洪悦倾心翻译了这本教材。基于北京服装学院良好的教学条件和硬件设施，我们在实践中也将书中的方法进行了大量应用，验证了本书无论是对于初学者还是对于有经验的设计师来说，都是一本非常好用的教科书，相信这本书的出版会使很多同行与我们一样受益。

非常感谢在翻译的过程中，我的研究生陆洪兴和张腾为了此书做了很多查考词汇资料和应用实践的工作。特别感谢中国纺织出版社编辑张晓芳老师和校对老师不辞劳苦的帮助！

由于译者水平有限，也因中西服装语言的差异，翻译中难免有偏颇和意译的地方。敬请同行，专家们批评指正。

赵明

2014 年 6 月

前言

在考虑第五次出版《美国经典服装立体裁剪完全教程》（*Draping for Fashion Design*）之时，我们征求了读者的意见，他们建议我们在对本书内容进行重新整编的同时，要更加关注不同专业领域的服装。考虑到童装设计领域的信息亟待填补，我们在书中增补了专门讲解童装制作的章节（第十三章）。我们还在上一版的基础上校正了书中的大量图表，并增补了新的图解，使其更加清晰明了。

在本书的介绍中，我们对服装产业中不同领域设计师的背景知识进行了阐述，同时简单介绍了服装公司及其部门划分，并对不同的消费群体进行了分析。通过引入每一季发布会作品，寻找其灵感来源，我们试图描绘出服装由设计理念到成品原型的整个过程。

立体裁剪作为一门独立的课程，在各大服装设计院校都有设置。立体裁剪除了涵盖服装的立体造型技巧外，还包括样衣的缝制技巧。所以在本书的立体裁剪讲解过程中，有许多被特别标注为"缝制技巧"的地方。通过增补这些特别标注，我们把简单清晰的缝制说明和立体造型技巧整合到书中，使其形成一门综合的课程。我们旨在强调缝制的重要性，而并非使此书成为一本缝制书籍。我们在一些必要的地方加入了缝制技巧标注，以便解决在学习立体裁剪过程中遇到的缝制问题。

尽管计算机作为一种设计和交流的工具在当今的服装产业中使用得十分普遍，但我们相信，设计师使用面料进行立体裁剪的基本能力是不可或缺的。立体裁剪能够给予设计师直观的比例效果和视觉感受。学生只有通过实际的动手操作，才能培养出他们对面料的感觉并把握织物立体裁剪造型的特性。计算机确实可以用于绘制服装草图和进行平面制板，但其前提是设计师必须拥有对服装比例的敏锐感受，而这种感受只有通过在真人大小的三维立体人台上不断训练来进行培养。

鸣谢

真诚地感谢时装学院的同事们为我们提供的支持和帮助。本书中所介绍的技巧和知识，均是学院的老师们经过数年教学和实践的经验，以及在工作室和课堂中的无数次验证才得到的成果。老师和学生们都参与了此过程，原谅我们无法提及这数年来每一位默默无闻的贡献者。

有几位专业人士对于时装学院的立体裁剪课程的研究与发展起到了建设性的重要作用。其中最显著的是已故的第一任服装设计系主任Emeritus Ernestine Kopp教授；还有Emeritus Vittorina Rolfo教授，她曾经多年任职于设计系的副主任，主管系里新教师的发展工作，她对本书的材料组织和展示环节给予了先导性的建议和意见，我们在此深表谢意。

我们深深地感谢其他院校中不计其数的教授及学者们，他们深入地解答了我们的困惑，提供了无比珍贵的信息，使本书变得更加实用。我们认真地考虑并悉心接纳了他们许多中肯的意见。

我们还要感谢当下设计师及其他产业的专业人士，如果没有他们的诚恳帮助，此书的编撰将会是无稽之谈。他们为我们提供了当下服装设计及制板领域的第一手资料，并与我们分享他们数年来积累的宝贵的专业经验，同时还提供样衣间来检验我们的成品服装。

十分感谢Mary Ann Ferro女士，她作为一名时装学院的外衣设计师和助理教授，与我们分享了她制作无结构式落肩夹克的方法。身兼Hanes品牌设计总监及时装学院助理教授之职的Anthony J.Nuzzo，为我们提供了用针织面料进行立体裁剪制板的技巧，并对新增补的泳装制作内容进行了指导。作为自由设计顾问及时装学院助理教授的Lisa Donofrio，为我们讲述了运动服设计的要点。前任Cluett /Arrow国际股份有限公司商品营销总监和时装学院客座教师Benetta Barnett，在此书的设计、资料整理及实施过程中给予我们很多帮助。

特别感谢时装学院Wallace Sloves教授，他与我们分享了多年以来在真人模特及消费者身上试穿服装的经验，这些经验对于本书中服装试装章节的编撰十分宝贵。深深地感谢我们的朋友及同事George Simonton设计师，他和他的样衣工作室员工帮助我们完善了本书的高级定制服装的章节。George不仅是一名出色的技术人员，他在该书成型的过程中，更是一位热情高涨的领导者。

我们还要对为此书审阅手稿和提供建议的人士们表示感谢，他们是：服装缝纫学校（The Couture Sewing School）的Susan Kalje；帕森设计新校的Anne Rutter；Purdue大学的Nancy Strickler；佛罗里达中心大学的Kristina Tollefson；加利福尼亚大学的Adele Zhang。

为了使该书的新版问世，元素有限责任公司的Denise Botelho和Susan Freese慷慨地与我们分享了他们的编辑经验。他们独到的建议，对我们很有帮助，对此再次表示感谢。

最后，特别感谢为我们提供反馈信息的同学们，是你们的热情鼓舞着我们完成了此项工作。

HILDE JAFFE 希尔德·嘉菲

NURIE RELIS 纽瑞·莱利斯

简介

本书主要讲解立体裁剪在时装设计中的应用。立体裁剪是一种制板方法，设计师能够借助这种方法灵活准确地表达他们的理念。同时，它也是一种三维的服装设计过程。

在某种程度上，可以将立体裁剪看作是一种模型塑造方法。设计师借助立体裁剪手法把一张草图或情景图中的理念用具象立体的形式呈现给我们。直接在人台上进行裁剪的服装非常合体，而且，设计师在立体裁剪过程中能够准确地掌控服装的比例和细节，并能直观地观察和利用面料的特性。尽管平面制板在服装制作中的使用非常普遍，但是立体裁剪能够使设计师创立最初的设计并为以后的设计打下基础。在深入学习具体的立体裁剪知识和技巧之前，我们需要对服装设计师的工作地点和内容进行简单的了解。

公司及其下属部门

设计师可能会为多个不同类型的服装公司工作，这些公司有大有小。刚刚起步的小公司经营者要兼顾设计、生产和市场，而大的跨国公司则分设许多下属机构，拥有大量设计师和员工。大公司的总部可能设立在纽约，而服装加工厂很可能位于洛杉矶、迈阿密、芝加哥、达拉斯或其他城市。为了在美国的时装发布，很多意大利、法国及德国公司都在纽约设有工作室。

由知名设计师领衔的服装公司通常会依照服装不同的价位分设多个支线。价位最高的当属"Collection"系列。Collection 系列是公司最核心的设计部门，这里的服装都是经过设计总监本人或在其监督之下，使用昂贵奢华的面料制作完成的。介于高端和低端之间的中档价位支线通常被称作"Bridge"产品线，Bridge 产品线的服装产量和消费群较大，但同样做工精细、面料考究。另外，还有面向年轻消费者的价位较为低廉的支线，基本上是以日常服装为主，主要面向大众市场。

服装公司还可以依照不同的服装类型进行分部。一般的服装公司可能会包含运动装部、童装部和男装部。内衣和睡衣服装公司可能会下设基础服装部和泳装部。每个下属机构都有自己的设计团队。

顾客

每一位女士都与众不同。她们的服装不但要合体，更应该符合她们的生活方式。过去，女装通常都是按照个人的意愿进行定制，而当下的多数女性则没有时间，也无法承担那样奢侈的享受。今天的女性大多在零售店或者商场中挑选并购买适合自己的服装，也有一些忙碌的顾客会直接通过网络或电话进行订购。

服装公司和零售商都对自己特定的目标顾客群有着清晰的认识，每个部门的设计师必须竭尽全力地去研究并了解自己面对的消费群中的每位女性消费者。

她的生活方式是怎样的？

她是一名需要为了工作而在意着装的职场女性吗？抑或是一位住在市郊看护孩子的家庭主妇？抑或是一名大学生？是一位经常出入各种社交场合的贵妇或慈善家？她喜欢运动吗？她的行事风格保守还是张扬？她富有艺术气质吗？每一种生活方式都需要特定的服装。

她的年龄有多大？

虽然当下的女士都希望自己更年轻并对自己的生活充满激情，但一位十几岁的摇滚音乐爱好者和一位年轻的祖母在着装上仍然会有差异。

她的体型如何？

女性有高有矮，体型各异。有些人宽臀窄肩，而有些则宽肩窄臀；有些人的腰线明显，而有些人的腰线却模糊难辨。

我们针对不同体型制定了各种服装号型。很多人试图规范化这些号型，但时装的潮流在不断发展和变化，服装廓型和人们对合体度的理解也随之变幻莫测。另外，服装的测量方法各不相同，同时，每个公司针对自己消费群体的体型也有特定的标准，种种因素造成了服装号型规范化的实施难度。

尽管如此，女性体型仍可以大致分为以下几种：

普通型——身高和比例适中的女性。

修长型——后中和四肢比较长的女性。

娇小型——后中和四肢比较短的女性。

妇女型——身高适中，但三围较大的女性。

季节

服装公司通常每年有两季主要的时装发布：秋季发布和春季发布。另外，根据服装公司类型的不同还可能会有夏装和度假系列服装的发布。对于运动服装公司来说，夏季是一个重要的季节。裙装公司则会把假期视为重要发布的时间。许多服装公司全年都会有新品发布，这样零售店就可以保持不断有新品上架。

在设计每季的服装之前，设计师必须充分考虑消费者所在地区的气候特点。例如，在美国北部地区，冬季户外极其寒冷，市区室内供暖过剩，而郊区则供暖不足。综合考虑这些因素，设计师就会知道北部地区的民众在冬季需要保暖的户外服，而内搭服装则以轻薄为主，以适应不同的室内温度。相对而言，南部地区在冬季比较温暖，过于厚重的外套就毫无用武之地了。但不管如何变换，冬季时深色永远是主导色，各个地区的职业女性也都会穿着相似的轻质地面料的职业装。

消费者的活动也会随着季节而有所改变。秋季节日派对较多，对晚装需求较大，用料奢华的晚礼服和裙装在此时较为畅销。同时，这个季节也是采购礼物的高峰期，羊毛外套和优雅的内衣是这时的主打款。不同的季节性活动对运动服的设计影响较大。例如，滑雪服一般仅在冬季出售。而在南部地区，本地居民和度假者全年都需要购买夏季户外运动服装。

寻找灵感

时尚产业要求设计师能够不断地提供新的时尚概念。这些时尚概念不仅要新颖，而且还要能够满足当下顾客的需要及愿望，想要两者兼顾并非易事。

顾客购物时，通常会关注自己需要的或能够引起她们注意的服装。女士们需要与众不同但又不过于标新立异的服装。她们希望自己看起来出众，并符合当下的流行趋势。由于时尚转瞬即逝，设计师必须拥有敏锐超前的洞察力。设计师的意识太过超前，消费者接受不了，而过于落后的结果将会更为悲惨，因此，对于潮流和时机的把握尤为重要。

为了引领潮流的方向，设计师必须时刻关注流行和时尚的进展。他们必须凭借自己的直觉判断出消费者在未来的几个月想要购买什么样的服装，以及这些服装应该在何时投入生产并在最后到达零售商的店铺中。

时装杂志及报纸向设计师展示了时尚推手根据流行趋势精选出的服装款式。时尚编辑、买手和推手们通常浏览过许多时装秀场并培养出了敏锐的

流行触觉，据此对消费者未来的喜好进行预测。同时，时尚编辑也会根据杂志的新闻价值来推荐服装。这就意味着在杂志首页，那些经过精挑细选的服装造型的时尚引领性大于穿着的实用性。

另外一种发现时尚流行趋势的方法是去逛商场。通常设计师会进入商店观察最近在销售什么服装，顾客在购买什么服装。而"降价"的货架上的服装则会让设计师知道什么服装难以销售。

为了更好地预测流行，设计师必须与时俱进，关注当下最新的时事新闻和流行的音乐、电影、戏剧及电视，并依此来亲近目标消费群的文化、喜好及消费习惯。保持与消费者同样的生活方式，有助于设计师更好地理解顾客的需求。

灵感还来源于服装面料和其他材料。在设计师购买面料的刹那，其设计理念通常就已经具象化了。面料色彩、结构、印染及其编织图案都可以激发设计师的设计灵感。作为配料的纽扣、缎带和刺绣也都会对设计师有所启发。功能服装的设计师，如户外服、泳装或样式各异的工作装，则能够在面料性能的技术更新中找到灵感。例如，莱卡与其他织物混纺技术的广泛应用给面料提供了良好的弹性机能，这能够使服装更加贴体，穿着也更加舒适。

博物馆和图书馆也能为设计师提供灵感。通过对往届时装发布、服装效果图、绘画和雕塑的研究，设计师能够熟悉服装设计的历史，了解服装在过去是如何演变的。留意重要的政治发展因素对女装的改变；观察服装受社会风俗和时代影响的痕迹是一件非常有趣的事。此外，技术高超的裁缝和女工们也会对当时不同阶层的着装喜好产生影响。

某些设计细节作为流行特征会再次出现，反映出之前某一历史时期的风貌。有种说法认为时尚是周而复始的，它在周期性地演绎着自己。这样说也并非完全正确。某些时尚细节会重复出现，但绝不会完全相同，毕竟时代在更迭，世界在发展，时装也随之不断变化。

制作原型

服装设计的创新过程相当复杂。首先要有设计理念，随后要按部就班地把理念导入到三维立体现

实中。最初的设计理念往往随着整个设计过程的修改而不断改变。

尽管有些设计师富有创造性，能够将理念直接通过立体裁剪表现出来，但大部分的设计师及其助手们都要依照设计草图来进行立体裁剪。在运用立体裁剪将草图转换成坯布样衣的过程中，设计师会根据人体及面料特性，对服装的细节和比例进行不断的调整。

接下来的步骤是将立体裁剪得到的样衣转化成精准的纸样。有时候会使用立体裁剪与平面裁剪并用的方法。在根据已有的设计造型进行细微变化时，这种双管齐下的方法颇为有效。为了便于将平面裁剪和立体裁剪相结合，可以将立体裁剪得到的衣片制作成硬纸板，通过操控纸样来得到各种变形效果。如果将纸样扫描至计算机中，就可以通过计算机来对服装进行面料和款式的变化了。

计算机软件也可以用于最后试装，通过计算机将服装穿在虚拟的模特身上测试服装的合体度，并进行生产审核。计算机化的审核程序使设计人员与境外加工企业间的国际化交流更加迅速有效。为此目的，目前已有几款软件实现了商业化运营。

最后，将纸样拓印在选好的面料上，裁剪面料并进行服装款式或样衣的成品制作。

目录

第一章
立体裁剪的准备工作

通过在人台（图1-1）上进行立体裁剪造型、裁剪和用大头针固定的过程，使设计师在深化设计理念的同时可以制作出服装款式的基础样板。尽管大部分的立体裁剪是由坯布制作完成的，但是，设计师依然要对成品服装所使用的面料性能有清楚的认知。不同面料的手感、重量、结构和表面特征都对最后的成品设计效果起着不同的重要作用。有些面料特征独特，那么直接使用面料来进行立体裁剪得到最后完成的成衣效果则是更好的方法。然而，这种情况需要设计师具有更丰富的工作经验。因为一旦出错，大多数时候会造成面料的损失。

白坯布是一种平纹棉布。坯布的纱线方向显而易见，且成本低廉，便于操作及完善作品。在坯布上能够用铅笔画线，并且能用坯布完成最终的样板，这种样板可以被重复地使用。在人台上完成立体裁剪以后，将坯布样板缝合，最后可以把它穿在人身上调整其合体度。

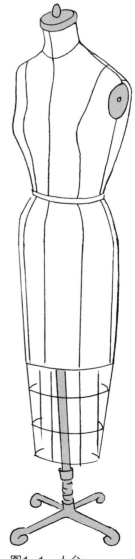

图1-1　人台

当设计师掌握了基本的立体裁剪手法，就可以把大量的设计构思转化为服装作品。通过立体裁剪完全可以塑造出各种合体度的服装廓型。服装可以是紧贴人体的，也可以是宽松易于运动的，还可以被制作成各种特大号型的服装。松量较大的宽松型服装常常处于流行之中。而且，立体裁剪能够适用于各种围度的人体，当选取轻薄面料时，可以制作出飘逸的效果。当成衣的号型偏大时，为了得到好的轮廓造型，通常还可以加入衬里、衬垫以及各种填充料以达到更好的造型效果。

为完成当下的时装效果，读者可以调整此书中所提供的设计基本步骤，在此基础之上还应配合不断创新的立体裁剪手法。此书的写作宗旨在于从不断变换的服装中找寻基本的立体裁剪原则，以此作为基础使具创造性的设计师能够游刃于创作之中。

立体裁剪的工具

坯布——坯布有三种基本类型：

1. 粗质中等质量的坯布多为初学者所用，因为纱向更加容易辨认。
2. 质地轻柔、织造良好的坯布多用于表达柔软的立体裁剪作品。
3. 质地厚重、织造紧密的坯布多用于服装定制。这种坯布通常也叫做"样衣坯布"。

剪刀——推荐选取一把约23cm长（9号，9in）、质量良好的剪刀；刀刃必须锋利（图1-2）。

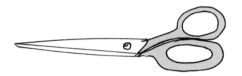

图1-2

卷尺——卷尺表面要平整，刻度标记要清晰。卷尺的正面应该为英寸（in）刻度，另外一面应该为厘米（cm）刻度，以方便简单的数据转换（图1-3）。

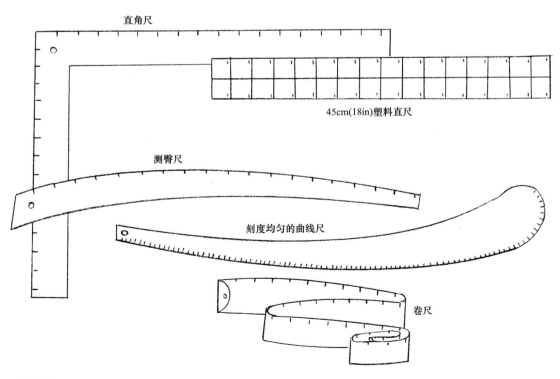

直角尺

45cm(18in)塑料直尺

测臀尺

刻度均匀的曲线尺

卷尺

图1-3

标记清晰的塑料直尺——也称为方眼定规，建议选取规格为45cm×5cm（18in×2in）的尺子。

刻度均匀的曲线尺——量身定做服装中，45cm（18in）的曲线尺通常被用来绘制袖山弧线和袖窿弧线。

测臀尺——长60cm（24in）的弧形金属薄片尺。

直角尺——L形金属尺；长边60cm，短边35cm（长边24in，短边14in）。

法式曲线尺（弯尺）——弧线曲度不同的塑料尺，通常用于绘制袖窿弧线和领口弧线（图1-4）。

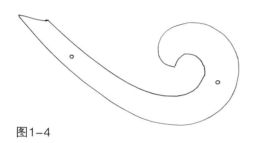

图1-4

立裁用大头针——建议选用17号钢针（图1-5）。

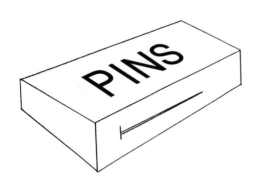

图1-5　立裁用大头针

滚轮（擂盘或复描器）——通常需要两种滚轮。一种滚轮边缘为均匀的锯齿状，在立体裁剪中借助描图纸来标记坯布。另一种滚轮由细的钉子组成，在制板过程中用滚轮把坯布样板转移到打板纸、硬卡纸或塑料薄片上（图1-6）。

描图纸——将一张复写纸装裱在硬卡纸或海报纸上，或者使用单面的复写纸，这样可将坯布上的线条复制到另一块坯布上。在坯布上应该使用对比色的复写纸，以便于识别。由于这些颜色无法擦掉，所以不能反复修改。当立体裁剪的材料为成衣

面料时，谨记不要使用这种画线方法（图1-7）。

铅笔和钢笔——在坯布上作标记或者画纸样

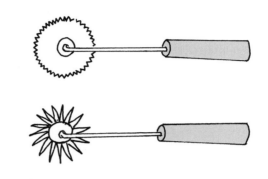

图1-6

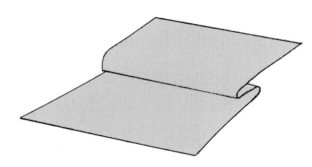

图1-7

线时应选用中等深度铅笔，每次使用前都要把它削尖。为此目的，有些设计师更倾向于使用自动铅笔或者圆珠笔。

塑型带或平面标记胶带——塑型带是一种较窄的机织缎质标记带，为了与坯布形成对比，一般选用黑色塑型带。平面标记胶带是一种非织造的标记胶带，通常贴在纸上或者织物上。平面标记带宽度不等，但是为了立体裁剪方便，建议选用窄的标记胶带。在立体裁剪造型中会使用到各种标记胶带。

裙摆标记器——裙摆标记器能够准确地标注裙摆的长度。这种标记器可以调节，有时会配合划粉和大头针一起使用（图1-8）。

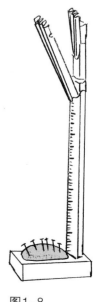

图1-8

人台

　　立体裁剪离不开专用人台。制作不同的服装时，类型各异的人台足以调整服装的宽松程度。然而，这些人台不提供服装的款式造型，而是需要在其表面用大头针固定面料，所以建立基础的服装样板非常必要。

　　标准人台适用于设计整身服装（如连衣裙）、分体上装和短裙。当立体裁剪裤子并对其进行调整时，一般会选用分体的专用裤装人台。大部分服装所用的人台不会与人体完全一致。为了便于使用，人台上所呈现的人体起伏被制作得相对平整。尽管如此，每种号型的人台还是根据精确测量的数据而制造。特别是为适用于贴体服装而制造的人台，如泳装、文胸和内衣等，同时也适用于外套和西服。

　　大部分的女装设计师会使用由自己公司定做的样板人台。这种人台是依照试衣模特的尺寸定做的，同时也会根据需要参照标准尺寸。8号人台是被服装公司广泛选用的。

　　立体裁剪人台的准备工作——采用标记胶带在人台上粘贴标记线。要确保标记线迹的精准。标记线将被作为立体裁剪的参考和依据。标记线必须准确，这样才能制作出对称的样板。在有些情况下，我们需要调整人台的某些线条，校正其位置以弥补人台本身的不足（图1-9、图1-10）。

1. 将肩线和侧缝线连接成一条完整的线，这条线始于侧颈点，经臂盘的轴心，在腰线结束，使用卷尺将这条线校正顺直。

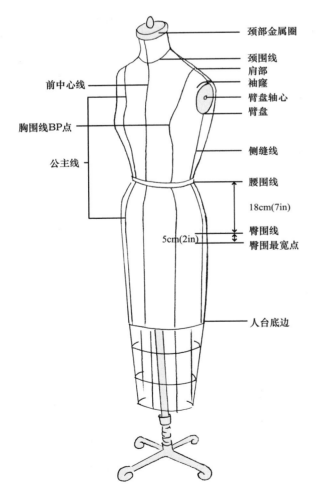

图1-9

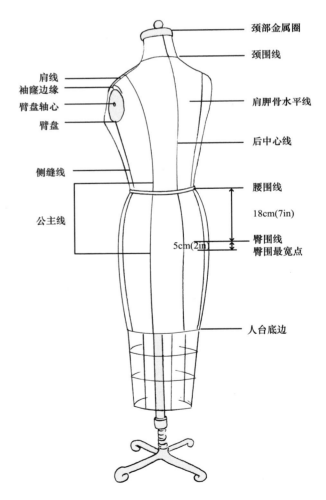

图1-10

2. 从腰线与侧缝线的交点到躯干底部结束的侧缝线应该呈现为一条垂直于地面的铅垂线。对这条线可能会进行一些必要的调整。

3. 检查腰部的标记胶带，使其成为一条水平围线。确保其通过腰部最细的位置。

4. 人台上标记胶带的交汇处要用大头针固定，同时要保证其准确性。

熨烫工具

很多时候，立体裁剪可以使用家用熨烫工具。然而，专业的设计工作室应具备以下设备：

A型熨斗——这是一种专业熨斗，分量较重，手工熨烫。可以调节温度，用大拇指按下按钮会释放水蒸气。（图1-11）。

图1-11

烫台——在立体裁剪中常需要手工熨烫。专业的烫台有烫垫，外形完备，导热性能良好。烫台配有真空吸风机，能够吸收多余的热气（图1-12）。

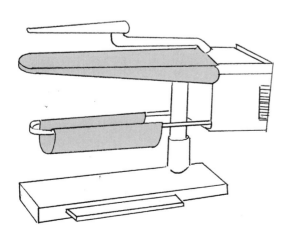

图1-12

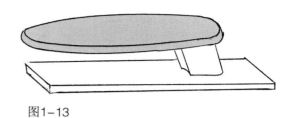

图1-13

袖子烫台——有较好衬垫的袖子烫台是大烫台的缩小版。通常使用它熨烫袖子及一些比较难烫到的服装局部细节（图1-13）。

纱线方向

纱线表达出纤维走向或者面料的丝缕方向。

1. 纵向纱线——称为直纱或经纱
   a. 纵向纱线与布边或者织物的边缘平行
   b. 强度大
   c. 很难被拉伸
   d. 纱线容易脱落

2. 横向纱线——称为横纱或纬纱
   a. 横向纱线与布边垂直
   b. 强度小
   c. 与经纱相比更容易被拉伸

3. 斜纱方向
   a. 与面料纱正斜方向一致
   b. 与经纱和纬纱相比更易于拉伸
   c. 利用斜纱方向立体裁剪比较容易贴体
   d. 沿着面料任意一角裁剪可以得到斜纱方向面料
   e. 沿着经纱和纬纱的45°角裁剪可以得到正斜纱向（图1-14）。

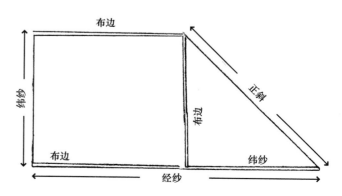

图1-14

立体裁剪坯布的准备

1. 撕布

a. 估计所用布幅的尺寸，充分考虑到合适的松量、缝份和款式所需的多余量。

b. 用剪刀将布边剪开。在撕布时应使用足够大的力量，以保证撕后的布边整齐。

c. 立体裁剪时所使用坯布的横向和纵向布边应该是完全合格的。但是原始布边由于要固定坯布往往被织造得非常紧密，产生纬斜等现象。因此在立体裁剪时，为了保证立体裁剪使用的坯布没有变形，坯布的原始布边经常被撕掉。并且，衣片的前中心线和后中心线应距离布边8cm（3in）以上。

2. 整纬

在立体裁剪之前，我们应该调整坯布，以使其经、纬纱线方向完全垂直。在调整坯布时，注意观察坯布的纬纱倾斜状况，用手斜拉布边调整，直到布的相邻两边完全垂直为止（图1-15）。

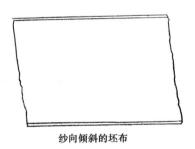

纱向倾斜的坯布

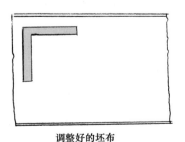

调整好的坯布

图1-15

3. 熨烫

a. 当织物的经纬纱向被调整好后，立即使用蒸汽和压力将坯布定形。

b. 在熨烫时，熨斗要沿着经纱和纬纱的方向直线熨烫，而不要斜向熨烫，以避免造成变形。

c. 在熨斗干燥的情况下要打开蒸汽。

缝份

服装缝份的大小很大程度上取决于缝制机器的类型。传统缝纫机能够缝制任何宽度的缝份。缝份的宽度还取决于缝线的类型、位置和修改的需要及服装的售价。锁边机适用于缝制针织服装、运动服、睡衣、童装等，其缝份在0.6cm（$\frac{1}{4}$in）和1.3cm（$\frac{1}{2}$in）之间。

初学者在直线位置可加放2.5cm（1in）的缝份，如在侧缝、腰围线和腋下线位置。所有的曲线位置应加放1.3cm（$\frac{1}{2}$in）的缝份。

第二章
基础原型

大多数服装都是在原型的基础上进行立体裁剪的。因此，本章作为本书的基础章节，将对立体裁剪过程中的基础知识进行讲解和介绍。初学者掌握了这些基本技能后，就能够进行更深入的学习，并制作出更具挑战性和趣味性的创意立体裁剪作品了。

所谓"基础原型"或者"基本型"，是制板的基础。尽管基础原型可以根据测量数据，通过平面制板得到，但使用面料在人台上直接进行立体裁剪则更为直观和快捷。制作基础原型时，衣身的合体度必须控制精确，因为作为整个服装产品线的板型基础，稍许偏差都可能影响到整季服装产品的着装效果（图2-1）。

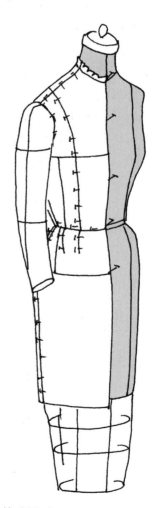

图2-1 基础原型

衣身的基础原型——前片

A. 准备坯布

1. 撕掉坯布的布边。

2. 测量侧颈点到腰围线的距离。

3. 沿坯布直纱方向，量取侧颈点到腰围线的距离，再增加10cm（4in）。

4. 沿横纱撕掉多余坯布。

5. 在人台上，沿着胸围线，量出侧缝线到前中心线的距离。

6. 沿坯布横纱方向，量取侧缝线到前中心线的距离，再增加10cm（4in）。

7. 沿直纱撕掉多余坯布。

8. 对坯布进行整理和熨烫（参见本书第6页）。

9. 在距离坯布纵向布边约2.5cm（1in）的位置，绘制一条垂直辅助线，作为前中心线（图2-2）。

10. 过前中心线的中点绘制一条水平辅助线，作为胸围线。

11. 在人台上，找到BP点位置并用大头针标记。量出BP点到前中心线的距离。

12. 在坯布上，沿着胸围线方向标记BP点位置。

13. 在人台上，量出BP点到侧缝线的距离。

14. 在测量值的基础上增加0.3cm（$\frac{1}{8}$in）的松量，根据增加的松量，沿坯布的胸围线找到侧缝线的位置并作标记。

15. 沿胸围线找到BP点到侧缝线的中心点，作为公主片的中心点（图2-3）。

16. 过BP点和公主片的中心点向下作垂直线至坯布底边。在立体裁剪之前，可以根据需要对坯布进行再次熨烫和整理。

17. 沿前中心线，将外侧约2.5cm（1in）坯布向下折叠。

18. 沿BP点下的直纱线折叠坯布，作出折痕（图2-4）。

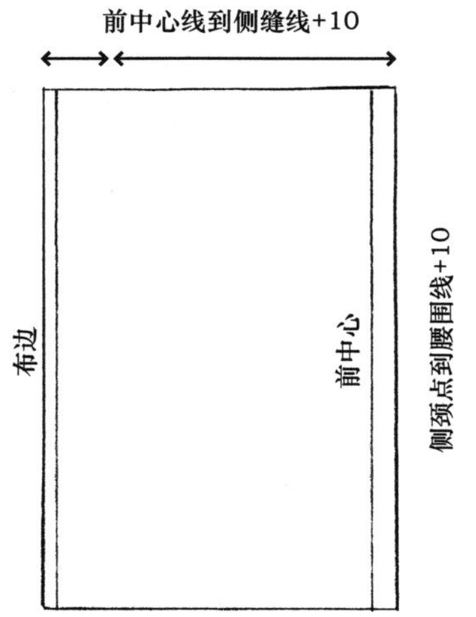

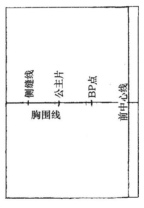

图2-3　步骤A10~15 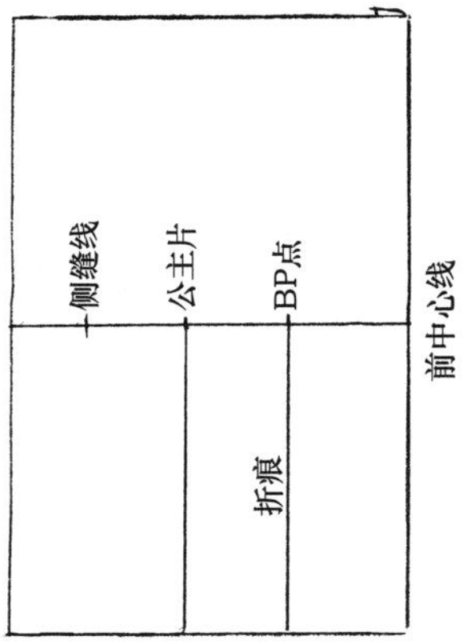　　　图2-4　步骤A16~18

B. 立裁步骤

1. 将坯布披覆到人台上，在BP点位置扎针固定。固定坯布时，需用两根大头针扎成倒八字形，以防止坯布移动。

2. 沿BP点向上抚平坯布，使坯布的前中心线与人台的前中心线对齐。

3. 在前颈中心点处扎针固定。

4. 在前中心线上，找到前颈中心点到胸围线的中点，并扎针固定。

5. 调整坯布，使胸围线与人台的胸围线保持水平一致。让胸围线以下的坯布自然下垂，与箱形夹克类似。在胸围线上的BP点到侧缝线之间扎针固定，防止在胸围线位置的坯布下垂（图2-5）。

图2-2　步骤A 1~9

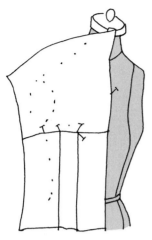

图2-5　步骤B1～5

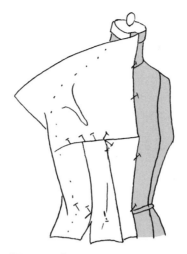

图2-6　步骤B6～11

图2-7　步骤B12（a）

6. 在公主片中心线与腰围线交点位置扎针固定，捏起一定的量，约0.2cm（$\frac{1}{16}$in），作为腰部的松量。

7. 从公主片中心线底端向上打剪口，剪至距离腰围线1.3cm（$\frac{1}{2}$in）位置。

8. 沿侧缝线，在腋下和腰围线处扎针固定。

9. 固定坯布的前中心线和腰围线，保证纱向线平直。

10. 在BP点以下捏出腰省，并用大头针固定，将BP点向下的垂直线作为省的中心线。

11. 在前腰节点位置扎针固定，使前中心线与腰省间的横纱线保持平直。将纵向多余的量推向胸围线，在胸部弧线相对应的前中心线位置扎针。这时的胸部会形成一定的空间量。同时要保证衣身的横向纱线为水平状态（图2-6）。

12. 立裁领围线

　a. 在前颈中心点上方约2.5cm（1in）的位置剪掉一个矩形。矩形的宽度约2.5cm（1in），长边一直裁到坯布的边缘（图2-7）。

　b. 从前颈中心点，将坯布沿水平方向抚平，再垂直向上抚平至侧颈点。

　c. 为使颈部坯布平整伏贴，在领围线以外的坯布上打些剪口，剪口末端距领

围线约1cm（$\frac{3}{8}$in）（图2-8）。

13. 沿肩线将侧颈点到公主线之间的坯布抚平，并在肩线与公主线的交点位置作圆点标记。

14. 从标记点向下捏褶至BP点，作出一条从标记点到BP点的折痕。将衣片从袖窿底点向上抚平至肩线，使余量汇集到折痕处，形成肩省。在肩线与袖窿的交叉点处扎针固定（图2-9）。

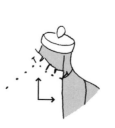

图2-8　步骤B12

捏褶→

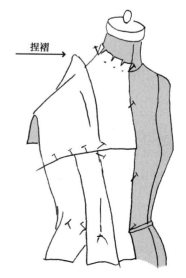

图2-9　步骤B13～14

15. 用大头针固定省道，使肩线处的坯布变得平整。

16. 在肩省和腰省的消失点位置扎针作标记。消失点即省尖点（图2-10）。

C. 标记

用一支削尖的铅笔在坯布上作所有的标记。使用十字标记和圆点标记标注立裁好的服装缝线，在缝线相交的位置标注十字标记，在缝线上标注圆点标记，标记要尽量精准。

1. 领围线——在前颈中心点位置作十字标记，沿着领围线作圆点标记至侧颈点处；在肩线和领围线相交的侧颈点位置作十字标记。

2. 肩线——在肩省的两边作十字标记，在肩线与袖窿弧线的相交处即肩端点位置作十字标记。

3. 袖窿弧线——从肩端点沿袖窿弧线作圆点标记，至臂盘轴心水平位置；再从臂盘轴心的水平位置沿袖窿弧线作圆点标记；在袖窿弧线和侧缝线相交处作十字标记。在人台侧缝偏后的位置标记出衣身侧缝线。

4. 腰围线——在腰围线与侧缝线的相交处作十字标记；从侧缝线开始，沿人台的腰围线，在衣身上用圆点标记出腰围线，至腰省的位置；在省道的扎针位置作十字标记（图2-11）。

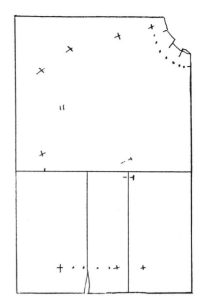

图2-12　步骤D1～2

D. 校正

校正就是通过画线来确定最后完成板型的准确尺寸。

1. 将坯布从人台上取下，去掉省尖点标记处以外的所有大头针。

2. 检验腰省的两个十字标记到省中心线的距离是否相等，如果不相等，需要做适当的调整（图2-12）。

3. 用直线连接省尖点和两个十字标记，并延长至坯布的边缘。延长所有的缝线和省道线至净纸样边缘外。

4. 校正肩省。用直线连接BP点与靠近领围线的肩省十字标记；根据省尖大头针的位置在直线上标记出省尖点；用直线连接省尖点与靠近袖窿的省道十字标记。

5. 连接袖窿底点与腰线和侧缝线交点的十字标记，作为侧缝线。

6. 从装袖考虑，需要降低袖窿底点，即增加袖窿深度。袖窿深是从人台肩部外边缘的肩端点位置向下，经过袖窿中心至侧缝线

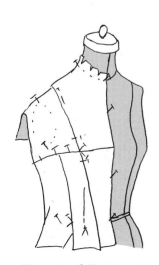

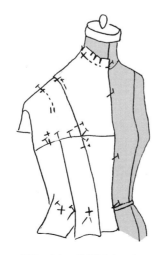

图2-10　步骤B15～16　　图2-11　步骤C1～4

基础原型袖窿深规格表

规格	5	6	7	8	9	10	11	12
袖窿深（cm）	13.7 ($5\frac{3}{8}$in)	14 ($5\frac{1}{2}$in)	14 ($5\frac{1}{2}$in)	14.3 ($5\frac{5}{8}$in)	14.3 ($5\frac{5}{8}$in)	14.6 ($5\frac{3}{4}$in)	14.6 ($5\frac{3}{4}$in)	14.9 ($5\frac{7}{8}$in)

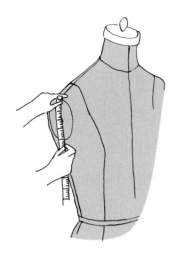

图2-13　步骤D6

为止的距离。袖窿底点相应下降的尺寸见下表。在人台的侧缝处，用大头针标记降低后的袖窿底点（图2-13）。

7. 用法式曲线尺校正袖窿弧线，使曲线尺的直边靠近肩线的十字标记，沿着袖窿处的圆点标记往下画，尺子底部的弧线部分应该到达降低后的袖窿底点十字标记（图2-14）。

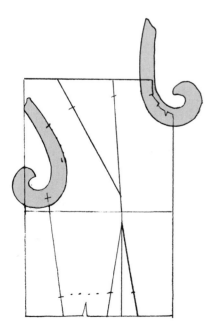

图2-14　步骤D7～8

8. 用法式曲线尺校正领口弧线，尺子的弧线部分要靠近领围的标记，同时碰到前颈中心点位置的十字标记及肩线上的侧颈点。基础原型的领围线只是参照线，在实际的服装制板中，领围线的前颈点至少需要下落0.6cm（$\frac{1}{4}$in）（图2-14）。

9. 过肩省的省尖点，沿横纱方向将衣片对折。将靠近前中线的省边线折叠至靠近袖窿的省边线并对齐。在省边线的下面放置一把尺子，参照图2-15所示的方式，用大头针将肩省固定。固定时，大头针须沿折线边缘穿透每层面料进行固定。大头针角度与折线垂直，针距应在5cm（2in）左右。

10. 校正肩线。用直尺连接侧颈点和肩端点的十字标记。

11. 沿领围线和肩线加放缝份，清剪多余的量（图2-15）。

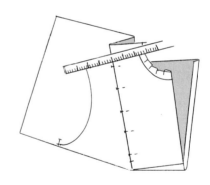

图2-15　步骤D9～11

12. 大致清剪袖窿弧线，留出3.8cm（$1\frac{1}{2}$in）的缝份量。

13. 用大头针固定腰省，将靠近前中心的省边线折叠至省的另一边。

衣身的基础原型——后片

A. 准备坯布

1. 在人台上，沿后中心线测量出侧颈点至腰围线的距离。

2. 沿坯布布边量取侧颈点到腰围线的距离，再增加10.2cm（4in）。

3. 沿横纱撕掉多余的坯布。

4. 在人台上，从腋下开始，量出侧缝线至后中心线的距离。

5. 沿坯布的横纱方向，量取侧缝线到后中心线的距离，再增加10.2cm（4in）。

6. 沿直纱撕掉多余的坯布。

7. 对坯布进行整理和熨烫。

8. 在距离坯布的纵向布边2.5cm（1in）的位置绘制一条垂直辅助线，作为后中心线（图2-16）。

9. 沿着后中心线，将外侧的2.5cm（1in）面料折向反面。

10. 沿后中心线，从顶端向下量取7.6cm（3in）作十字标记，作为后颈中心点。

11. 在人台上，沿着后中心线量出后颈点至腰围线的距离。

12. 根据测量值，在坯布的后中心线上用十字标记出腰围线的位置。

13. 将后颈中心点至腰围线之间的后中心线分成四等份。

14. 将从上至下的第一等分点作为肩胛骨水平线位置。

15. 过第一等分点作水平辅助线，作为肩胛骨水平线（图2-17）。

图2-16　步骤A1~8

16. 在人台上，沿肩胛骨水平线测量出后中心线至臂盘边缘的距离。

17. 在坯布的肩胛骨水平线上，量取这个距离后加放0.3cm（$\frac{1}{8}$in）的松量，并作十字标记。

18. 从刚作好的十字标记点向后中心线方向量取3.2cm（$1\frac{1}{4}$in）并作十字标记，然后从这一点向下作垂直辅助线至坯布底边（图2-18）。

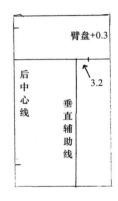

图2-17　步骤A9~15　　　图2-18　步骤A16~18

B. 立裁步骤

在立裁后片之前，必须先将前片固定在人台上，并检查前片所有的缝线和省道是否与人台上的标记相对应。将肩线上的大头针完全扎入人台。前片放置合适后，在距侧缝线1.3cm（$\frac{1}{2}$in）处纵向扎几个大头针进行固定，然后将侧缝线上的大头针去掉，将多余的坯布按照图示方法向回折叠（图2-19）。

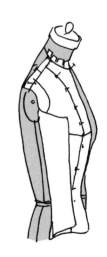

图2-19　步骤B

1. 将后片放置到人台上，沿后中心线，在后颈中心点和肩胛骨水平线位置扎针固定。

2. 从后中心线开始，沿肩胛骨水平线将坯布向右抚平至臂盘边缘，并扎针固定，注意均匀分配松量；沿肩胛骨水平线扎针，以

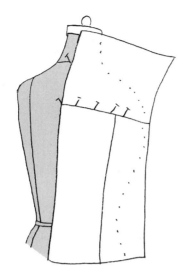

图2-20　步骤B1~2

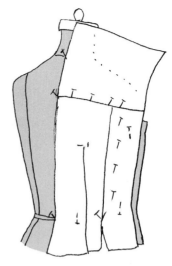

图2-23　步骤B7~8

防止坯布下落（图2-20）。

3. 将坯布沿直纱向向下抚平至袖窿底点水平位置，再沿横纱向抚平至袖窿底点，并扎针固定（图2-21）。

4. 将前、后片的袖窿底点固定在一起。对侧缝线进行调整，确保前、后片纱向一致，如果不一致，则要对后片进行调整。调整合适后，用大头针固定前后侧缝线的腰围线位置（图2-22）。

5. 沿衣片上的垂直辅助线向下抚平至腰围线，并捏起一定的量，固定在腰围线位置。

6. 从垂直辅助线底端向上打剪口，剪至距腰围线1.3cm（$\frac{1}{2}$in）的位置。

7. 在后中心线和腰围线相交处扎针固定。

8. 沿腰围线将坯布抚平至公主线位置，将多余的量捏成省道，用大头针固定在腰围线和公主线的相交位置。在省道的消失点处用大头针作标记。省道长度不能超过袖窿底点的水平位置（图2-23）。

9. 立裁领围线

   a. 在距后颈中心点上方2.5cm（1in）的位置剪掉一个矩形。矩形的宽度为3.8cm（$1\frac{1}{2}$in），长边直接剪至坯布边缘。

   b. 从后颈中心点，将坯布沿水平方向抚平，再垂直向上抚平至侧颈点。

   c. 为使颈部坯布平整伏贴，应在领围线以外的坯布上均匀地打剪口。

10. 从侧颈点开始，将肩线抚平至公主线位置。在靠近领围线的位置捏起一定的量，在公主线和肩线的交点处作圆点标记。

11. 将袖窿向肩线方向推平整，在肩线与袖窿弧线的相交处扎针固定。

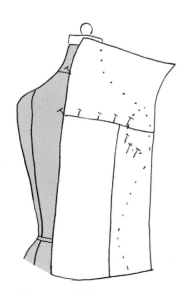

图2-21　步骤B3

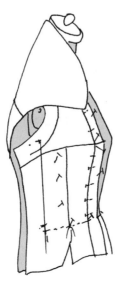

图2-22　步骤B4

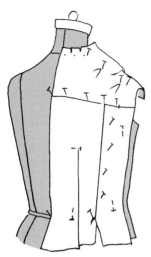

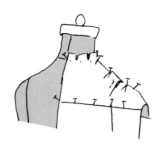

图2-24　步骤B9～12　　　图2-25　步骤B13

12. 在靠近袖窿的肩线处，捏起一定的量（图2-24）。
13. 将肩部多余的量移至公主线位置的标记处，形成肩省。肩省不能超过0.6cm（$\frac{1}{4}$ in）（图2-25）。

C. 标记

1. 领围线——在后颈中心点作十字标记；沿着领围线作圆点标记，至肩线处；在肩线和领围线相交处作十字标记。
2. 肩线——在前肩线的上面直接作圆点标记；在肩线和袖窿弧线的相交处作十字标记。
3. 袖窿弧线——从肩端点处沿袖窿弧线开始作圆点标记，直至臂盘十字标记位置；在臂盘与侧缝线的相交处作十字标记。
4. 腰围线——在腰围线与侧缝线的相交处作十字标记；从侧缝线开始，沿人台的腰围线作圆点标记，至腰省处；在腰省两侧作十字标记；再继续沿腰围线作圆点标记至后中心线（图2-26）。

D. 校正

1. 将衣身从人台上取下来，保持前后侧缝线固定在一起的状态。
2. 将衣片放在复写纸上，前片向上。

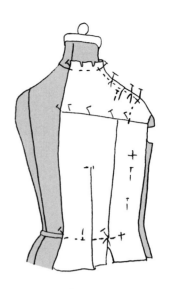

图2-26　步骤C1～4

3. 用尺子描出前侧缝线。
4. 由于需要装袖，在降低后的袖窿底点向外侧1.3cm（$\frac{1}{2}$ in）处作圆点标记，加宽衣身；将此点与侧缝线和腰围线的交点相连接，作为新的侧缝线。
5. 沿新侧缝线加放约2.5cm（1in）缝份，清剪多余的量，然后将前片和后片侧缝分开（图2-27）。
6. 校正腰省。在腰围线上找到腰省的中点，从中点向上作一条垂直线至省尖点对应的水平位置。移除原来省尖点的大头针，将

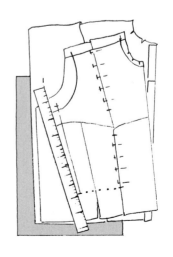

图2-27　步骤D1～5

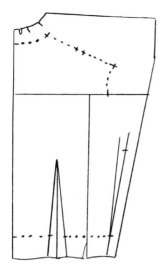

图2-28　步骤 D6

新的省尖点与腰围线上的省道十字标记连接，并延长至坯布底边（图2-28）。

7. 校正肩省。将腰省的省尖点与靠近领围线的肩部十字标记相连。沿这条线，从肩线向下量取7.6cm（3in）作为肩省的省尖点。再将省尖点与靠近袖窿弧线的肩部十字标记连接。

8. 校正领围线。将法式曲线尺放在领口，使弧线外边缘紧靠领围线的圆点标记，并保证尺子的两端同时连接到后颈中心点和侧颈点的十字标记（图2-29）。

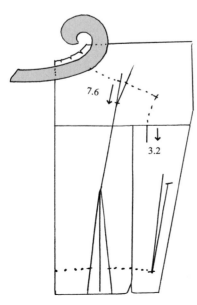

图2-29　步骤 D7～8

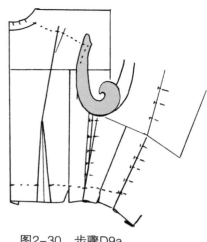

图2-30　步骤D9a

9. 校正袖窿弧线

　a. 将前后侧缝线固定在一起。在肩胛骨水平线和臂盘的交点处向下画一条3.2cm（$1\frac{1}{4}$in）长的直线；将法式曲线尺紧贴这条直线放置，使弧线末端与袖窿底点相连接，画袖窿弧线并保证弧线与前袖窿弧线连接圆顺（图2-30）。

　b. 把法式曲线尺倒转放置，将袖窿弧线边缘的圆点标记与下面的弧线部分连接成一条圆顺的曲线（图2-31）。

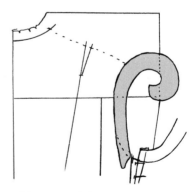

图2-31　步骤D9b

10. 固定肩省时，将靠近后中心线的省边线折叠至靠近袖窿的省边线上。

11. 使用法式曲线尺相对较直的一边连接肩部的圆点标记。肩线应该稍微有些弯曲，如图2-32所示。

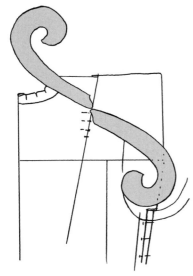

图2-32　步骤D11

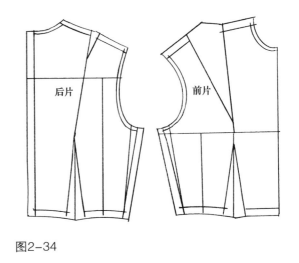

图2-34

16. 参见完成样板（图2-34）。

裙装的基础原型

A. 准备坯布

1. 从人台腰围线向下量取23cm（9in），作为臀围线位置。沿臀围线测量出前中心线及后中心线分别到侧缝线的距离。

2. 撕布
   a. 布长——在想要的裙长的基础上另外增加10cm（4in）。
   b. 布宽——沿臀围线测量出前中心线到后中心线的距离，再增加15cm（6in）。

3. 在距坯布纵向布边约2.5cm（1in）处绘制一条垂直辅助线，作为前中心线。

4. 从前中心线顶端向下量取5cm（2in），作为前中心线与腰围线的交点。

5. 沿前中心线，从腰围线向下量取18cm（7in）绘制一条水平辅助线，作为臀围线（图2-35）。

6. 在臀围线上，量取前中心线至侧缝线的距离，再加放1cm（$\frac{3}{8}$in）的松量，找到侧缝线的位置，并绘制一条垂直辅助线，即为前片侧缝线。

7. 在前片侧缝线外侧再作两条平行线，每条线间隔约2.5cm（1in）。这两条线是前侧缝线的缝份线和后侧缝线。

右栏续：

12. 沿领围线、肩线、袖窿弧线加放缝份，清剪多余的量。

13. 校正腰围线。将侧缝线和腰围线的交点下落0.6cm（$\frac{1}{4}$in）。用法式曲线尺从此点分别圆顺至后腰省和前腰省位置。如果至省道时弧线有向上的趋势，则需要尽量圆顺过去，使腰围线形成一条平滑的曲线。然后连接腰省到后中心线的所有圆点标记；在连接腰省到前中心线的腰围线时，要沿横纱方向。最后沿腰围线加放缝份，清剪多余的量（图2-33）。

14. 用大头针固定肩线，使后肩线压住前肩线。后肩线应该比前肩线长0.6cm（$\frac{1}{4}$in）。对准前后肩省、领围线和袖窿边缘的交点，画顺。

15. 将衣身穿到人台上，调整其合体度。

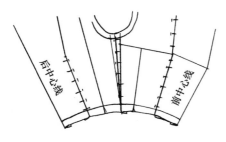

图2-33　步骤D13

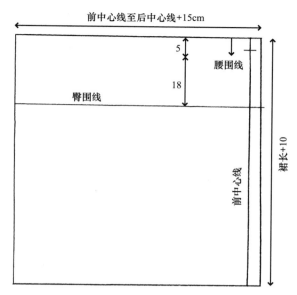

图2-35　步骤A1～5

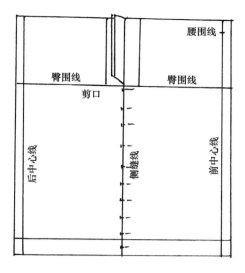

图2-37　步骤A11～12

11. 沿侧缝缝份线将裙子的前、后片分开。

12. 在侧缝缝份的臀围线处打剪口，剪至侧缝线净边；用大头针将臀围线以下的前后侧缝线固定在一起，并将臀围线以上的侧缝缝份翻出来（图2-37）。

8. 在臀围线上，先量取后侧缝线至后中心线的距离，再加放1cm（$\frac{3}{8}$in），找到后中心线的位置，并绘制一条垂直辅助线，作为后中心线。

9. 在臀围线上，从前片、后片的侧缝线，分别向两侧量取5cm（2in），并向上绘制一条垂直辅助线，至坯布的上边缘。

10. 从坯布的底边往上量取5cm（2in）即水平辅助线，即为底摆线（图2-36）。

B. 立裁步骤

1. 将前中心线外侧2.5cm（1in）的缝份折向背面。将坯布上的腰围线沿着人台腰围线扎针固定。

2. 在前中心线和臀围线处扎针固定。

3. 在进行立体裁剪时，应保证臀围线完全处于水平状态，并使臀围线以下的坯布自然下垂，没有斜向拉伸现象。然后固定后中心线，防止坯布下落（图2-38）。

4. 分别沿靠近侧缝线的前后两条垂直辅助线，将坯布向上抚平至腰围线，捏起一定的余量，用大头针固定在腰围线上。

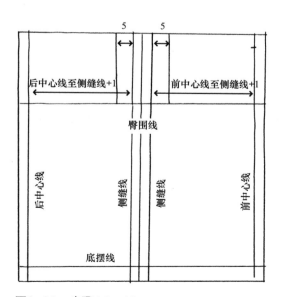

图2-36　步骤A6～10

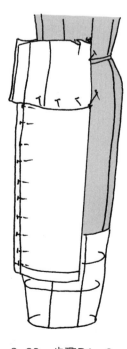

2-38　步骤B1～3

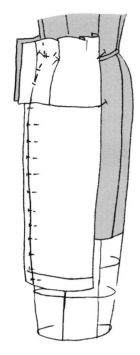

图2-39　步骤B4～5

5. 将臀围线至腰围线之间的前后侧缝线用大头针固定在一起。从臀围线向上到5cm（2in）的部分保持直纱，从5cm处以上开始向内弧。弧线与腰围线的交点应该在垂直侧缝辅助线与腰围水平线交点向内侧1.3cm（$\frac{1}{2}$in）～2cm（$\frac{3}{4}$in）的位置（图2-39）。

6. 制作省道。裙子的省道应该与上衣的省道在一条直线上。如果没有上衣进行参照，可以参照人台上的公主线来确定省道的位置。为了保证臀围线位置的纱向顺直，裙子的前、后片要分别作两个省道。

7. 立裁前片省道
   a. 从前中心线，沿腰围线将坯布抚平至设定好的省道位置。
   b. 将腰部的余量分成两个省，并根据臀部的曲线进行造型，用大头针在腰围线位置固定省道。
   c. 用大头针标记省尖点位置（图2-40）。

8. 立裁后片省道。从后中心线开始，按照制作前片省道的方法确定省的位置，并进行固定。在两个省道中间，留出足够的余量，使其能够捏起为止。后裙片在腰部的余量应该

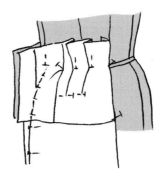

图2-40　步骤B7　　　　　图2-41　步骤B8

能够捏起两指。后裙片的省尖点应至少距臀围线约2.5cm（1in）（图2-41）。

C. 标记
　1. 沿着人台腰围线的下边缘在坯布上作圆点标记；在省道两侧的扎针位置分别作十字标记。
　2. 标记出臀围线至腰围线之间的前后侧缝线。

D. 校正
　1. 保证裙片的每个部位都用大头针固定在一起；用测臀尺将臀围线至腰围线之间的侧缝线画圆顺。连接所有的圆点标记（图2-42）。
　2. 将前片臀围线以上的侧缝线复制到后片上，并加放缝份，清剪多余的量（图2-43）。

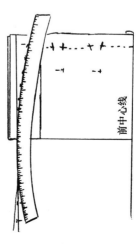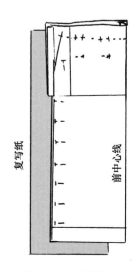

图2-42　步骤D1　　　　　图2-43　步骤D2

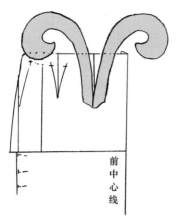

图2-44　步骤D3

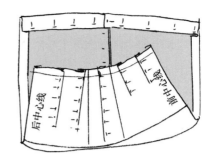

图2-46　步骤D8

3. 校正前腰省。通过省道两侧的十字标记定位省中心点，并连接省尖点，作出省中线。用法式曲线尺较直的部分绘制出省边线（图2-44）。

4. 校正后腰省。通过省道两侧的十字标记定位省中心点，并连接省尖点，作出省中线。用直尺连接省尖点和省道两侧的十字标记，作为省边线的参考线；在参考线的中心点向内0.3cm（$\frac{1}{8}$in）处作参考点。用测臀尺连接十字标记、参考点和省尖点，绘制出圆顺的曲线省边线（图2-45）。

5. 用大头针固定臀围线至腰围线之间的侧缝线。

6. 用大头针闭合固定所有省道。

7. 校正腰围线。从省尖点位置折叠裙片，如图2-46所示，使腰围线平整放置，然后用法式曲线尺圆顺连接腰围线上所有的圆点标记。

8. 如图2-46所示，将底摆边向反面翻折，并用大头针固定。在裙子的基础原型中，底摆线应该为一条直线。

9. 参见最终完成样板（图2-47）。

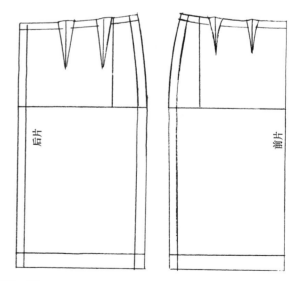

图2-47

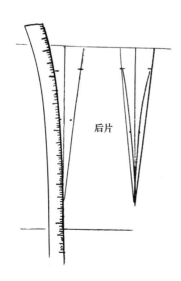

图2-45　步骤D4

E. 将裙子与衣身连接

1. 把裙子和衣身放置到人台上，然后调整其合体度。

2. 将裙子和衣身的所有边缘线及省道线对齐。

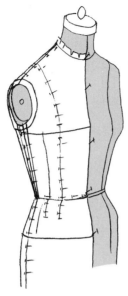

图2-48　步骤E1～4

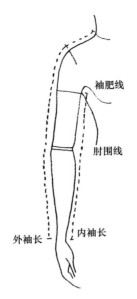

图2-49　袖子测量部位

3. 用大头针固定腰围线，衣身覆盖在裙子上面，缝份向上折。

4. 大头针方向应该与腰线完全平行（图2-48）。

袖子的基础原型

袖子规格表

规格	5	6	7	8	9	10	11	12
内袖长 (cm)	40.5 (16in)	41.3 ($16\frac{1}{4}$in)	41.3 ($16\frac{1}{4}$in)	42 ($16\frac{1}{2}$in)	42 ($16\frac{1}{2}$in)	42.5 ($16\frac{3}{4}$in)	42.5 ($16\frac{3}{4}$in)	43.2 (17in)
袖肥围 (cm)	28.6 ($11\frac{1}{4}$in)	29.2 ($11\frac{1}{2}$in)	29.8 ($11\frac{3}{4}$in)	30.5 (12in)	31.1 ($12\frac{1}{4}$in)	31.8 ($12\frac{1}{2}$in)	32.4 ($12\frac{3}{4}$in)	33 (13in)
肘围 (cm)	24 ($9\frac{1}{2}$in)	24.8 ($9\frac{3}{4}$in)	25.4 (10in)	26 ($10\frac{1}{4}$in)	26.7 ($10\frac{1}{2}$in)	27.3 ($10\frac{3}{4}$in)	28 (11in)	28.6 ($11\frac{1}{4}$in)
袖山高 (cm)	15.2 (6in)	15.6 ($6\frac{1}{8}$in)	15.6 ($6\frac{1}{8}$in)	15.9 ($6\frac{1}{4}$in)	15.9 ($6\frac{1}{4}$in)	16.2 ($6\frac{3}{8}$in)	16.2 ($6\frac{3}{8}$in)	16.5 ($6\frac{1}{2}$in)

内袖长——从袖窿底点到手腕的距离。

袖肥围——从腋下水平量取手臂一周的围度，再增加5cm（2in）的松量。

肘围——水平量取肘部的围度，再增加约2.5cm（1in）的松量。

袖山高——量取从侧颈点到手腕的整体长度，再减去肩线长度和内袖长。最后得到的数值是圆顺袖子所需的袖山高的最小值（图2-49）。

A. 立裁袖子的基础原型

1. 取一张大纸从中间对折。

2. 作一条折叠线的垂直线，作为袖子的顶端线。

3. 从袖子顶端向下量取袖山高，找到袖肥线的位置。

4. 作一条折叠线的垂直线，作为袖肥线。

5. 从袖肥线向下量取内袖长，找到腕围线的位置。

6. 作一条折叠线的垂直线，作为腕围线（图2-50）。

7. 找到内袖长的中点，向上量取约2.5cm（1in），找到新的一点并标记为肘点。

8. 过肘点作折叠线的垂直线，作为肘围线。

9. 在袖肥线上量取袖肥围度的一半，并作标记。

图2-50　步骤A1～6

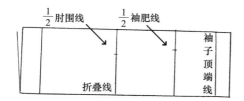

图2-51　步骤A7～10

10. 在肘围线上量取肘围的一半，并作标记（图2-51）。

11. 用直尺连接袖肥线和肘围线上的标记点，并向上延长至袖子顶端线，向下延长至腕围线（图2-52）。

12. 将袖子裁剪下来（图2-53）。

图2-52　步骤A11

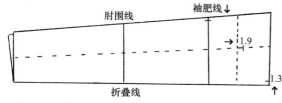

图2-53　步骤A12

B. 立裁袖山

1. 沿直纱将袖子对折。

2. 沿横纱将袖山对折。

3. 找到两条折叠线的交点，从交点向上量取1.9cm（$\frac{3}{4}$in）作十字标记。

4. 沿袖肥线向内量取约2.5cm（1in）作十字标记。

5. 沿袖子顶端线，从折叠线向内量取1.3cm（$\frac{1}{2}$in）作十字标记（图2-54）。

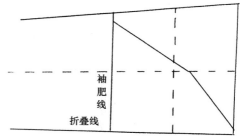

图2-55　步骤B6

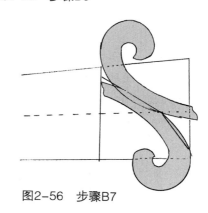

图2-56　步骤B7

6. 将这些标记点用比较轻的线条连接起来（图2-55）。

7. 按图2-56所示的方法，将袖山弧线画圆顺。

8. 沿袖山弧线清剪多余的部分（图2-57）。

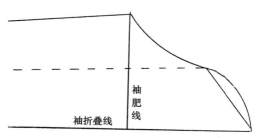

图2-57　步骤B8

9. 将袖子打开。

10. 绘制出另外一半的袖肥线和袖肘线；绘制出袖中线（图2-58）。

图2-58　步骤B9～10

11. 按图2-59所示的方法，将袖片折叠，使两条内袖缝与袖中线对齐。

12. 将前袖山弧线的下部再下凹0.6cm（$\frac{1}{4}$in）（图2-59）。

13. 在衣身上测量出前、后袖窿弧线的长度。测量出袖山高，袖山高应该比衣身袖窿深多出2.5～3.8cm（1～$1\frac{1}{2}$in）。

C. 合体袖

　　袖原型对于制作大部分袖子来说已经足够用了（*袖原型是制板基础，不包含缝份*）。如果需要制作更合体的袖子，则必须在袖原型的基础上对肘部和腕部进行重新处理。

1. 从后内缝线沿肘线打剪口，至袖中线。

2. 对袖片进行整理和熨烫
   a. 直纱方向——在袖长的基础上加5cm（2in）。
   b. 横纱方向——在袖宽的基础上加7.6cm（3in）。

3. 在坯布中心画一条垂直线，沿垂直线从顶端向下量取袖山高，再加放约2.5cm（1in）作出袖肥线。

4. 将袖原型放置到坯布上，将袖肥线和袖中线对齐。将袖原型的上半部分和前袖缝固定在坯布上。

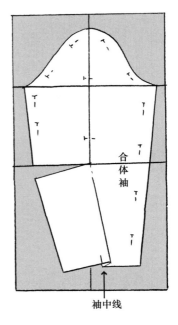

图2-60　步骤C1～5

5. 将腕围线部分从袖中线处折叠，直到得到理想的外形为止（图2-60）。

6. 将袖子的外轮廓复制到坯布上。在新腕围线和袖中线的交点处画十字标记。加放缝份：袖山和腕部缝份为1.3cm（$\frac{1}{2}$in），前袖缝为2.5cm（1in），后袖缝为3.8cm（$1\frac{1}{2}$in）。将袖片剪下来，移走袖原型。绘制出肘围线以下的新袖中线（图2-61）。

7. 将袖子前袖缝的缝份折向反面。

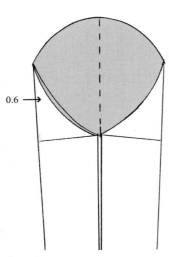

图2-59　步骤B11～12

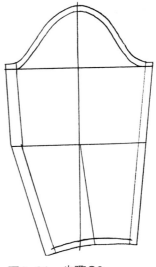

图2-61　步骤C6

8. 将袖片折叠，使两侧内袖缝与袖中线对齐。

9. 在内袖缝与袖肥线的交点处扎针，在内袖缝与腕围线的交点处扎针。从两处扎针的地方开始将坯布抚平至袖肘位置。

10. 在袖肘部制作1~2个省，或通过抽褶、压褶的方式，将肘部的余量去掉。

11. 为了使合体袖垂直悬挂，可以在后袖缝的肘围线处加宽1~1.3cm（$\frac{3}{8}$~$\frac{1}{2}$in），然后将后袖缝修顺，加放缝份，清剪多余的量。

12. 从内袖缝的肘围线处分别向上、下量取7.6cm（3in）并作十字标记（图2-62）。

13. 标记并校正省道、抽褶或压褶。

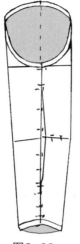

图2-62
步骤C7~12

D. 绱袖子

袖子装在衣身上后应该保持垂直悬挂的状态。袖中线应该与裙子的侧缝线方向相一致。袖山造型一定要饱满并与手臂合适。为了达到这种效果，袖山一定要有松量。

1. 把缝纫机设置为10号针距，然后沿袖山弧线及袖山弧线外侧0.6cm（$\frac{1}{4}$in）的位置车缝两道明线（图2-63）。

2. 用大头针将内袖缝固定在一起，注意对齐十字标记。

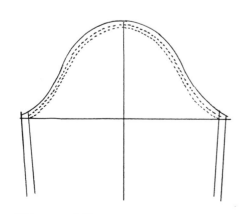

图2-63　步骤D1

3. 如图2-64所示，在袖山的中间位置拉车缝的线，使袖山收缩，但要保证袖子的腋下部位纱向不变。袖山上半部分应减少约1.6cm（$\frac{5}{8}$in）的量。

4. 把袖子拎起来，使内袖缝与袖中线在一条直线上。然后将袖子暂时固定在衣身上。

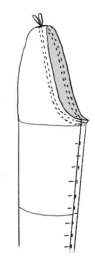

图2-64
步骤D2~3

5. 将袖子的袖山底点与衣身的袖窿底点对齐，并用大头针固定，注意扎针的方向与缝线一致。

6. 把袖子的前部和衣身的前片朝后方拉起，然后将前袖山底部弧线与衣身固定在一起。

7. 把袖子的后部和衣身的后片朝前方拉起，然后将后袖山底部弧线与衣身固定在一起。如果衣身的纱线平直，那么袖子和衣身的纱向应该一致。

8. 将袖山贴近肩部，根据需要调整松量的分布。

9. 用暗针将袖山固定到衣身上。

10. 在前袖山和前袖窿弧线上找到臂盘轴心的水平位置，向下量取2.5cm（1in）并作十字标记。在后袖山和后袖窿弧线上的相同水平位置作十字标记，然后下落1.3cm（$\frac{1}{2}$in），再次作十字标记。

11. 在袖山弧线与肩线的交点处作十字标记（图2-65）。

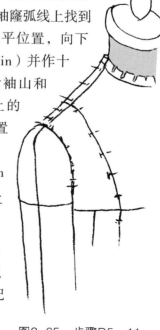

图2-65　步骤D5~11

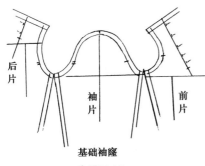

基础袖窿

图2-66　步骤D12

12. 参见袖子和衣身袖窿处的标记点（图2-66）。

E. 调整袖子

1. 如果袖山松量过多，可以将袖窿底点适当下落。
2. 如果袖山过紧，可以将袖窿底点适当抬高，增加袖山松量。
3. 如果袖子向前摆或者向后摆，可以根据纱线的方向，而不是缝线的方向重新装袖。使衣身的侧缝线与袖子的内缝线对齐。
4. 当袖子下垂正常时，要对袖窿重新进行检查并校正。
5. 参见最终完成样板（图2-67）。

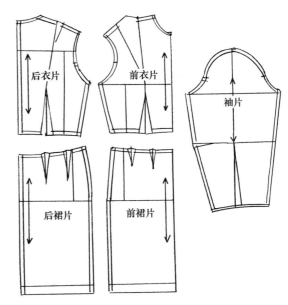

图2-67　步骤E5

基础原型的运用

基础原型制作完成后，通常会制成硬纸板或塑料板，便于制作其他款式变化时作为基础板型反复使用。具体操作过程参照本书第246页。

第三章
衣身

有腋下省的前片

　　这款根据基础原型衣身变化而来的服装是把肩省转移到腋下部位。当我们想在一个合体的衣身上对肩部和领口线进行自由设计时，这的确是一种好的省道处理方法（图3-1）。

图3-1

A. 准备坯布

　　本章的坯布准备过程和前一章的基础衣身的前片准备过程相同（参考本书第8页）。经过BP点沿横纱方向将坯布折叠出一条折痕（图3-2）。

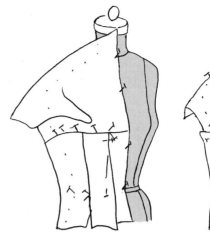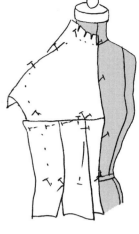

图3-3　步骤B1~3　　　　图3-4　步骤B4~5

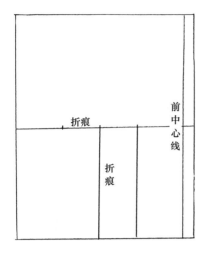

图3-2　步骤A

B. 立裁步骤

1. 参照制作基础衣身的方法，在BP点和前中心线位置扎针固定坯布。

2. 参照制作基础衣身的方法，在胸围线和公主线上扎针固定。

3. 参照制作基础衣身的方法制作腰省（图3-3）。

4. 参照制作基础衣身的方法在领围线上打剪口并扎针固定。

5. 立裁腋下省

　　a. 将胸部以上部位的横纱抚平，然后在前肩端点位置扎针固定。

　　b. 将袖窿底部的坯布抚平，使多余的量能够转移至胸围线上。

　　c. 沿横纱将腋下省集中固定，并延伸至布边。

　　d. 在胸围线上标记省尖点（图3-4）。

C. 标记

1. 参照给基础衣身作标记的方法，在领围线、肩线及袖窿弧线处作标记。

2. 在侧缝线与袖窿弧线、腋下省和腰围线的相交位置作十字标记。

3. 参照标记基础衣身腰围线的方法标记新的腰围线。

4. 不要打开腋下省，将坯布从人台上取下。

5. 对腋下省的两条边线作标记，然后取下大头针（图3-5）。

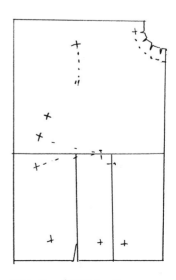

图3-5　步骤C1~5

D. 校正

1. 参照校正基础衣身的方法校正腰省和领围线。当领围线完成以后，再以此为基础沿着前中心线向下落0.6cm（$\frac{1}{4}$in）。按照图3-6所示的方法将领口弧线画圆顺。

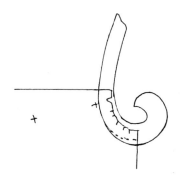

图3-6　步骤D1

2. 用直线连接侧颈点至肩端点。

3. 当校正腋下省时，用法式曲线尺连接省尖点至侧缝线的中点，然后用直尺连接中点之后的标记点（图3-7）。

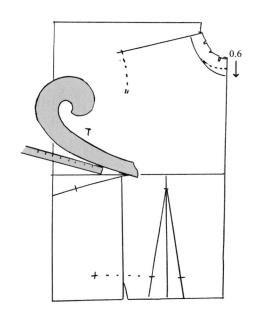

图 3-7　步骤D2~3

4. 用大头针固定腋下省；按照图3-8所示的方法，在省尖点位置折叠衣身。连接袖窿底点、腋下省和腰围线处的十字标记，以此校正侧缝线。

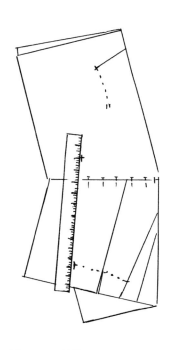

图3-8　步骤D4

5. 参照校正基础衣身袖窿弧线的方法，校正新的袖窿弧线。

6. 加放缝份以后，清剪领围线、袖窿弧线及肩线处多余的坯布量。

有领口省的后片

A. 准备坯布

本章的坯布准备过程和前一章的基础衣身的后片的准备过程相同（参考本书第11~12页）（图3-9）。

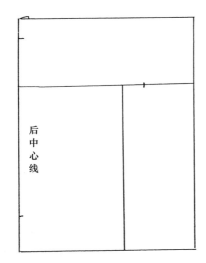

图3-9　步骤A

B. 立裁步骤

将前片衣身固定在人台上（参考本书第12页图2-19）。

1. 参照基础衣身后片的制作方法，在后中心线与肩胛骨水平线的相交处扎针固定后片。

2. 沿直纱方向将坯布向下抚平至腰围线，然后在腰围线上的后侧片中心位置扎针固定，并用手捏起一定的余量。

3. 在侧缝线的臂盘对应位置和腰围线位置，用大头针将前、后片固定在一起。为了保证后片的伏贴，纱线方向会与前片不完全一致。

4. 参照基础衣身后片的方法，制作腰省（图3-10）。

5. 立裁领口省

   a. 将后领围线抚平至弧线中点并扎针固定。

   b. 参照制作基础衣身的方法，将袖窿部位的余量推移至肩部。

c. 在肩部留出两指的松量。通常后肩线要比前肩线长0.6cm（$\frac{1}{4}$in）。

d. 在肩线的侧颈点和肩端点位置扎针固定。

e. 将多余的量转移为领口省，然后立裁领围线。领口省的大小约为0.6cm（$\frac{1}{4}$in）（图3-11）。

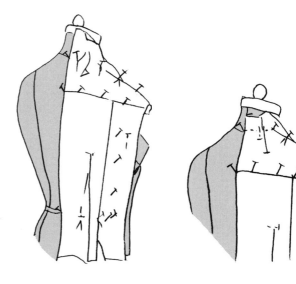

图3-10　步骤B1~4　　　　图3-11　步骤B5

C. 标记

1. 参照标记基础衣身的方法标记后片，领围线除外。

2. 在领围线与省道的相交处画十字标记。

3. 在领口省的省尖点作标记。省的长度应不超过7.6cm（3in），方向指向腰省的省尖点。

D. 校正

1. 参照校正基础衣身的方法完成侧缝线、腰省和袖窿弧线的绘制。在后片侧缝线上用十字标记标出腋下省的位置。

2. 连接肩部的标记点，绘制出肩线。肩线应略有弯曲。

3. 画出领口省，用直线连接领围线上的十字标记至省尖点。

4. 参照校正基础衣身的方法校正腰围线（参见完成样板，图3-12）。

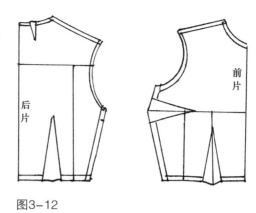

图3-12

省道的转移

　　基础衣身的肩省和腰省可以根据功能性和款式设计的需要转移至不同的部位。前面已经向大家展示了腰省和胸省结合的形式。当衣身在胸围线以上或者以下只做一个省的时候，会出现坯布横纱纱向不平直的情况，且省道会很长。当将余量分配到胸围线上下两个位置时，衣身纱线的方向会得到很好的平衡，省道的长度也会缩短。省道转移的方法可独立使用，也可混合使用。无论在什么情况下，省道都是以省尖点为中心，向周围发散开来。

　　在接下来讲到的省道中，许多省道的中心线是斜向的，所以在立裁过程中要十分注意，以防止出现拉伸的情况。只有按照纱线的方向来抚平坯布，才能够防止衣片被拉伸，同时也保证了完成样板的准确性。注意立裁过程中要留出足够的松量（图3-13）。

图3-13

　　为制作以下各种省道的转移而准备坯布的方法——参照制作基础衣身前片的方法准备坯布，但无须绘制胸围线以下的公主线和经过BP点的直纱线（图3-14）。

图3-14

腰省（图3-15）

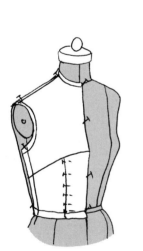

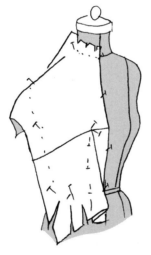

图3-15　　　　　图3-16　步骤1~5

1. 在前中心线和BP点处扎针固定坯布。
2. 将胸部以上部分沿横纱抚平，然后在前肩端点位置扎针固定。
3. 将袖窿底部的坯布抚平，然后在袖窿底点位置扎针固定。
4. 沿纱线方向将坯布抚平，使所有的余量形成一个腰省。在腰围线下方必要处打剪口。
5. 参照图3-16所示的方法做造型并扎针固定省道。

6. 当衣身只依靠一个省道进行造型时，这个省道会较长。为了减小其占用的空间，可以留出缝份后剪掉多余的量（最终完成样板，图3-17）。

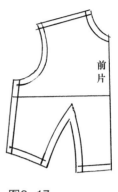

图3-17

前腰中心点省（图3-18）

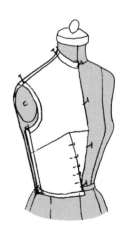

图3-18

1. 在前中心线和BP点处扎针固定坯布。
2. 将胸部以上部分沿横纱抚平，然后在前肩端点位置扎针固定。
3. 将袖窿底部的坯布抚平，然后在袖窿底点位置扎针固定。
4. 将坯布抚平，使所有的余量集中到腰围线上。

5. 根据需要在腰围线下方打剪口，将余量集中到前中心线与腰围线的交点处形成一个省（图3-19）。参见完成样板（图3-20）。

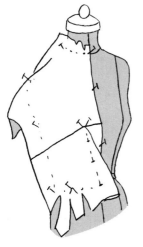

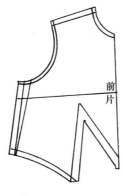

图3-19　步骤5　　　　图3-20

法式省（图3-21）

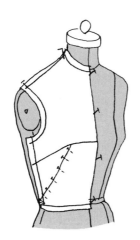

图3-21

1. 在前中心线位置和BP点处扎针固定坯布。
2. 将胸部以上部分沿横纱抚平，然后在前肩端点位置扎针固定。
3. 将袖窿底部的坯布抚平，然后在袖窿底点位置扎针固定。
4. 将上腹部的坯布抚平，然后在腰围线下方打剪口，使衣身平整。
5. 将坯布抚平以后，使多余的量全部移向侧缝底部，将省道固定（图3-22）。参见完成

样板（图3-23）。

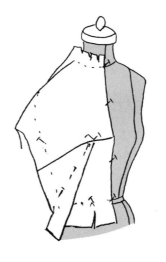
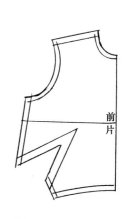

图3-22　步骤5　　　　图3-23

双法式省（图3-24）

将一个完整的法式省分成两个小省道，这样能够使胸部更加饱满（图3-24）。双法式省的立裁方法和前面的法式省相同。在制作过程中，要保证两条省道相互平行，间距在2.5cm（1in）左右。两个省的省尖点距BP点至少2.5cm（1in）（图3-25）。参见完成样板（图3-26）。

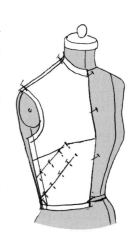

图3-24

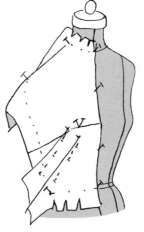
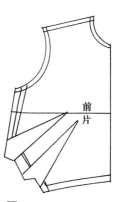

图3-25　　　　　　图3-26

肩端点省（图3-27）

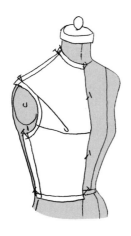

图3-27

1. 在前中心线位置和BP点处扎针固定坯布。
2. 将胸部以上部分沿横纱抚平，然后在前肩端点位置扎针固定。
3. 将上腹部的坯布抚平，然后在腰围线下方打剪口，使衣身平整。在腰围线和侧缝线的交点位置扎针固定。
4. 当坯布抚平以后，使多余的量转移至肩端点位置，同时在袖窿底点扎针固定。
5. 采用固定基础衣身腰省和肩省的方法把肩端点省固定住。这道省通常不做缝合处理，而是制作成褶裥形式（图3-28）。参见完成样板（图3-29）。

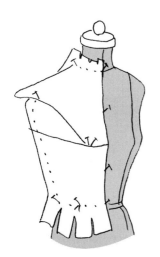

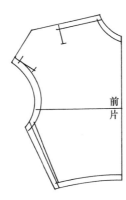

图3-28　步骤5　　　　　图3-29

领省（图3-30）

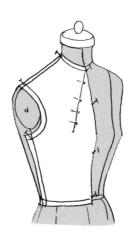

图3-30

1. 在前中心线和BP点处扎针固定坯布。
2. 将上腹部的坯布抚平，然后在腰围线下方打剪口，使衣身平整。在腰围线和侧缝线的交点位置扎针固定。
3. 当坯布抚平以后，朝着肩部方向推移多余的量，在袖窿底点扎针固定。
4. 将袖窿周围的余量推移至肩端点位置，然后在肩端点处扎针固定。
5. 将肩线抚平，然后在侧颈点位置扎针固定。
6. 在领围线位置打剪口，把多余的量转移至前颈点处并扎针固定。可以参照制作双法式省的方法，将这个省道分成两个或多个小的省道（图3-31）。参见完成样板（图3-32）。

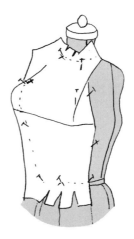

图3-31　步骤6　　　　　图3-32

前中心省（图3-33）

1. 在胸围线以上的前中心线上及BP点处扎针，以固定坯布。

2. 将胸部以上部分的横纱抚平，然后在前肩端点位置扎针固定。

3. 将袖窿底部的坯布抚平，然后在袖窿底点位置扎针固定。

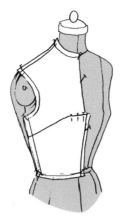

图3-33

4. 将坯布抚平，使所有的余量集中到腰围线上，然后在侧缝线和腰围线的交点处扎针固定。

5. 可以根据需要在腰围线下方打剪口，使所有的余量转移至前中部位。在腰围线和前中心线的交点处扎针固定。

6. 在BP点到前中心线的水平线上形成一个省道，此时胸围线下方的前中心线纱向是斜向的。也可以反方向将余量转移到前中，此时胸围线上方的前中心线纱向是斜向的（图3-34）。前中省可以在两胸高点之间解决服装的合体度问题。最终样板如图3-35所示。

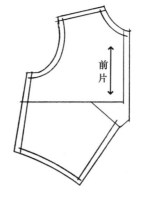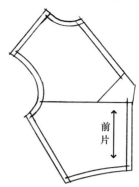

图3-35

袖窿省（图3-36）

1. 在前中心线位置和BP点处扎针固定坯布。

2. 将胸部以上部分的横纱抚平，然后在前肩端点位置扎针固定。

3. 将上腹部的坯布抚平，然后在腰围线下方打剪口，使衣身平整。在侧缝线和腰围线的交点位置扎针固定。

4. 将坯布向上抚平，使所有的余量集中到袖窿处，在袖窿底点位置扎针固定。

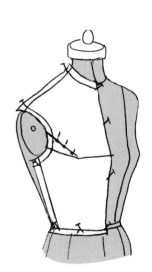

图3-36

5. 可以将省道置于袖窿弧线的任意位置并用大头针固定（图3-37）。参见最终完成样板（图3-38）。

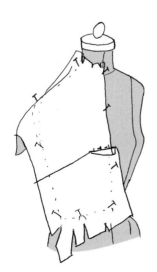

图3-34　步骤6

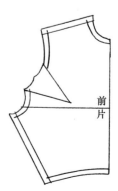

图3-37　步骤5　　　图3-38

缝制省道的技巧

1. 在车缝之前先用手针粗缝，并对省道进行调整。
2. 从布边开始车缝省道，直至省尖点位置。然后继续车缝几针，使缝线形成环形的链条，最后予以清剪。
3. 熨烫后整理的过程中，通常将省道向前中心线方向烫倒，省道为水平走向时，通常向下烫倒。当面料较厚或省道的折叠量大于2.5cm（1in）时，通常将缝份清剪为1.3cm（$\frac{1}{2}$in），然后将缝份劈缝烫平（图3-39）。

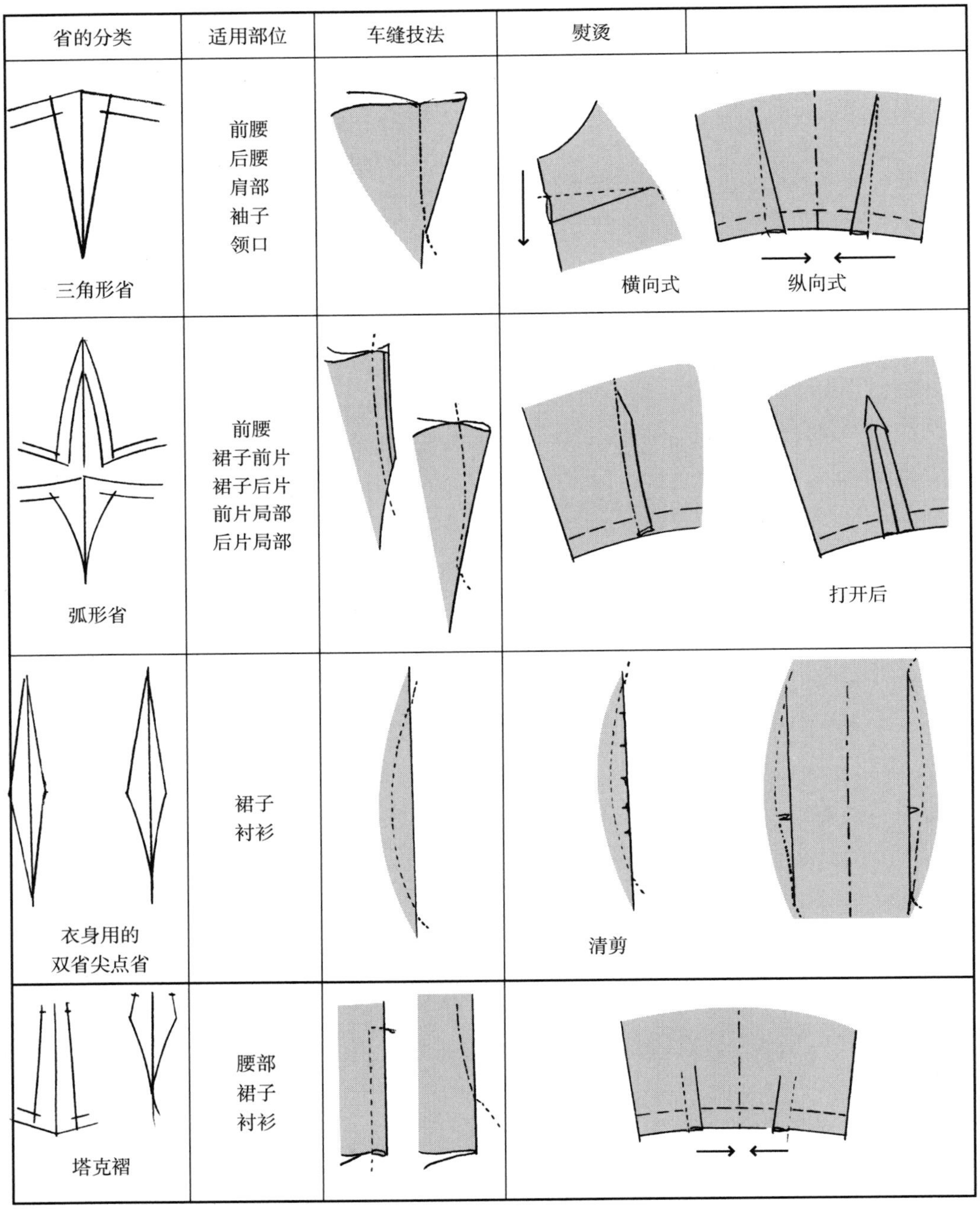

省的分类	适用部位	车缝技法	熨烫	
三角形省	前腰 后腰 肩部 袖子 领口		横向式	纵向式
弧形省	前腰 裙子前片 裙子后片 前片局部 后片局部			打开后
衣身用的 双省尖点省	裙子 衬衫		清剪	
塔克褶	腰部 裙子 衬衫			

图3-39

图3-40

普利特褶、塔克褶及缩褶

省量可以通过各种普利特褶、塔克褶及缩褶来解决，以达到服装造型的效果（图3-40）。

普利特褶

普利特褶是将省量折叠起来固定在某个位置，用以取代省道的功能，通常不做熨烫处理，这样能够保持其自然效果（图3-41）。

A. 标记

1. 在边线上，用十字标记出做褶区域的两个端点。
2. 在两端点内侧距边线约2.5cm（1in）的位置再作十字标记。此处的十字标记并不代表要进行车缝，而是为了确定褶的走向（图3-42）。

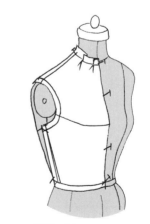

图3-41

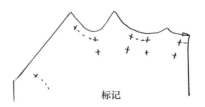

标记

图3-42　步骤A1~2

B. 校正

1. 将坯布从人台上小心地取下，使普利特褶保持固定状态。
2. 校正净样板线，然后加放缝份。
3. 将多余的坯布量清剪掉。
4. 将大头针取下来，连接十字标记，画出普利特褶的外轮廓。
5. 在做褶区域画箭头，用于标注褶裥折叠的方向（图3-43）。

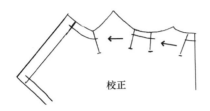

图3-43　步骤B1～5

塔克褶

塔克褶（省塔克）在造型上与省道非常相似，不同的是它只缝合省道的起始部分（图3-44）。

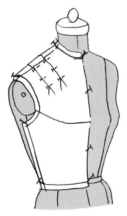

图3-44

A. 标记

1. 在边线上，用十字标记出做褶区域的两个端点。
2. 在塔克褶的两条边的消失点处画十字标记，车缝线也终止于此标记点（图3-45）。

图3-45　步骤A1～2

B. 校正

1. 将坯布从人台上小心地取下，使塔克褶保持固定状态。
2. 校正净样板线，然后加放缝份。
3. 将多余的坯布量清剪掉。
4. 将大头针取下来，连接十字标记，画出塔克褶的外轮廓和长度。
5. 在做褶区域画箭头，用于标注褶裥折叠的方向（图3-46）。

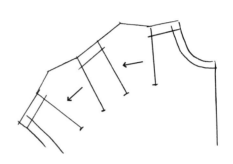

图3-46　步骤B1～5

缝制塔克褶的技巧

1. 在车缝之前先用手针将塔克褶粗缝住。
2. 从净样板线开始缝制，至塔克褶的终点位置结束。可以在终点直接结束缝制，也可以再横向缝合至折叠处（请参考图3-39中的塔克褶）。

缩褶

在牵拉松动的缩缝线时，能够使衣服产生均匀的褶皱。当立裁缩褶服装时，我们可以通过用大头针固定标记胶带的方式，使褶量均匀地分配至任何想要的位置（图3-47）。

图3-47

A. 标记

1. 沿着标记胶带线向内1.3cm（$\frac{1}{2}$in）作圆点标记。

2. 在缩褶的起始点和终点画十字。

3. 在缝份上标记缩褶区域的长度（图3-48）。

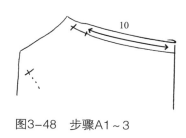

图3-48　步骤A1～3

B. 校正

1. 取下造型标记胶带。

2. 用法式曲尺连接圆点标记，使所有的圆点形成一条平滑圆顺的曲线。

3. 缝制两条可拉伸的缩褶线，一条在净样板线位置，另一条在缝份内侧，两条缩褶线平行，间距为0.6cm（$\frac{1}{4}$in）（图3-49）。

4. 将两条缩褶线抽拉至应有的长度，缩褶的效果就显而易见了（图3-50）。

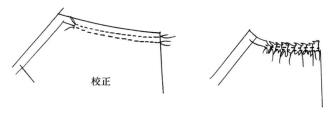

图3-49　步骤B1～3　　　　图3-50　步骤B4

缝制缩褶的技巧

1. 根据缩褶的密度及面料的厚度，把缝纫机调成每英寸（2.5cm）6～8针的针距。为了防止断线的发生，建议使用24号高强度拉力线。

2. 首先车缝紧贴净样板线的那条缩褶线，然后再车缝第二条缩褶线。

3. 将两条缝线抽拉到至要的长度。

4. 将衣片放置好，使正面相对，有缩褶的衣片放置在上方，并保证针与衣片的边缘垂直。对位所有的缝线及十字标记。在两条缩褶线的中间，先将衣片用更加稀疏的针距粗缝在一起。

5. 然后将针距调回正常。之后，在净样板线上进行车缝。由于缝线密集，在车缝时一定要防止死褶出现。

图3-51

领口的变化

在人台上，可以借助造型标记胶带立裁出任何想要的领口造型。在立裁之前，可以直接在人台上贴出自己想要的领口造型线。在贴出合适的比例之前，可以任意调整，不留任何痕迹。参见图3-51所示的各种领口造型。

A. 立裁步骤

1. 粘贴领口线。前后领口线应当为一条平滑圆顺的线条，这样才能使对接后的领口线平整。

2. 如果将标记胶带直接粘贴在人台上，那么就在人台上沿标记胶带对坯布衣身进行立裁。

3. 在坯布上用圆点标记出领口线标记胶带的位置；在领口线与肩线的交点位置画十字标记。

4. 将坯布从人台上取下，然后校正领口线。

5. 加放缝份，然后清剪掉多余的量。

6. 将完成的样衣放到人台上，然后调整其合体度。当领口较低时，清剪完多余坯布后，领口线通常不太平整伏贴。一旦发生这样的情况，可以通过调整肩线去掉多余的松量。

B. 不对称领口

1. 在人台上粘贴前、后片领口的形状。

2. 分别在前、后衣片上画出前中心线和后中心线，每片坯布的宽度必须足够制作另一半衣身。（如果衣片使用的是斜纱，则要保证前中心线和后中心线为正斜方向。）

3. 根据造型标记胶带，立裁衣身前片和后片的领口线。

4. 在衣身前、后片的左侧和右侧标记好所有不对称的造型细节。

5. 凡是对称的造型细节，如腰省，只需要在衣片的单侧作标记，校正完成后复制到另外一侧即可（图3-52）。

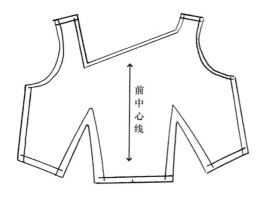

前中心线

图3-52

C. 下落后领口线

1. 稍微下落的后领口线需要保留领省，使领口平服贴合（图3-53）。

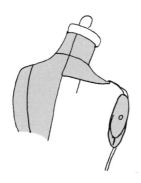

图3-53

2. 当后领口线下落较低时，肩省和领省都会不存在了，此时的腰省如果超过后领口线，其省尖点必须下落，省宽也必须缩小，并确保其位于领口线下方。处理方法如下：

a. 在后中心线处作水平破缝，使其沿着水平方向到达省道和领口线的交点附近位置。

b. 将多余的那部分省的宽度量转移至后中心线，同时保持后中心线为直纱方向（图3-54）。

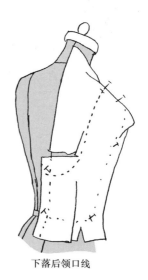

下落后领口线

图3-54　步骤C2a～b

领口贴边

领口线制作完成后通常需要加贴边。绘制领口贴边辅助线的方法请参考本书第227～229页。

图3-55

三角背心

　　所谓三角背心就是一种露肩、领部悬挂的服装。这种背心通常环绕过颈部，在后领口线处以蝴蝶结系扎，也可用纽扣扣住或者用挂钩钩住。有些三角背心在后领口设计有扁平的领子，因此在前面系扎。三角背心的前领口线可以设计成各种造型。许多三角背心被制作得十分合体（图3-55）。

A. 准备坯布

1. 在人台上粘贴出三角背心的前、后身轮廓线和基础造型线（图3-56）。

2. 确定省的位置及坯布的纱线方向。为了减小拉伸，要使坯布的直纱方向最贴合人体。直纱位置可以出现在腋下，也可以出现在领口线处。如果三角背心在前领口线处要缠绕颈部，在裁剪坯布时则要留出足够的纵向长度量，并使这些量能够延续到后领口线处，然后形成一个蝴蝶结或领结。三角背心准备坯布的方法和省道转移准备坯布的方法相同。

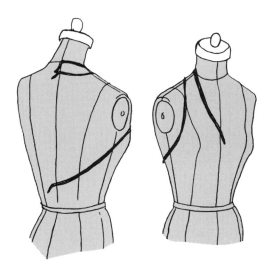

图3-56　步骤A1

B. 立裁步骤

1. 根据粘贴好的标记胶带，立裁三角背心的前片。其裁剪方法与前面讲过的省转移的方法相同（图3-57）。

2. 对于绕颈的三角背心来讲，要在肩部剪掉多余的坯布并打剪口，使肩部外露。

3. 在立裁后片时，首先要保证后中心线为直纱向，然后将衣片水平抚平至侧缝线处。为了保证衣片的平整，需要在腰围线下方打剪口，此处不必做省（图3-58）。

缠裹式前衣身

缠裹式的前衣身由两片构成，一片压在另一片上面，然后在一侧系扎。缠裹式的前衣身可以制作得宽松飘逸，也可以合体紧身。可以把它设计成独立的衬衫外套，也可以下配短裙和便裤，在腰部系扎。前衣身的左、右衣片要尽量相似或者能够简单地搭叠在一起。在立裁衣身上片时，要保证下片平整，并可以借助省道使其合体（图3-60）。

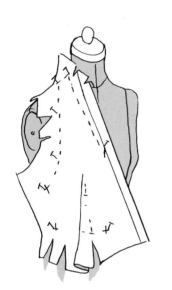

图3-57　步骤B1

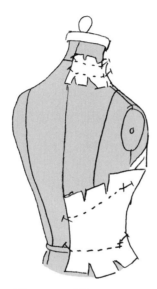

图3-58　步骤B2～3

4. 如果三角背心的前片不环绕颈部，则必须根据标记的胶带线裁出独立的后片，同时保证后中心线为直纱向。

5. 参见完成样板（图3-59）。

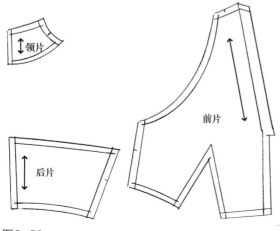

领片

后片

前片

图3-59

图3-60

A. 准备坯布

1. 在人台上粘贴出交叉的领口线。

2. 坯布的直纱向必须有足够的长度量。先量取侧颈点至腰围线的长度，然后再以此为基础增加20.3cm（8in）。

3. 坯布的横纱向长度约为50.8cm（20in）。

4. 对坯布进行整纬并熨烫。

B. 立裁步骤

1. 沿着坯布的直纱边缘向内折叠约5cm（2in）作为领口贴边。把坯布放置在人台上，使折叠好的边缘线恰好与人台的领口标记线吻合。然后在这条线与肩线的交点处及与腰围线的交点处分别扎针固定。

2. 参照前面讲过的操作技法，把衣身上多余的量转换成省、塔克褶或者缩褶。为了增加褶量，可以把腰围线以下的部分余量上移至衣身处，然后再根据自己想要的效果进行扎针固定（图3-61）。

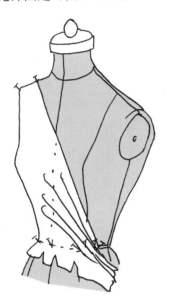

图3-61　步骤B1~2

3. 由于缠裹式前衣身为不对称设计，在将衣片从人台上取下之前，需在领口线和腰围线的前中心点处作出准确的十字标记。参见完成样板（图3-62）。

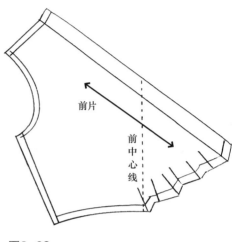

前片

前中心线

图3-62

袖窿造型的变化

通过在坯布上粘贴标记胶带进行立体裁剪的方法，可以得到不同样式的袖窿造型。无袖式的衣身在侧缝位置的松量比装袖式的衣身小。松量的大小取决于服装的款式和面料。袖窿底部通常下落至少1.3cm（$\frac{1}{2}$in），下落量根据造型需要而定，并无定值（图3-63）。

图3-63

腰围线的变化

在人台上，腰围线可以从正常位置抬高或者降低。立裁之前，可以通过在人台的前、后衣身上粘贴标记胶带，标示腰围线的位置（图3-64）。

图3-64

图3-65

公主线衣身

　　相对于省道而言，公主线造型能够借助于破缝使衣身更加合体。这条造型线在设计过程中充满了无限的可能性。它可以开始于胸围线以上的任意位置，并结束于胸围线以下的任意位置。为了取代省道，这条线必须在距BP点2.5cm（1in）之内的位置。在设计后衣身的公主线时，应尽力使其与前衣身的公主线协调（图3-65）。

A. 准备坯布——前片和后片

　　1. 在人台上用标记胶带粘贴出想要的公主线造型。用大头针透过标记胶带倾斜地完全扎入人台使之固定。

　　2. 撕布

　　　　a. 布长——同基础衣身的前片一致。

　　　　b. 布宽——前、后中片：量取人台最宽的距离，然后加放约10cm（4in）；前、后侧片：量取人台最宽的距离，然后加放约10cm（4in）。

　　3. 如图3-66所示，沿纱向绘制辅助线。

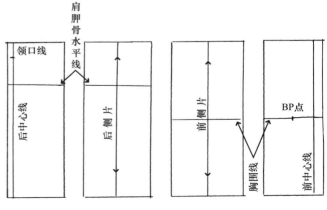

图3-66　步骤A3

B. 立裁步骤——前片

1. 在BP点处和前中心线处固定前中片。

2. 从前中心线开始将坯布抚平至标记胶带所示的公主线为止，注意保持横纱向水平。用大头针沿着公主线固定坯布。

3. 立裁领口线。

4. 用大头针固定肩线（图3-67）。

5. 在坯布上，沿着公主线和领围线标记胶带的中心画圆点标记。

6. 分别在侧颈点、公主线与肩线的交点、公主线与腰围线的交点处画十字标记（图3-68）。❶

图3-69　步骤B7~8

11. 沿着横纱向扎针，在扎针过程中留出一定的松量。

12. 将坯布抚平，然后沿着直纱线方向扎针，在腰围线处捏起一定的量。

13. 在腰围线下方打剪口（图3-70）。

14. 将坯布向前中片方向抚平，并在校正过的公主线上扎针。

15. 在腰围线与侧缝线的交点处扎针，在侧缝线与袖窿弧线的交点处扎针。

16. 将坯布从胸围线向上抚平至肩部，并保持坯布纹理平顺。同时直纱向会朝向领围线位置。

17. 沿着公主线向下扎针，直至BP点位置；在BP点附近可能会有一定松量。

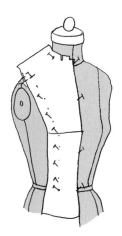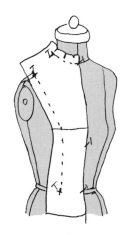

图3-67　步骤B1~4　　　图3-68　步骤B5~6

7. 将前中片从人台上取下，然后校正领围线、肩线和公主线，根据需要采用法式曲线尺进行调整。

8. 加放缝份，然后清剪多余的量（图3-69）。

9. 将前中片重新放置在人台上，并沿着公主线扎针固定。

10. 将前侧片放置在人台上，使横向纱线沿着胸围线方向保持平直，纵向纱线与地面保持垂直。

图3-70　步骤B9~13

❶　如果前中片到达袖窿位置，则应该沿着袖窿边缘作标记，并在公主线和袖窿的相交位置画十字标记。（在中国，习惯将这类公主线称为刀背缝。——译者注）

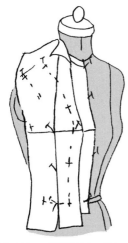

图3-71　步骤B14～21

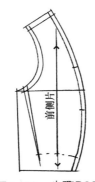

图3-72　步骤B22

18. 在肩线和袖窿弧线处扎针。

19. 画出肩线、袖窿弧线、侧缝线和腰围线。

20. 在前侧片的公主线上作标记，使其压住前中片的公主线。

21. 在前中片和前侧片的BP点对应位置画十字标记，同时在BP点上、下各约5cm（2in）处分别画十字对位标记（图3-71）。

22. 校正所有缝合线，在侧缝线位置加放必要的松量。在肩线、公主线和袖窿弧线处加放缝份以后，清剪多余的坯布量。但不要清剪侧缝线（图3-72）。

23. 将前中片和前侧片用针固定在一起，注意十字标记对位。

24. 将前衣身放置在人台上，为立裁后片做好准备（图3-73）。

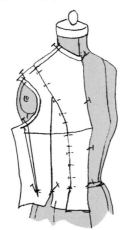

图3-73　步骤B23～24

C. 立裁步骤——后片

1. 在后中心线和肩胛骨处扎针，将后片固定在人台上。注意，应在肩胛骨区域加放必要的松量。

2. 将坯布从后中心线开始沿着横纱向抚平，至后公主线位置，然后在公主线处扎针固定。

3. 立裁领口线。

4. 在肩线位置留出一定的松量然后扎针固定肩线。如果肩线被公主线分成两部分，则要在后中片和后侧片的肩部分别留出一指的松量（图3-74）。❶

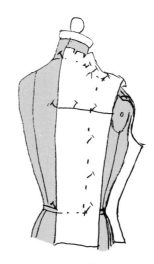

图3-74　步骤C1～4

5. 按照校正前中片的方法校正后中片，并作好标记（图3-75）。

图3-75　步骤C5

---

❶ 如果公主线延伸至肩部，则没有必要保留肩省。当公主线始于袖窿弧线处或者更低的位置时，为了保持正确的纱向则要保留肩省。

6. 在立裁后侧片之前，请参照固定前中片的方法把后中片固定在人台上。

7. 将后侧片固定在人台上，保证横纱标记线与后中片肩胛骨水平线在同一条线上，并将直纱标记线置于后侧片的中心位置。

8. 沿着肩胛骨水平线扎针，同时留出一定的松量。

9. 沿直纱线向下抚平至腰围线处扎针固定，在腰围线下方打剪口，并捏起一定的量作为松量。

10. 将后侧片向后中心线方向抚平，并搭叠在后中片上，沿校正好的公主线将后侧片与后中片固定在一起。

11. 将坯布向上抚平至肩线位置，然后扎针固定。

12. 将前、后侧片沿侧缝线处固定在一起，在侧缝线与袖窿弧线和腰围线的交点处分别扎针固定。注意保证前、后片的纱线平顺。

13. 参照标记前侧片的方法标记后侧片。在公主线和肩胛骨水平线的交点及交点向下7.6cm（3in）处分别画十字标记（图3-76）。

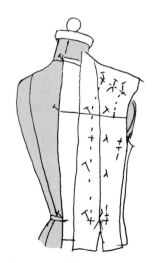

图3-76　步骤C6～13

14. 校正所有的缝线。加放缝份后清剪多余的坯布（图3-77）。

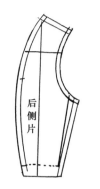

图3-77　步骤C14

15. 先将公主线在腰围线处用针固定，然后校正腰围线。最后在人台上调整其合体度。

16. 参见完成样板（图3-78）。

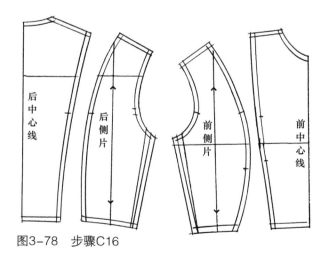

图3-78　步骤C16

图3-79

紧身衣身

　　紧身衣身是露肩式长裙上衣部分的基础结构，这种上衣通常无肩线，或者只单边有肩线。紧身衣身也可以作为一种独立外穿的紧身胸衣使用，其基础原型是一片式收省合体结构（图3-79）。

　　最初的紧身胸衣由鲸鱼骨制作而成，而今天其制作材料已经变成了柔性塑料或者扁平的金属线圈。制作时，一般将这些支撑物包藏在斜纹面料或利用缝份本身缝制而成的囊袋中，这些支撑物通常位于前中心线、侧缝线及公主线处，有时也被成对地运用于胸部上方位置，所谓上方位置通常距BP点5cm（2in）左右。

　　这种紧身衣身必须由较硬挺的材料制作而成。必要时，可以使用黏合衬加固加厚。紧身衣身的样板通常由坯布立裁而成。其前片在前中心线或公主线位置有破缝。如果紧身衣身的后片被挖得非常低，则没有必要使用省道和破缝结构。在人台上立裁出紧身衣身的初始样板后，还必须将它穿到真人模特身上进行进一步的试装调整。

　　紧身衣身通常作为其他服装的基础，所以它必须由这些服装的面料缝制而成。在设计制作服装外轮廓前，需要先在人台上采用真实面料立裁并缝制出紧身衣身，然后在此基础上设计各种服装的造型。既可以运用隐形手工缝制技术在此基础上设计出宽松的折叠效果或褶皱造型，也可以在紧身衣身的外面借助省道和破缝线的变化手法设计衣身造型。

紧身公主线衣身（图3-80）

A. 准备坯布

1. 用标记胶带在人台上粘贴出紧身衣身的外轮廓线。

2. 撕布

    a. 前片

      （1）布长——根据人台上粘贴的标记胶带，测量出衣片的长度，再增加约10cm（4in）的量。

      （2）布宽——测量出每片衣片最宽部位的宽度，再增加7.6cm（3in）。

    b. 后片

      （1）布长——从腋下测量出衣的长度，再增加10cm（4in）的量。

      （2）布宽——测量出衣片最宽部位的宽度，再增加7.6cm（3in）的量。

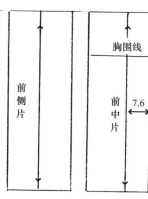

图3-81　准备坯布

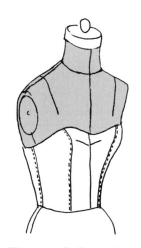

图3-80　紧身公主线衣身

3. 在前中片的右侧布边向内7.6cm（3in）的位置绘制一条垂直辅助线。

4. 从标记胶带所表示的衣身轮廓上边缘向下测量至BP点处，再加放约2.5cm（1in），设定为胸围线位置，并在前中片上绘制出胸围线。

5. 如图3-81所示绘制出其他辅助线。

B. 立裁步骤

1. 将前中片固定在人台上，保证直纱向与地面垂直；使胸围线经过BP点，并在BP点处扎针固定。

2. 将坯布向上抚平至衣身的上边缘处，并在前中心线和公主线处扎针固定。

3. 将坯布向下抚平至衣身的腰围线处并扎针固定，在腰围线下方打剪口。

4. 在腰围线与公主线及前中心线的交点处分别扎针固定。

5. 从腰围线处开始沿着前中心线向上扎针，直至胸部的下弧线位置。此处的前中心线处会浮起一定的量。

6. 在胸围线处，捏起多余的量使其形成一个横向省道，省尖点距BP点不能超过1.3cm（$\frac{1}{2}$in），省量不小于0.6cm（$\frac{1}{4}$in）。

7. 坯布沿BP点以下的公主线扎针固定。

8. 沿公主线、衣身的上下边缘线和前中心线画圆点标记，在所有交叉点画十字标记，标记出胸省的形状（图3-82）。

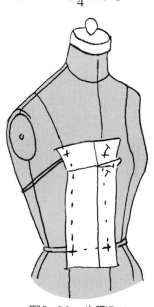

图3-82　步骤B1～8

9. 将衣身的前中片从人台上取下，然后校正省道、前中心线和公主线。

10. 用大头针将省道扎合。在前中心线、公主线位置加放约2.5cm（1in）的缝份，然后清剪多余的量。

11. 重新将前中片放置到人台上，沿着公主线扎针固定。

12. 将前侧片固定到人台上，使其横纱线与胸围线水平，直纱线与地面垂直。

13. 将纱向摆正后，在腰部捏起一定的量。

14. 在腰围线下方打剪口。

15. 将坯布向上抚平至标记胶带的上边缘，向右抚平，并搭叠在前中片上。沿坯布的上边缘和校正好的公主线处扎针固定。在BP点位置可能会存有一定的松量。

16. 在腰围线和侧缝线的交点处扎针固定。

17. 在前侧片所有的缝线及线的交点处作标记。

18. 在前中片和前侧片的BP点对应位置分别画十字标记，然后分别在BP点上、下各5cm（2in）处画十字标记（图3-83）。

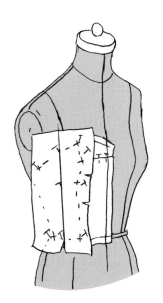

图3-83　步骤B9～18

19. 校正公主线和侧缝线。留出约2.5cm（1in）的缝份，并清剪多余的量。

20. 用大头针将前中片和前侧片固定在一起，注意将十字标记对齐。

21. 将完整的前片固定到人台上，为立裁后片做好准备。

22. 在后片的上边缘沿后中心线向下3.8cm（$1\frac{1}{2}$in）处画十字标记。

23. 将后片固定在人台上，把刚作的十字标记对准人台上的后中心线与衣身上边缘的标记胶带的交点。

24. 沿后中心线和腰围线扎针固定。

25. 将后片抚平至侧缝，直至腰围线下方出现拉紧的状态。在腰围线下方打剪口，然后沿腰围线和后片上边缘线扎针固定。

26. 如果有必要，请重复步骤25，直至前、后侧缝线对合。

27. 用大头针将前、后侧缝线固定在一起（图3-84）。

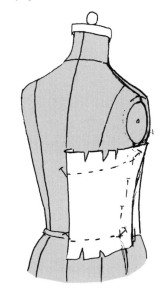

图3-84　步骤B19～27

28. 标记出衣身的上边缘和下边缘，然后将布片从人台上取下，保持侧缝线固定在一起。

29. 将前侧片的侧缝线复制到后片上。

30. 将后片侧缝线处多余的坯布清剪掉，用大头针把前、后侧缝线固定住，校正衣身的上边缘线和下边缘线。

C. 调整合体度

由于人台并不是严格地按照真实的人体制造的，所以在人台上立裁得到的紧身衣身还必须穿到真实人体上做进一步调整。为了调整方便，还需要复制出衣身的另半边，然后将左、右衣片粗缝在一起。

1. 将所有衣片分开。
2. 熨烫所有衣片，注意不要使用蒸汽，防止衣片收缩。
3. 复制右侧衣身的衣片轮廓线和纱向辅助线，然后绘制出左侧衣片。
4. 将左衣身的衣片裁剪下来。
5. 将左、右衣身粗缝在一起，可以使用缝纫机的粗缝针距进行缝制。
6. 将缝制好的样衣穿在真人模特身上调整衣身的合体度，并根据需要做适当的修改。衣身的胸围线和上边缘线位置很可能需要做一定的调整。
7. 参见完成样板（图3-85）。

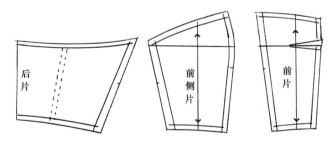

图3-85

一片式紧身衣身（图3-86）

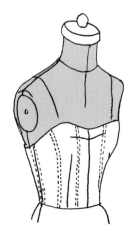

图3-86

A. 准备坯布

1. 用标记胶带在人台上粘贴出紧身衣身的外轮廓线。
2. 撕布
   a. 前片
   （1）布长——根据人台上粘贴的标记胶带，测量出衣片的长度，再增加10cm（4in）的量。
   （2）布宽——沿胸围线测量出衣身最宽部位的宽度，再增加7.6cm（3in）。
   b. 后片
   （1）长度——从腋下测量出衣片的长度，再增加10cm（4in）的量。
   （2）宽度——测量出衣片最宽部位的宽度，再增加7.6cm（3in）的量。
3. 在前片的右侧布边向内7.6cm（3in）的位置绘制一条垂直辅助线。
4. 从标记胶带所表示的衣身轮廓上边缘向下量至BP点处，再加放约2.5cm（1in），定为胸围线位置，并在前片上绘制出胸围线。
5. 在人台上量取BP点到前中心线的距离。
6. 在衣片上标记出BP点的位置。参照图3-87所示绘制出其他辅助线。

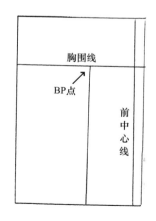

图3-87　步骤A2~6

B. 立裁步骤

1. 将衣身前片放到人台上，在BP点和胸部以下的前中心线上扎针固定。

2. 保证纱向平直，沿胸围线从BP点扎针固定至侧缝线。

3. 将衣片沿公主线区域向下抚平至腰围线并扎针固定，在公主线区域的腰围线下方打剪口。

4. 在侧缝线和腰围线的交点处扎针固定。

5. 从腰围线处向上固定腰省，直到BP点位置结束。使过BP点的直纱线位于省道的正中心位置（图3-88）。

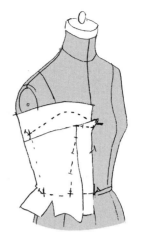

图3-89　步骤B6~7

8. 将前片从人台上取下。校正两个省道及侧缝线，加放约2.5cm（1in）的缝份后清剪多余的量。

9. 将前片重新固定到人台上，然后参照制作紧身公主线衣身后片的方法立裁出新的后片（参照本书第50页步骤B22~30）。

10. 将衣身制作完整，然后调整其合体度（参照本书第50~51页）。

11. 参见完成样板（图3-90）。

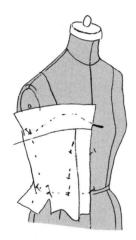

图3-88　步骤B1~5

6. 从BP点到前中心线位置捏出一个水平的省道。省道上方的前中心线纱向会发生倾斜。

7. 画出这两个省道。沿衣身的上边缘线和下边缘线画圆点标记，并在所有的交叉点处画十字标记（图3-89）。

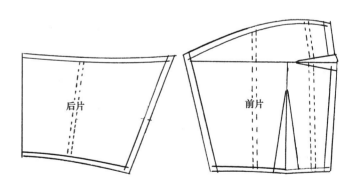

后片　前片

图3-90

图3-91

荡领（考尔领、垂褶领）

最初，荡领是僧侣所穿的连帽服装的一种结构形式，而今天，这种结构已经成为一种特殊的领型，被应用于各种日常服装中。荡领通常是利用面料的斜纱水平折叠立裁而成的。这种柔软的曲线式层层叠叠的结构正是荡领的典型特点。衬衫中使用较高的荡领造型来替代西服和外套中领口的结构，而晚礼服通常采用开口较低的荡领造型。荡领结构可运用于衣身的前片、后片以及袖窿弧线等各部位的造型中。在服装史中，它还曾被应用在裙子和裤子的设计里。荡领的垂褶可以通过面料的自然下垂来形成，也可以经过设计达到精确的造型（图3-91）。

荡领通常采用柔软的面料制作。由轻薄的雪纺面料制成的荡领和由绉缎制成的荡领在悬垂性上会有所不同。面料的差异会在一定程度上影响荡领的悬垂效果，所以建议直接使用成衣的面料制作，而不使用白坯布（参照本书第243~249页"用制衣面料立体裁剪和试装"）。制作荡领的服装时，要求面料的直纱和横纱的性能相同或相似，否则在分配荡领两边的褶量时会非常麻烦。因为不管荡领位于领口还是袖窿，左、右侧的造型效果必须对称。当一件服装的前、后领口均设计为荡领时，衣身必须非常合体，并保证荡领与肩部贴合。

基础荡领

A．准备面料

1. 测量。对于制作一件腰围线正常的衣身来说，裁剪一块长和宽均为76.2cm（30in）的正方形面料就足够了。如果衣身包含荡领结构，且腰围线较低或者在裁剪时没有腰围分割线，那则需要准备一块较大些的面料；如果是制作一件有育克的荡领，那只需要一块较小的面料。

2. 为了方便在正方形面料上绘制出斜纱线，可以将面料沿着对角线折叠，然后沿着折叠线划一条较轻的折痕。为了防止斜纱被拉伸，要保证直纱向平直。然后将面料打开，按照折叠的痕迹绘制出斜纱线（图3-92、图3-93）。

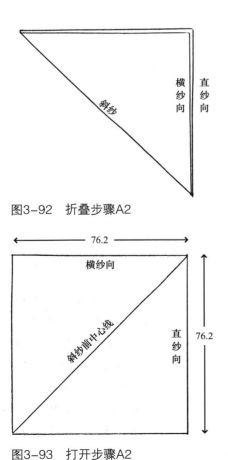

图3-92　折叠步骤A2

图3-93　打开步骤A2

B．立裁步骤

1. 在人台的前中心线位置上用大头针标记出想要的领口深度。领口的高低可以根据需要随意设计。制作领口较高的荡领时，可以直接把大头针扎在人台的领围线上。

2. 用大头针在人台的肩线上标记出想要的领口宽度（图3-94）。

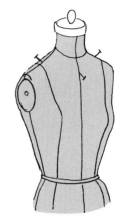

图3-94　步骤B1~2

3. 参照图3-95所示，把面料的一个角翻折作为贴边。这条斜边的长度要能够达到人台上扎针的位置，并且在肩部留出5cm（2in）的余量。

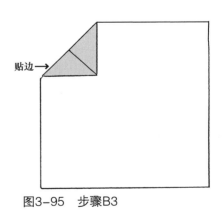

图3-95　步骤B3

4. 将面料放置到人台上，利用前中心线上的大头针兜住荡领的中心，将面料环绕至两肩并扎针固定，注意不要对面料进行抻拉。当面料自然垂落时，就形成了一定的垂量。如果领口设定较高，那么形成的垂量会比较浅，将两侧下垂的多余面料量拉至肩部可以增加垂量的深度；如果领口线比较低，可能最初形成的垂量就已经足够了，但可以通过上提面料的方法增加垂褶的层数。在上提面料增加垂褶时，荡领的中心线必须与人台上的前中心线或后中心线保持一致，这就要求荡领两侧面料的上提量要相同（图3-96）。

抚平面料，防止纱线被拉伸（图3-98、图3-99）。

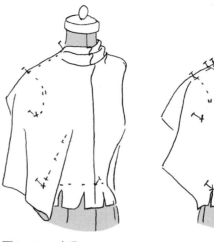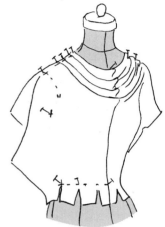

图3-98　步骤B6　　　图3-99　步骤B6

7. 在荡领的半边作标记。

8. 把荡领衣身从人台上取下，保持普利特褶或塔克褶为固定状态。（在取下大头针之前，请参照本书第36～37页的方法校正普利特褶或塔克褶。）

9. 校正所有的标记。考虑到斜纱的易拉伸性，需将前中心线部位的腰围线上提0.6cm（$\frac{1}{4}$in）。校正好半边的荡领后，沿荡领的中心线将衣片折叠固定，将缝线复制到另半边（图3-100）。

图3-96　步骤B4

5. 垂褶延伸至肩部时，通过叠褶或者缩褶的方式来处理。这种方式可以使荡领的垂褶保持柔软自然并有规律感（图3-97）。

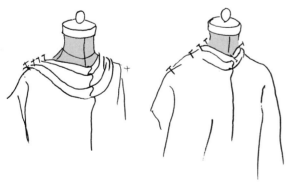

图3-97　步骤B5

6. 其余衣身部分可以根据需要进行立裁。如果荡领足够深，则不需要省道或其他造型方法就可以达到合体效果。如果需要省道进行造型，通常采用直纱向的法式省。调整样衣合体度时，必须沿直纱或横纱方向

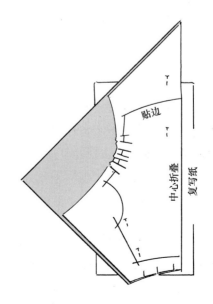

图3-100　步骤B9

10. 在荡领的前中心部位留出9cm（$3\frac{1}{2}$in）的领口贴边后，清剪多余的量。沿袖窿弧线、侧缝线及腰围线加放缝份后，清剪多余的量。

11. 将荡领重新放置到人台上，检查垂褶的位置及合体度，并根据需要做适当的调整。必要时可以用一个小的砝码帮助荡领的垂褶或者缩褶定型。

12. 参见完成样板（图3–101）。

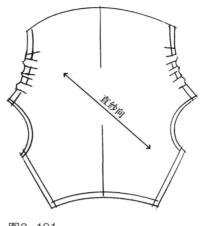

图3–101

荡领的变化

荡袖

荡袖结构的服装不需要侧缝线。衣身的前中心线和后中心线使用横纱，整个衣身由一片面料完成。一般使用轻薄柔软的面料来制作荡袖服装，使腋下形成的堆叠量最小。制作荡袖结构时需要前、后片同时立裁，即只需要立裁衣身的半边（图3–102）。

荡袖结构的袖窿通常较深。这种服装一般是在合体的衣身或者衬裙外面进行裁剪。当使用不透明的面料立裁时，通常要在贴边或者腰围处附加三角形牵布。

A. 准备面料

1. 测量：如果前中或者后中位置有破缝，那么长和宽均为76.2cm（30in）的正方形面料就足够了。如果前中或者后中使用横纱向对折连裁，则需要使用长和宽为76.2cm×152.4cm（30in×60in）的横纱矩形面料。

2. 当使用一块大的矩形面料时，要先绘制一条横纱线将其均分为两块正方形面料。然后绘制另外一条横纱线，位于第一条横纱线左侧5cm（2in）处。

图3–102

3. 如图3-103所示，在76.2cm（30in）宽的正方形面料内绘制一条斜纱线。

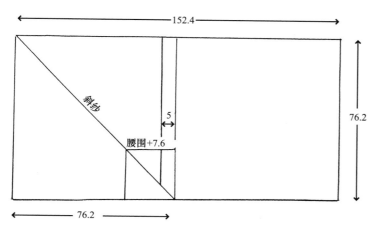

图3-103　步骤A1～5

4. 在人台上量取腰围线与侧缝线的交点至前中心线的距离，然后加放7.6cm（3in）。如果腰围线抬高了，可以找到衣身和小腹部或者短裙的接缝位置，然后量取其长度。

5. 如图3-103所示，在76.2cm（30in）宽的正方形面料上，以腰围线长度加7.6cm（3in）为长和宽，绘制出一个正方形。

6. 如图3-104所示，给小正方形加放约2.5cm（1in）的缝份，然后清剪多余的量。沿着斜纱的方向剪开缝份。

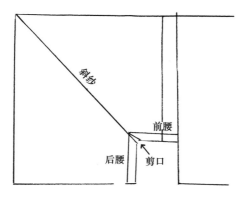

图3-104　步骤A6

B. 立裁步骤

1. 用大头针把斜纱和腰围线的交点固定在人台的侧缝线和腰围线的交点位置。将面料的其他部分先暂时固定在人台上。

2. 将衣片沿腰围线抚平至前中心线，在前公主片的中心位置扎针固定。

3. 保持纱向平直，沿着前公主片的中心将衣片向上抚平至胸围线，沿胸围线从前公主线的中心位置扎针固定至前中心线。

4. 将衣片从BP点向上抚平至肩线位置，保证直纱向与人台的前中心线平行，沿前中心线扎针固定。

5. 立裁领口线，并在肩线处扎针固定（图3-105）。

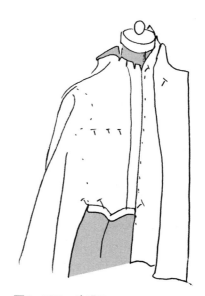

图3-105　步骤B1～5

6. 沿腰围线，将衣片从侧缝线与腰围线的交点位置向后抚平，在后公主片的中心位置扎针固定。

7. 保持纱向平直，沿着后公主片的中心将衣片向上抚平至肩胛骨水平线位置，然后扎针固定。

8. 保证衣片的横纱线与人台的肩胛骨水平线一致，将面料抚平至后中心线。

9. 保证后中心线纱线平直，沿着肩胛骨水平线和后中心线扎针固定。

10. 立裁后领口线，用大头针将前、后肩线固定在一起（图3-106）。

图3-106   步骤B6～10

11. 将袖窿弧线位置延伸出来的面料拉平，使其离开人台，然后决定第一个腋下垂褶的放置位置。在这个位置折进第一个垂褶所需要的褶量（图3-107）。

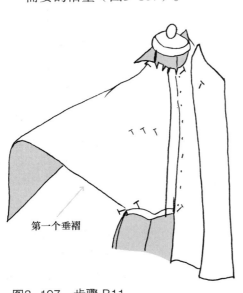

第一个垂褶

图3-107   步骤 B11

12. 将塑造好的垂褶向上引至肩部，以使前片和后片在肩部相接。垂褶的深度向肩部递减（图3-108）。

13. 参照上述操作方法制作更多的垂褶。这些垂褶可以在肩部重合于同一个点，也可以相距一定的距离。可以用手工抽褶的方式处理肩部的余量。

14. 袖口留出7.6cm（3in）的贴边量后，剪掉多余的面料（图3-109）。

图3-108   步骤B12

图3-109   步骤B13～14

15. 用手针将肩部的叠褶固定在一起，然后将前、后肩线分开。将袖口贴边向内折叠后重新将前、后肩线固定在一起。还可以根据需要对贴边进行调整，并在上面打剪口，使其更加贴合。

16. 对衣身的其他部位进行设计和再调整（图3-110）。

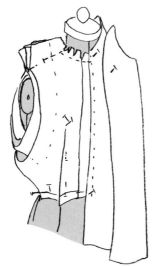

图3-110　步骤B15～16

17. 作标记

    a. 分别在前、后中心线与领口线及腰围线的交点处作标记。

    b. 在腋下垂褶的两侧（前片和后片会有所不同）作标记。

    c. 在衣身上其他必要的部位作标记。

18. 将衣身从人台上取下并进行校正。

19. 如果将前、后中心线设计为对折连裁形式，需要将衣身沿着前、后中心线折叠起来并用大头针固定。

20. 将衣身半边校正好后复制到另外一边。加放缝份后，清剪领口线和前、后中心线处多余的面料。

21. 参见完成样板（图3-111）。

22. 将制作完成的样衣穿到人台上，调整荡袖垂褶的位置和合体度。可以使用一个小的砝码给垂褶定型。

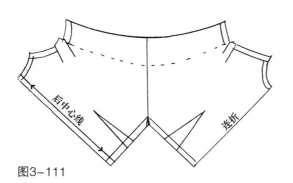

图3-111

堆堆领（自由领）

堆堆领是荡领的变体，是一种在颈部堆褶的领部造型。在衬衫或者长裙的设计中常采用这种领型，以达到一种围巾式的造型效果。这种领型还适用于三角背心的款式（图3-112）。

立裁三角背心时，先用标记胶带在人台上粘贴出背心的外轮廓（参照本书第40～41页）。

图3-112

A. 准备面料

准备工作与前面的基础荡领相同。

B. 立裁步骤

1. 用大头针在人台上标记出想要的领口线深度，领口根据需要可高可低。领口较高时，可以直接将大头针扎在人台的领围线位置。

2. 如图3-113所示，把面料的一个角翻折过来作为贴边。这条斜边的长度要能够环绕人台上领口的扎针标记，同时还应考虑松量的占用量，如果需要在尾部打结，那么还要考虑打结所需要的量。

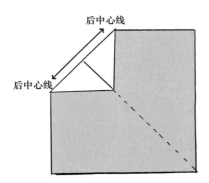

图3-113　步骤B2

3. 将面料放置到人台上，利用前中心线上的大头针兜住荡领的中心，将面料环绕至后中心线位置，用大头针在后中领口线的上方固定。如需在后中部位系结、缩褶或者叠褶，则需要将这些结构用大头针固定（图3-114、图3-115）。

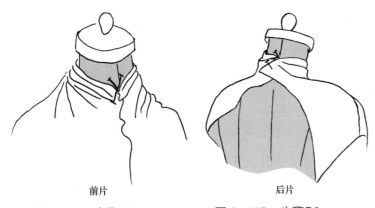

前片

图3-114　步骤B3

后片

图 3-115　步骤B3

4. 沿后领围线打剪口，释放一些松量，并在领围线与肩线的交点处打剪口（图3-116、图3-117）。

侧片　　　　　　　后片

图3-116　步骤B4　　图3-117　步骤B4

5. 如果是为普通衣身制作堆堆领，在后领围线上打好剪口后，还要在肩线上作一些额外的折叠（图3-118）。

6. 如果是为三角背心制作堆堆领，应沿着标记胶带造型线剪掉肩部面料，直接延伸至前片即可。还可以利用省道或破缝来达到合体效果。如果期望后片露背面积较大，可不用侧缝线（图3-119）。

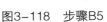
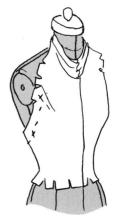

图3-118　步骤B5　　图3-119　步骤B6

7. 在衣身的半边作标记。

8. 将衣身从人台上取下。（不要取下大头针，请先参考本书第36页和37页校正普利特褶和缩褶的内容）。

9. 校正完半边后，将衣身沿中心线对折并固定，将衣身复制至另外一边。

10. 清剪领口线贴边。为所有缝线加放缝份后剪掉多余的量。

11. 参见完成样板（图3-120）。

12. 将制作完成的样衣重新穿到人台上，检验堆褶的位置并调整样衣的合体度。根据需要进行适当调整，可以用一个小的砝码来给堆褶进行定型。

方形荡领

方形荡领特别适用于低领服装，而且前、后领口均可采用。其独特的结构可以使荡领紧贴衣身（图3-121）。

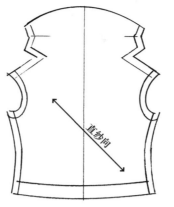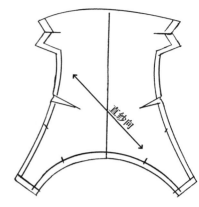

图3-120

图3-121

A. 准备面料

1. 用标记胶带在人台上粘贴出方形荡领的领口形状（图3-122）。

2. 裁剪一块76.2cm（30in）宽的正方形布料，绘制一条正斜纱向线。如果使用划粉或者铅笔，可以在布料的正、反两面都作标记。

3. 在人台上量出方形领口线的宽度和长度。

4. 将面料沿斜纱线对折，从折痕向内量取$\frac{1}{2}$领口线的宽度。

5. 根据量取的距离绘制一条斜纱线，使其平行于对折线（图3-123）。

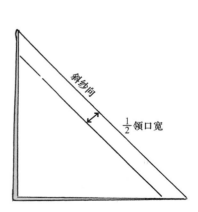

图3-122　步骤A1　　　图3-123　步骤A4~5

6. 取一把直尺，与左侧布边垂直放置，在斜纱线上找到一点，使这一点到左侧布边的距离为领口深度加7.6cm（3in）。

7. 如图3-124所示，过这一点向左侧布边画垂直线。

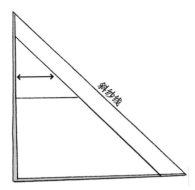

图3-124　步骤A6~7

8. 将这条垂直线剪开（图3-125）。

9. 把面料展开，将左上角类似矩形的小片向右下角翻折（图3-126）。

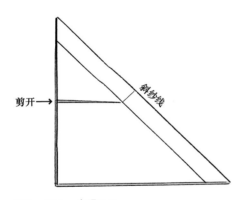

图3-125　步骤A8

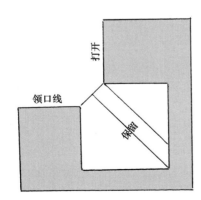

图3-126　步骤A9

B. 立裁步骤

1. 将类似矩形的小片放置在人台上，用大头针将左、右剪口的终点固定在方形领口的左、右拐角处。

2. 在前中心线与腰围线的交点扎针固定，然后在腰围线下方打剪口，使衣身平服。

3. 打完剪口后，将类似矩形的小片贴合在人台上。如图3-127所示，沿纱线方向捏一个胸省以收掉胸下的余量。

4. 立裁衣身的半边即可，并作标记（图3-127）。

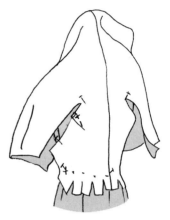

图3-127　步骤B1~4

5. 将其余面料翻折下来，把领口两侧分别提至左、右肩线，剪口边缘向内折叠0.6cm（$\frac{1}{4}$in）的量作为缝份，然后用大头针沿着人台的标记胶带固定领口线（图3-128）。

图3-128　步骤B5

6. 在前中线位置，折起一定的面料，使其形成第一个叠褶。沿着领口线对叠褶进行调整直至肩线，并在两侧的肩线位置对其进行固定。在肩线位置，使叠褶平伏有序，还可以按照自己的设计追加叠褶。在追加的过程中，要保证叠褶量的中心线与人台的前中心线相一致（图3-129）。

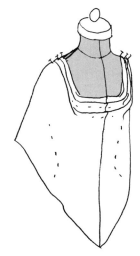

图3-129　步骤B6

7. 按照设计完成其余的衣身部分。如果叠褶量足够深，则没有必要做省道或者其他合体结构。如果需要省道，一般采用直纱向的法式省。调整服装合体度时，必须沿直纱或横纱向抚平面料，以防止纱向的斜向拉伸。

8. 只标记衣身的半边（图3-130）。

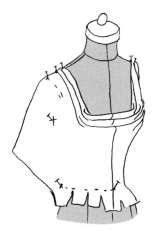

图3-130　步骤B7～8

9. 将样衣从人台上取下（不要取下大头针，请参照本书第36页和37页校正普利特褶和缩褶的内容）。参照前面给荡领作标记的方法，对衣身进行标记。

10. 校正好半边衣身后，将衣身沿前中心线对折并用大头针固定，然后将衣身复制至另外半边。

11. 加放缝份，修剪袖窿、侧缝和腰围线处多余的量。

12. 参见完成样板（图3-131）。

13. 将样衣重新穿到人台上，检查叠褶的位置及样衣的合体度，根据需要进行进一步调整。

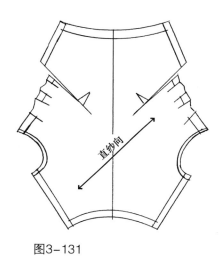

图3-131

缝制斜向面料的技巧

缝制斜向面料对初学者来说具有较大的挑战性。缝制过程中一不小心就会出现褶皱、错位或拉伸现象。

1. 缝制工作应该在一个较平整的桌面上完成。先用大头针垂直于缝线将其固定住。

2. 在车缝之前先用大针距对其进行粗缝。

3. 当缝制到最后时，改用小针距，并适当拉伸缝线。

4. 车缝要慢，尽量减少皱褶的出现。

5. 缝制较软的面料或者半透明的面料时，可以在面料下面垫一层薄纸。

拧褶

　　将面料拧转时会形成放射状的拧褶结构。雪纺、针织面料和绉绸这类比较柔软的面料均可以做拧褶设计。拧褶结构可运用到晚礼服、贴身服装、泳装等各类服装中。本节将介绍拧褶结构的不同类型。

蝶式拧褶

　　蝶式拧褶为平面一片式结构，裁剪制作过程非常简单。蝶式拧褶一般采用柔软的面料，在基础衣身上立裁而成（图3-132）。

图3-132

A. 准备面料

1. 裁剪一块76cm（30in）宽的正方形面料（图3-133）。

2. 将面料先沿斜纱向进行对折，然后再次对折。

3. 沿双折边向内剪开，至距中心7.6cm（3in）处为止（图3-134）。

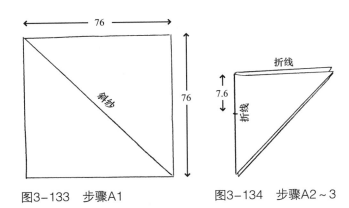

图3-133　步骤A1　　　　图3-134　步骤A2~3

B. 立裁步骤

1. 将一条剪口的两边向内折叠约2.5cm（1in），作为领口线的缝份（图3-135）。

2. 在面料中心未剪开位置进行抽褶，并拧转，右侧在上，拧结居中（图3-136）。

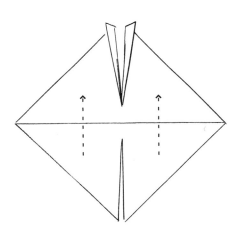

图3-135　步骤B1

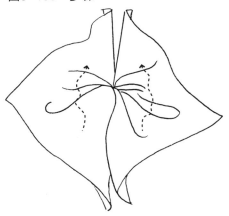

图3-136　步骤B2

3. 按照设计，将领口的侧颈点位置扎针固定。

4. 整理拧褶，可以根据设计在肩线、侧缝或者腰围线处设计缩褶、普利特褶或者塔克褶。部分余量可转移并收进前中心线的破缝中。

5. 标记并校正衣身的半边，然后复制另外一边（图3-137）。

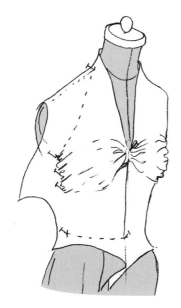

图3-137　步骤B3～5

6. 将样衣重新穿到人台上检查其合体度。

7. 参见完成样板（图3-138）。

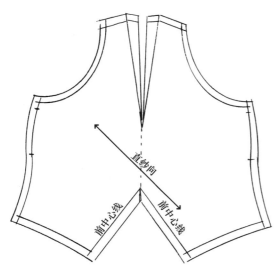

图3-138

两片式斜纹拧褶

两片式斜纹拧褶，顾名思义，是由两片布料构成，这两片布料均为正斜纱向，互相拧绞成结。这种类型的拧褶可运用于服装的肩、前胸、后背、腹等部位，在单肩式服装中也颇为常见。拧褶较小的部分可以用绳子或布条代替（图3-139）。

A. 准备面料

1. 用标记胶带在人台上粘贴出服装的外轮廓线。

2. 设计两片正斜面料的尺寸

    a. 布长——量取至拧结位置所需的面料长度；将所得的尺寸乘2，再增加15cm（6in）。

    b. 布宽——略估出最宽部位的宽度，再将其平分成两等份，然后留出缝份的量。

图3-139

3. 将两块面料裁剪下来。根据设计的不同，两块面料的尺寸可能不尽相同，但一定要保证纱线为正斜向（图3-140）。

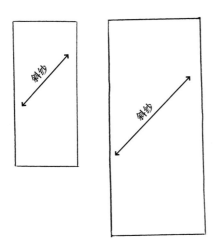

图3-140 步骤A2~3

B. 立裁步骤

1. 将两块面料互相拧绞，用大头针固定中心线，在拧结部位留出足够的开口量以使拧褶看起来优雅大方。在环状开口位置画十字标记并清剪多余面料、留出缝份。最后在面料的反面用大头针将缝份固定。

2. 用大头针将拧褶固定在人台上，对褶皱进行调整使其贴合人体，注意要顺应纱线方向，斜纱较易于塑型。必要时可调整拧结部位的中心线以提高合体度（图3-141）。

图3-141 步骤B1~2

3. 标记所有的缝线，然后将衣身从人台上取下。

4. 校正缝线，然后加放缝份，清剪多余的面料。

5. 用大头针将衣身重新固定并穿到人台上，检查其合体度并根据需要做适当的修正。

6. 参见完成样板（图3-142）。

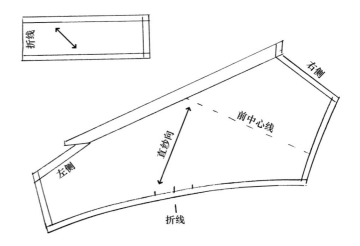

图3-142

肩部有育克的拧褶

　　肩部有育克的拧褶由两部分构成：肩部育克结构和其下面的衣身部分，下面的衣身部分将育克部分缠裹住，形成拧褶结构。当领口较高时，这种结构可以有效地解决衬衫的合体度问题。制作三角背心时，肩部的育克结构可由布条、链条或绳子替代（图-143）。

图3-143

A. 准备坯布

　　1. 育克

　　　　a. 布长——50cm（20in）

　　　　b. 布宽——18cm（7in）

　　2. 衣身下片

　　　　a. 布长——90cm（36in）

　　　　b. 布宽——38cm（15in）

　　3. 育克的处理步骤

　　　　a. 沿面料的直纱向从边缘向内折3.8cm（$1\frac{1}{2}$in），作为领口线的贴边。

　　　　b. 在面料的中心绘制一条横纱线作为前中心线（图3-144）。

图3-144　步骤A3

　　4. 衣身下片的处理步骤

　　　　a. 在面料的中心绘制一条横纱线作为前中心线（图3-145）。

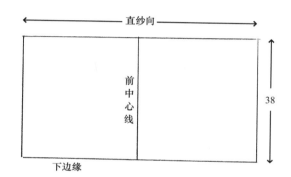

图3-145　步骤A4a

　　　　b. 沿前中心线将面料对折，然后沿折边在布的边缘量取15cm（6in）作标记。

　　　　c. 参照图3-146所示，用直线将这一点与左下角相连接，并将此线复制到面料另一边。

　　　　d. 向外留出约2.5cm（1in）的缝份并清剪多余的量。这条线即为前中心线（图3-146）。

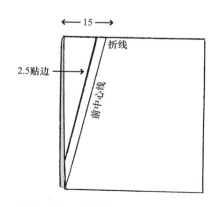

图3-146　步骤A4b～d

B. 立裁步骤

1. 在人台上设计领口线，然后在领口线与前中心线的交点处扎针作标记。

2. 用前中的大头针兜住育克的前中心线位置，然后分别将两侧固定在肩线上。必要时可以在面料的下边缘打剪口。用标记胶带标记出育克的外轮廓（图3-147）。

3. 将对折的衣身下片放置到人台上，沿前中心线扎针固定。注意对折线朝上置于领部。

4. 立裁拧褶部分，将衣身下片缠绕进育克里侧，然后扎针固定（图3-148）。

5. 将衣身下片抚平至袖窿和侧缝线位置，然后确定育克和衣身下片缝合线的位置。将衣身下片沿育克线折叠并扎针固定。

6. 调整衣身的合体度，调整过程中要注意按照纱线的方向。

7. 在衣身下片的前中心线上用十字标记出缠

绕处的起始位置，约在面料上边缘向下3.8cm（$1\frac{1}{2}$in）到5cm（2in）处。缠绕的量取决于最后完成的育克宽度和面料的厚度（图3-149）。

8. 在育克与衣身下片接缝线上的缠绕起始位置分别作十字标记，约位于距前中心线3.8cm（$1\frac{1}{2}$in）处。

9. 标记出剩下的育克线、袖窿线、侧缝线和腰围线。如果其他部位有为了合体度而制作的省道或褶，也同时标记出来。

10. 将样衣从人台上取下，校正所有的缝线。加放缝份以后清剪多余的量。在拧褶缝份的十字标记处打剪口。

11. 对齐所有十字标记，用大头针将衣身重新固定并穿到人台上，调整其合体度。

12. 参见完成样板（图3-150）。

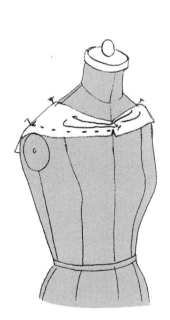

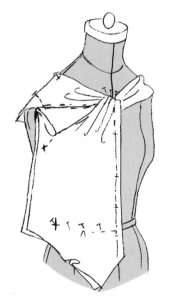

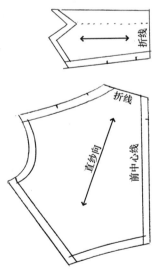

图3-147　步骤B1~2　　　图3-148　步骤B3~4　　　图3-149　步骤B5~7　　图3-150

第四章

裙子

裙装原型的款式变化

一片式裙装原型

由于在侧缝线塑造形体时，臀围线以上的腰臀差量可转换成省道。因此，进行裙装的立体裁剪时，不设置侧缝线是完全可行的设计方式。裙子通常在后中心线处进行缝合并设置开口。而如果裙子款式中设计了前门襟结构，也可以在前中心线处进行缝合。一片式裙装，非常适宜使用格子面料或者横向条纹面料，能够保持图案的完整和连贯性，使一片式裙装结构的优势显而易见（图4-1）。

A. 准备坯布

1. 撕布

    a. 布长——裙长另加10cm（4in）。

    b. 布宽——从臀围最宽处量取前中心线到

    后中心线的距离，然后加放7cm（$2\frac{3}{4}$in）

    的余量。

2. 沿撕好的坯布两边各向内量取约2.5cm（1in）的量，然后分别绘制出前、后中心线。

3. 在前中心线上，从上边缘向下5cm（2in）的位置作十字标记，作为腰围线的位置。

4. 从腰围线向下量取18cm（7in），找到臀围线位置。

5. 在臀围线上，量取人台的前中心线至侧缝

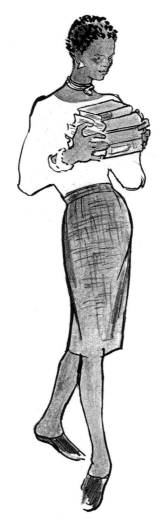

图4-1

线的距离，然后在坯布上加放1cm（$\frac{3}{8}$in）的松量并作十字标记。最后从十字标记向下绘制一条垂直线作为侧缝线的辅助线。

6. 从坯布的底边向上量取5cm（2in），作为底摆线的辅助线并作标记（图4-2）。

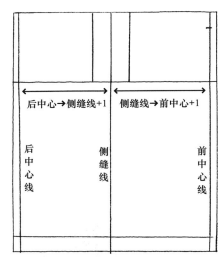

图4-2　步骤A1～6

B. 立裁步骤

1. 参照制作裙装原型的方法进行裙子前、后部分的立体裁剪。

2. 在侧缝线和腰围线的交点处，用大头针把多余的坯布捏合别扎在一起。沿着人体臀部侧面的走势，别扎出从腰围线到臀围线的省（图4-3）。

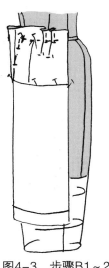

图4-3　步骤B1～2

C. 标记

1. 参照标记裙装原型的方法标记裙子的前、后片。

2. 在侧缝省上，沿大头针的位置准确地标记出省的两条边线。

D. 校正

1. 参照前面校正裙装原型的方法修正此款裙子的前、后样板造型。

2. 使用测臀尺进行臀围线的修正。将测臀尺的边缘沿臀部侧缝线圆点标记画线，并使之与腰围线上的十字标记和臀围侧缝省尖点圆顺连接。

3. 参见完成样板（图4-4）。

图4-4

锥型裙

　　追求苗条是时尚界循环的主题，而纤细的锥型裙因其底摆与臀围相比更加收紧的轮廓，在流行中经久不衰。当锥型裙的长度在膝盖以下时，则必须使用开衩结构或者做褶，以保证行动的便捷。开衩和褶裥通常被设计在后中心线的对应位置上，也可以参照图4-5所示的款式设计在侧缝处。

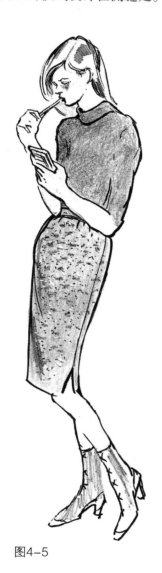

图4-5

A. 准备坯布

　　参照裙装原型准备坯布的方法准备锥型裙的坯布。在裙子底边与侧缝的交点处向内收进1.3cm（ $\frac{1}{2}$ in），并将此点和侧缝线与臀围线的交点连接。这条向内收的线即为裙子新的侧缝线（图4-6）。

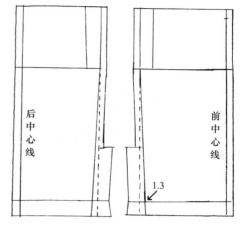

图4-6　步骤A

B. 立裁步骤、作标记和校正

　　参照制作裙装原型的方法进行立体裁剪、标记并校正锥型裙。在腰围线处，通常采用普利特褶、塔克褶或缩褶以取代省的造型效果（参照本书第35～37页的方式标记并校正普利特褶、塔克褶或缩褶）。如果裙摆处有开衩，则在开衩的两边标注十字对位标记，用以标记开衩的高度。同时将开衩的缝份加宽至3.8cm（ $1\frac{1}{2}$ in），作为开衩的贴边。请参见完成样板（图4-7）。

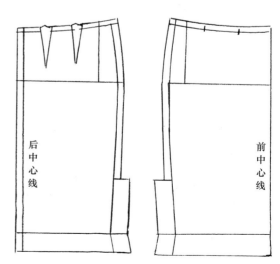

图4-7

舒适型裙

这种造型的裙子比较宽松，穿着舒适。在人体的侧面，裙型微微外张，但并不改变裙子的固有纱线方向（图4-8）。

图4-8

A. 准备坯布

1. 参照制作裙装原型的方法测量人台尺寸备用。

2. 撕布（前、后裙片分别准备）

   a. 布长——在理想的裙长基础上另加10cm（4in）。

   b. 布宽——沿着臀围线，量取人台前中心线至侧缝线的距离，并加放13cm（5in）的量作为布的宽度。

3. 沿撕好的坯布两边各向内量取约2.5cm（1in），并分别绘制出前、后中心线。

4. 在前中心线上，从上边缘向下5cm（2in）处标注十字标记，以此作为腰围线上的前中心标记。

5. 从人台的腰围线向下量取18cm（7in），以确定人台臀围线位置。

6. 从坯布的上边缘向下量取23cm（9in），作为后裙片臀围线位置的标记。并在此点处绘制一条水平线作为臀围线。

7. 在前裙片的臀围线上，量取人台的前中心线至侧缝线的距离，然后加放1cm（$\frac{3}{8}$in）作为松量，并在得到的点处作十字标记。在后裙片上重复上述操作过程。

8. 从前、后裙片的十字标记处分别向下绘制垂直线，以此作为前、后裙片的侧缝辅助线。

9. 在前、后裙片的臀围线与侧缝线的交点处，分别向中心线方向量取5cm（2in）的距离；并从得到的点分别向上作垂直线，直至坯布的上边缘（图4-9）。

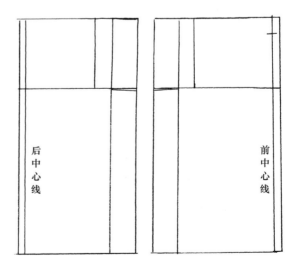

图4-9 步骤A1～9

10. 在臀围线处，将坯布由边缘向内剪至侧缝线处；参照图4-10所示把前、后裙片臀围线以下部分的侧缝用大头针别扎固定。

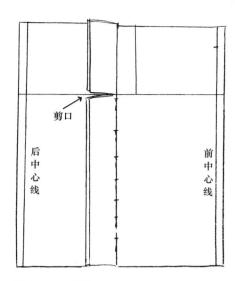

图4-10　步骤A10

图4-11　步骤B1～8

B. 立裁步骤

1. 将前中心线位置的约2.5cm（1in）缝份折向下方。用大头针将腰围线前中心点对准人台的标记胶带固定。

2. 在前中心线和臀围线交点处扎针固定。

3. 在立体裁剪时，要保证裙片的臀围线完全水平；使臀围线下方的裙片在悬垂时没有斜向拉伸的现象；均匀地分配松量，然后沿着臀围线固定前中心线至后中心线之间的臀围部分，注意防止出现坯布斜向下垂的现象。

4. 将前、后裙片上靠近侧缝的垂直线向上抚平，使其保持垂直通向腰围线位置；捏起一定的松量，然后用大头针固定在腰围线上。

5. 沿着侧面臀部的形状走势，将前、后裙片从臀围线至腰围线之间的侧缝线用大头针固定住。

6. 将前、后裙片的臀围线至底边之间的侧缝线固定，并同时向着底摆处逐渐加放扩展量。

7. 移动侧缝上的大头针，以检验侧缝展开量的大小。必要时需做适当调整，但要保证整块坯布的纱向平直。

8. 利用省、塔克褶或者缩褶来塑造腰围的合体造型（图4-11）。

C. 标记与校正

1. 参照标记裙装原型腰围线及省道的方法标记舒适型裙（参照本书第36～37页的方法标记塔克褶或缩褶）。

2. 标记前、后裙片臀围线上方的两条侧缝线。在臀围线下方，仅在侧缝底边位置的最后一枚大头针处作十字标记。

3. 将裙子从人台上取下。使裙子的前、后片为固定在一起的状态，然后校正侧缝线——臀围线以上使用曲线尺、以下使用直尺。将前裙片侧缝拷贝至后裙片上。为侧缝加放缝份，然后清剪多余的布量。

4. 参照校正裙装原型腰部省道的方法校正舒适型裙（参考本书第36～37页的方法校正塔克褶或缩褶）。

5. 参见完成样板（图4-12）。

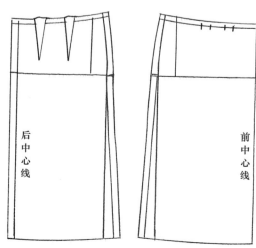

图4-12

图4-13

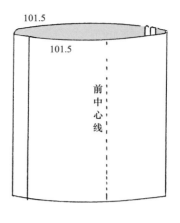

图4-14

打褶裙的底摆折边宽度可做调整。如果裙子造型讲求轻薄飘逸，折边底摆为最佳选择。在高档服装中，底摆折边宽度从7.6cm（3in）～13cm（5in）不等。对轻质面料来讲，较宽的底摆折边为首选，由于宽底摆折边重量较大，能够使裙子有较好的悬垂感。

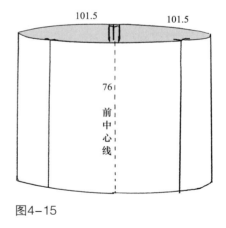

图4-15

打褶裙

此款打褶裙属于直裙类，在裁剪时将腰部的余量转换成缩褶形式。当余量过大致使缝缩困难时，也可使用无须熨烫的普利特褶来塑型（图4-13）。

裙摆宽通常依照设计而定，也常会受到面料幅宽的限制。如果面料幅宽较大，裙子可利用整幅面料制作，将前、后裙片分别做成整片。

例如：裙子围度为203cm（80in），面料幅宽为114cm（45in）（图4-14）。

当需要较多余量而布幅较窄，以致不能裁剪成两片裙时，也可以设计成三片裙，这时在裙子前中心线的两侧会分别有一条缝线，后中位置有另外一条缝线。这也是避免前中破缝的常用方法。

例如：裙子围度约为279cm（110in），面料幅宽为114cm（45in）（图4-15）。

A. 准备坯布

1. 按照设计估量裙子一周的围度量。

2. 撕布和准备前、后裙片

   a. 布长——在裙长的基础上加3.8cm（$1\frac{1}{2}$ in），再加上底摆折边的宽度。

   b. 布宽——前裙片宽为裙子围度的$\frac{1}{4}$，后裙片宽也为裙子围度的$\frac{1}{4}$，再分别加放缝份的量。

3. 绘制裙片的前中心线。

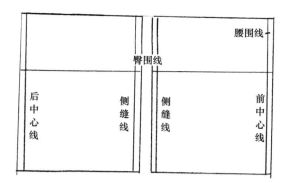

图4-16　步骤A1~7

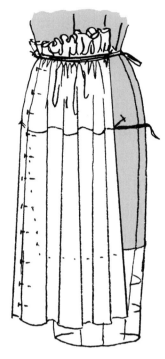

图4-17　步骤B3~6

4. 在前中心线上，从坯布的上边缘向下量取 $3.8cm$（$1\frac{1}{2}in$）的长度，并作十字标记。

5. 绘制臀围线。

6. 在前、后裙片上分别绘制侧缝线。

7. 绘制裙片的后中心线（图4-16）。

B. 立裁步骤

1. 在人台上用标记胶带贴出臀围线标记。

2. 将坯布的前、后侧缝线固定在一起。

3. 对应人台前中心线与腰围线和臀围线的交点，分别扎针固定。

4. 在臀围线与侧缝线的交点处扎针固定坯布。

5. 在后中心线与臀围线的交点处扎针固定，然后沿着臀围线均匀地分配余量。

6. 用塑型标记胶带或者$0.6cm$（$\frac{1}{4}in$）宽的橡筋带将裙片固定在腰围线上，均匀地分配腰部余量，使臀围线与人台上对应的标记胶带相一致。根据自己的设计，可以把余量成簇叠放或者按照其他的形式进行分配，这样能够得到特殊的造型效果（图4-17）。

7. 标记并校正腰围线处的缩褶或普利特褶（参照本书第36~37页）。在侧缝线上作十字标记。

8. 标记并校正底边。打褶裙的下摆应该与坯布的纱线方向一致。

9. 在人台上粗缝缩褶并对其做适当调整。在裙片的腰围线上作十字标记，然后把余量标记在对应人台的位置上（如果裙子有腰头，则可标记在腰头上）。

图4-18

钟型裙

　　钟型裙为打褶裙的变体。制作这种裙子的面料要比较硬挺，以便于塑型。裙子的外轮廓及下摆能够显示出钟型裙较大的空间量。

　　受面料及设计要求的影响，钟型裙可按照横纱向裁剪，也可按照直纱向裁剪。当钟型裙按照横纱向裁剪时，可以在前中心线处进行连折裁剪，这样可以避免前中心位置出现破缝线。

　　当钟型裙的廓型比较夸张时，有必要在人台的臀围处加放臀垫。需要时也可以使用硬挺的衬裙，然后在这些支撑物上面进行立体裁剪以达到钟型裙

的造型要求（图4-18）。

A. 准备坯布

　1. 撕布

　　　a. 布长——在裙长的基础上增加13cm（5in），再加上底边的缝份。

　　　b. 布宽——整个坯布的宽度。

　2. 绘制后中心线。

　3. 在后中心线上，沿着坯布的上边缘向下量取13cm（5in）为腰围线位置，并作十字标记。

4. 绘制臀围水平线。

5. 为了达到硬挺的目的，将尼龙网纱与后裙片坯布疏缝在一起（图4-19）。

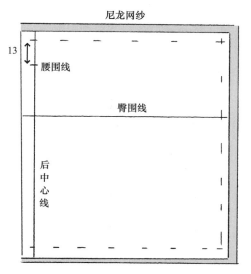

图4-19　步骤A1～5

B. 立裁步骤

1. 在人台上，用标记胶带粘贴出臀围线。

2. 分别将后中心线与腰围线和臀围线的交点扎针并固定于人台上。

3. 将坯布从人台上拉起直至达到理想的空间宽度，然后固定前中心线。坯布上的臀围线要与人台的臀围线保持水平一致（图4-20）。

4. 必要时可使用一条 $0.6cm$（$\frac{1}{4}in$）宽的橡筋带将多余的量固定在腰围线上。根据想要的效果可将余量设计成单独的普利特褶、缩褶或省道，也可以多种形式并用。在侧缝线附近要塑造较多的褶量，将坯布从腰围线标记胶带或橡筋带的下方拉出，利用腰围线处的普利特褶、缩褶或省道所

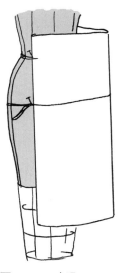

图4-20　步骤B2～3

形成的角度塑造裙子的钟型效果。

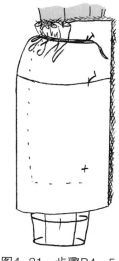

5. 固定前中心线

   a. 因为前中心线是连折裁剪，所以要保持前中心线为直纱方向。

   b. 当使用丝质面料、棉质面料及大部分混纺面料时，在裙长较长的情况下，前中部分很容易起皱。所以要将前中心线略为斜置。

图4-21　步骤B4～5

   c. 为了使造型更加夸张，在后中心线和前中心线处通常将面料轻微抬起，使其有轻度的偏斜（图4-21）。

6. 标记并校正腰围线和前中心线。在侧缝线处作十字标记。

7. 将坯布重新放置在人台上，调整裙身的长度并在底边处作标记。如果前、后中心线有适当的偏斜，则底边线在左右两侧也会有轻度的偏斜弯曲。必要时可以在底边另加贴边。参见完成样板（图4-22）。

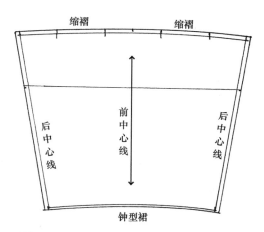

图4-22

图4-23

多片裙

　　多片裙是利用破缝分片的结构塑型。这种裙子的上半部分比较紧身，下半部分则呈现出打开的喇叭状造型。喇叭的位置可高可低，形式多样。这种裙子通常被分为六片结构（图4-23）。

　　多片裙无须每块布片同样大小。使用不同大小的布片可以塑造出不同的外形。例如，可以将裙子设计为在侧缝位置张开而前后中较平服或者在前、后中位置张开而侧缝位置较平服的不同造型。

　　如果选择在多片裙的前、后中位置破缝，六片裙则变成了八片裙。

A. 准备坯布

1. 在人台上，用标记胶带标记出臀围线。

2. 确定每一块布腰围线和臀围线的位置，并作标记。

3. 从前中心线至后中心线，标记出裙子张开的起点位置（图4-24）。

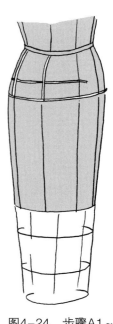

图4-24　步骤A1～3

4. 撕布和准备前、后裙片

   a. 布长——裙长+5cm（2in），再加底边的缝份。

   b. 布宽：

     （1）前中心片和后中心片——量取最宽部位的宽度加上理想的张开量再加5cm（2in）。

     （2）侧片——量取最宽部位的宽度加上两倍的张开量再加5cm（2in）。有两片侧片。

5. 在撕好的前、后中心片上，沿布边向内量取约2.5cm（1in）的量，然后分别绘制出前、后中心线。

6. 在每一块侧片的中心绘制一条垂直线。

7. 从前中心线顶部向下量取5cm（2in）并作十字标记，作为腰围线。

8. 从十字标记点向下量取18cm（7in）得到臀围线位置，然后绘制出每块裙片的水平臀围线。

9. 沿着人台的臀围线，量取前、后中心线至破缝线之间的距离。然后在坯布上，沿着臀围线标记出这段距离，再加放0.6cm（$\frac{1}{4}$in）的松量。从得到的点向下绘制一条从臀围线至底边线的垂直线。

10. 沿着人台的臀围线，分别量取前、后侧片的侧缝线至破缝线之间的距离。然后在坯布上，分别给每个侧片加放0.6cm（$\frac{1}{4}$in）的松量，再沿着每个侧片的臀围线把其宽度平分。在得到的点处，从臀围线至底边线绘制一条垂直线（图4-25）。

11. 沿着破缝线将每块布片从臀围线开始固定至底边线位置（图4-26）。

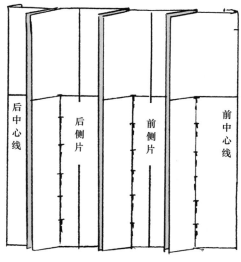

图4-26　步骤A11

B. 立裁步骤

1. 在人台上，分别将坯布的前、后中心线与臀围线和腰围线的交点扎针固定。

2. 沿着臀围线，从前中心线开始均分松量，直至后中心线位置（图4-27）。

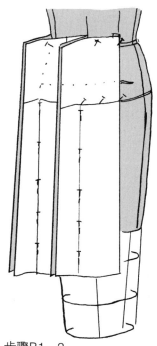

图4-27　步骤B1~2

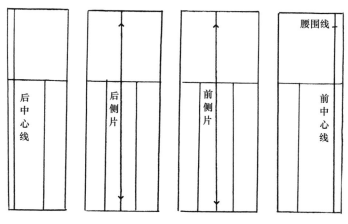

图4-25　步骤A5~10

3. 将侧片的中心线抚平，使其通向腰围线处。然后捏起一定的量作为松量，再用大头针将其固定。

4. 将前、后中心片与侧片的臀围线以上部分分别扎针固定。必要时清剪缝线外多余的量。

5. 确保松量均匀地分布在整个臀围位置，将臀围线以上的侧缝线扎针固定。

6. 从底边位置开始直至张开量的起始位置，用大头针将张开量固定住。调整各条缝合线，检验裙子的宽度。为了使裙子悬挂平直，每条缝线位置的张开量大小要保持一致，必要时要适当调整（图4-28）。

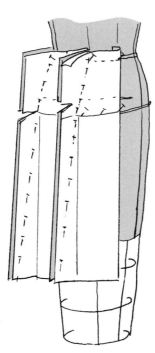

图4-28　步骤B3～6

C. 作标记和校正

1. 沿着腰围线作圆点标记，并在腰围线所有的缝合线交点处作十字标记。

2. 将坯布从人台上取下，标记所有缝线。

3. 保持缝线固定在一起，然后进行校正。使用曲线尺校正张开量以上的部分，使用直尺校正张开量部分。在衔接点处进行圆顺处理，使其连接圆滑顺直。

4. 在布片固定于一起的状态下，沿着标记把缝线复制到坯布的另外一面，然后加放缝份，清剪多余的量，并在缝份上打剪口。

5. 将布片分开，然后按照剪口位置再把其复原。

6. 校正腰围线；加放缝份，清剪多余的量。

7. 参见完成样板（图4-29）。

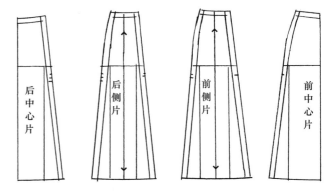

图4-29

8. 把组装好的裙子重新放置在人台上，然后修正调整裙长。每隔一段距离量取裙底边到地板之间的距离，以便得到均匀一致的裙长（图4-30）。

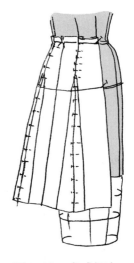

图4-30　完成坯布

图4-31　　　　　　图4-32　　　　　　图4-33　　　　　　图4-34

喇叭裙

　　喇叭裙的廓型受面料性能的影响较大。针织面料、雪纺绸和绉绸能够制作出轻盈飘逸的喇叭裙，而棉质及密度较大的毛质等厚重硬挺的面料则易于制作硬朗的造型。喇叭量的大小及纱向等元素也会影响裙子的造型效果。以下介绍的是三种使用直纱向制作喇叭裙的方法。

1. 侧缝为直纱的喇叭裙（图4-31、图4-32）。
2. 前中心线为直纱的喇叭裙（图4-33、图4-34）。
3. 每幅裙片的中心纱线为直纱的喇叭裙（图4-35、图4-36，本书第82页）。

　　在立体裁剪的过程中，要注意把握裙子的围度和喇叭造型起浪的位置。我们需要预先设计裙子的

片数和每一裙片的放置位置。裙片的喇叭造型起浪位置可以放置在前、后中心处和侧缝处。在人台的腰围线上，预先用大头针标记出裙子的片数和喇叭造型起浪的位置。当把喇叭造型起浪的裙片放置在侧缝处时，侧缝线为一条直线；当把喇叭造型起浪的裙片放置在前、后中心时，从腰围线至臀围线间的侧缝将被完美地依照人体曲线展现出来。

喇叭裙前片

A. 准备坯布

　1. 撕布

　　a. 布长——在裙长的基础上加13cm（5in），再加底边的缝份。

图4-35   图4-36

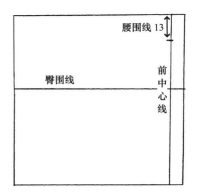

图4-38 步骤A1，A2b，A3～4

b. 布宽——坯布的幅宽。

2. 绘制垂直线

a. 当制作侧缝为直纱的喇叭裙时，在坯布左边向内量取7.6cm（3in）处画一条垂直线，作为侧缝线（图4-37）。

b. 当制作前中心线为直纱的喇叭裙时，在距离前片布边7.6cm（3in）处画一条垂直线，作为前中心线（图4-38）。

c. 当制作公主线位置为直纱的喇叭裙时，在公主线对应坯布片的中心位置画一条垂直线（图4-39）。

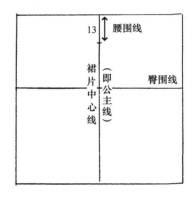

图4-39 步骤A1，A2c，A3～4

3. 沿着画好的垂直线，从坯布的上边缘向下量取13cm（5in）的长度，找到腰围线的标记点。

4. 从腰围线的标记点向下量取18cm（7in）的位置画一条水平横线，作为臀围线。

B. 侧缝为直纱的喇叭裙的立裁步骤

1. 将坯布的侧缝线对准人台的侧缝线，然后在臀围线处和人台的下边缘位置扎针固定。

2. 从侧缝线的臀围位置沿着横纱向抚平，对应腰围线的第一个喇叭造型起浪展开点，并在臀围线上扎针暂时固定在人台上。

3. 沿侧缝线抚平直至腰围线处，然后在第一个喇叭造型起浪开始点位置扎针固定于人台上。

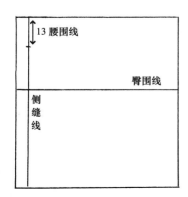

图4-37 步骤A1，A2a，A3～4

4. 参照制作裙装原型的方法在腰围线处捏起一定的量，然后在侧缝线和腰围线的交点位置扎针固定。

5. 将第一个喇叭造型起浪点以上部分的坯布打剪口，直至距离腰围线0.6cm（$\frac{1}{4}$in）的位置为止（图4-40）。

6. 将右侧坯布转向下释放，使其形成合适的喇叭造型。为了保证裙型的丰满度，应该限制裙子的宽度。当施放喇叭量过大时，则会形成叠压现象。

7. 在完成的整个喇叭造型之外，将坯布在人台躯干的下边缘处固定。

8. 小心调整两个喇叭造型之间的坯布状态。在腰围线处沿着直纱向抚平坯布，使其通向下一个裙摆喇叭造型起浪点。*注意不要用力拉伸腰围线处的斜纱。*

9. 重复操作步骤B5～8，直到立体裁剪好每一个喇叭造型为止，同时使得裙片靠近前中心线。

10. 在前中心线与腰围线和人台躯干底边缘的交点位置分别扎针固定（图4-41）。

图4-40　步骤B1～5

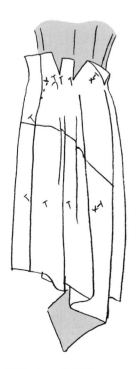

图4-41　步骤B6～10

C. 前中心线为直纱的喇叭裙的立裁步骤

1. 在前中心线与腰围线、臀围线和人台躯干边缘线相交的位置分别扎针固定。

2. 沿着臀围线将坯布抚平，直到与腰围线的第一个喇叭造型起浪开始点位置相对应为止。沿着此点把上方的坯布抚平，在第一个喇叭造型起浪开始点扎针固定。

3. 与侧缝为直纱的喇叭裙的立体裁剪方法相同（参考步骤B5～8），完成下面的过程。在臀部的曲线区域，要特别注意留出足够的量以保证臀部的丰满度。必要时可以在腰围线上加放一定的松量（图4-42）。

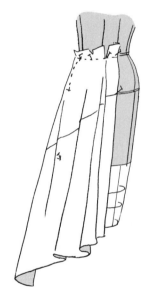

图4-42　步骤C1～3

D. 裙片中心线为直纱的喇叭裙的立裁步骤

1. 在裙片中心线对应的腰围线上方打剪口，直至距离腰围线0.6cm（$\frac{1}{4}$in）的位置。

2. 分别将腰围线前中心点至侧缝之间的中心位置和臀围线前中心点至侧缝之间的中心位置，按照直纱向固定在人台上。

3. 采用前面两个款式所述的方法，从直纱固定位置开始分别朝着侧缝线和前中心线方向作喇叭起浪的造型。立体裁剪完成之后，裙子的前中心线和侧缝线均为斜纱状态（图4-43）。

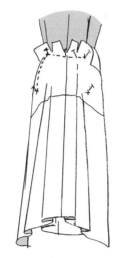

图4-43 步骤D1~3

E. 标记

1. 在侧缝线与腰围线的交点处作十字标记。

2. 用圆点标记腰围线至臀围线之间的侧缝线；如果侧缝线为斜纱，则在腰围线下方18cm（7in）的位置及对应人台躯干的下边缘位置作十字标记。

3. 沿腰围线作圆点标记。

4. 在腰围线与前中心线的交点处作十字标记。

5. 如果前中心线是斜纱，则在前中心线与人台躯干下边缘的交点处作十字标记。

F. 校正

1. 增加人台躯干和斜纱交点位置的坯布宽度，以补足坯布因纱向倾斜而造成的拉伸量。加宽量的大小因面料种类而定。白坯布通常加宽1.3cm（$\frac{1}{2}$in）（图4-44）。

2. 通过连接腰围线十字标记和人台躯干底端

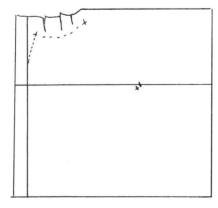

图4-44 步骤F

加宽位置点来校正斜向纱线。当侧缝线为斜纱时，要想使裙子造型丰满，则有必要调整臀部下落现象。

3. 连接腰围线上的圆点标记并使其圆顺，在前中心线和侧缝线位置附近，使其形成一小段垂直线。

4. 加放缝份，清剪多余的量。

喇叭裙后片

A. 准备坯布

与喇叭裙前片准备坯布的方法相同，但在立裁之前不要绘制垂直线。

B. 立裁步骤

1. 将前、后裙片臀围线处的十字标记对齐，前裙片压住后裙片。

2. 将前裙片的侧缝线复制到后裙片上，加放缝份，清剪多余的量（图4-45~图4-47）。

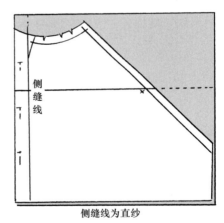

侧缝线为直纱

图4-45 步骤B1~2

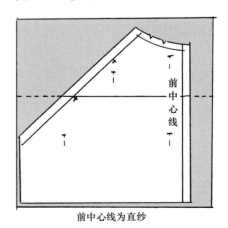

前中心线为直纱

图4-46 步骤B1~2

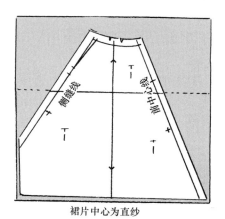

图4-47　步骤B1~2

3. 将前、后侧缝线固定在一起。

4. 将裙子重新放置到人台上，并将前裙片固定于原来的位置上。保证侧缝线自然悬垂时处于垂直状态（图4-48）。

5. 参照制作喇叭裙前片的方法立体裁剪后片的喇叭造型。保证前、后裙片的喇叭量大小一致、均匀对称。为了达到对称的效果，必要时可调整臀围线以上的后侧缝线。前、后中心线纱向不必完全一致。

6. 标记并校正裙子的后中心线和腰围线（图4-49）。

7. 在必要部位加放缝份后清剪多余的量。

8. 将裙子重新放置到人台上，调整裙长。为了使周身裙长一致，可以隔段量取裙底边至地面之间的距离（可使用量裙器）。留出底摆缝份，清剪多余的坯布。

9. 参见完成样板（图4-50）。

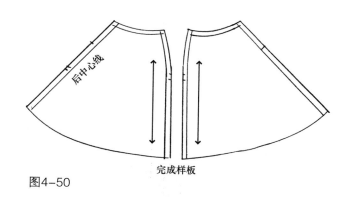

图4-50

喇叭裙的变体

普利特褶喇叭裙

沿着喇叭裙片增加普利特褶。喇叭裙上的普利特褶在下摆位置通常会比较深，这样能使裙子看起来较有流动感（图4-51）。

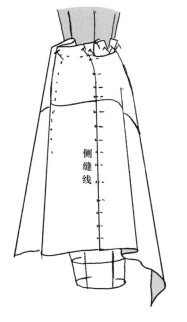

图4-48　步骤B4

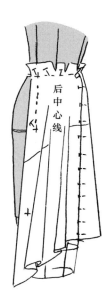

图4-49　步骤B6

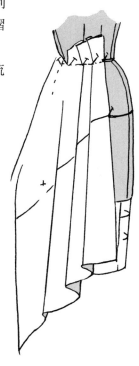

图4-51　普利特褶

缩褶喇叭裙

　　在裙片之间的腰围线上增加余量，最终的造型效果类似打褶裙。为了使裙摆灵动飘逸，腰围线处不必制作过多的缩褶（图4-52）。

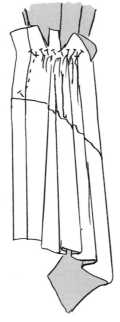

图4-52　缩褶

喇叭裙底边的缝制技巧

1. 在标记底边之前，将裙子放在衣架或人台上悬挂24小时，使裙子的斜纱充分悬垂拉伸，这样能够保证裙摆造型的稳定性。

2. 隔段量取地面至裙底边之间的距离，调整裙长，并用大头针标记出裙底边线。也可以使用量裙器完成此步骤（图4-53）。

3. 把裙子从人台上取下，用直尺量出底边折边的宽度。喇叭裙的底边折边宽度一般在 3.8cm（$1\frac{1}{2}$in）至细滚边不等，具体宽度取决于裙子的喇叭量大小及面料的特性。

4. 清剪多余的面料。

5. 将底边折边上翻，在距离折线1.3cm（$\frac{1}{2}$in）的位置粗缝一圈明线（图4-54）。

6. 在距离毛边0.6cm（$\frac{1}{4}$in）的位置，采用宽松针迹（8针/2.5cm）车缝底边折边。

7. 抽拉缝线，使余量均匀分布，保持底边平直。利用熨斗的蒸汽收缩折边上的余量，不要将熨斗放置在底边上（图4-55，参考本书第226页中底边的完成图）。

图4-53　量裙器

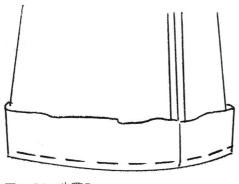

图4-54　步骤5

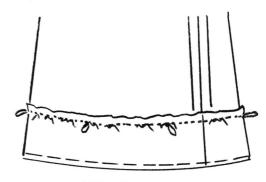

图4-55　步骤6～7

图4-56

陀螺裙和纱笼裙

　　陀螺裙和纱笼裙均为腰臀部造型丰满，越往下摆处越紧窄的裙子造型。这种倒锥型的裙子造型别致。通常采用较硬挺的面料来增强这种特殊的造型效果，而较为贴身的柔软面料则能够塑造出希腊式的着装效果。

　　立体裁剪陀螺裙和纱笼裙可采用以下两种方法：

1. 立裁有侧缝线的裙子时需要反复进行调整，余量从侧缝位置发散开来，主要集中在裙子的上半部分。陀螺裙在前中位置通常为对折连裁，裙底边线为直线。

2. 造型较为夸张的陀螺裙通常没有侧缝线。大部分情况下，后中位置为直纱，前中位置为斜纱；相反，前中位置为直纱时，后中位置则为斜纱。

---

❶　霍步裙（Hobble skirt），亦称蹒跚裙，是20世纪初流行的裙子样式。该裙臀部为较宽的斜开式，裙下摆收窄，长及脚踝。——译者注

　　而在某些裙子中，例如霍布裙❶，侧缝线为直纱向，而前、后中心线为斜纱向。

　　纱笼裙是一种在侧缝处缠裹，底边线不对称的裙子。有侧缝线和基础后裙片的纱笼裙通常从侧缝处开始制作，先完成裙子的右片。而裙子左片通常平整伏贴，被缠裹在下面（图4-56）。

有侧缝的陀螺裙——前片

A．准备坯布

1. 撕布

　　a．布长——在裙长的基础上加6cm（$2\frac{1}{2}$in），再加上底边的缝份。

　　b．布宽——坯布幅宽的$\frac{1}{2}$。

2. 在距纵向布边2.5cm（1in）的位置绘制一条垂直辅助线，作为前中心线。

3. 沿前中心线，从上边缘向下量取6cm（$2\frac{1}{2}$in）处作十字标记，作为腰围线位置。

4. 从腰围线向下量取23cm（9in）处绘制一条水平辅助线，作为臀围线。

5. 沿臀围线，量取前中心线至侧缝线的距离，再加放1cm（$\frac{3}{8}$in）的松量，在得到的点处作十字标记。

6. 从十字标记处向下绘制一条垂直辅助线，至坯布的底边（图4-57）。

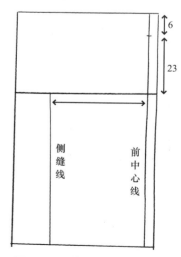

图4-57　步骤A1～6

B．立裁步骤

1．将坯布放置到人台上，在前中心线与腰围线、臀围线和躯干底部边缘的交点位置分别扎针固定。

2．在侧缝线上找到陀螺裙立体造型起点的位置，并扎针固定。造型起点的位置通常位于臀围线和人台躯干底边线之间。与制作裙装原型一样，在扎针固定点的下方，裙身要保持竖直。在人台躯干的底边位置扎针固定。

3．在造型起点位置的坯布外边缘打剪口，剪至侧缝线（图4-58）。

4．将坯布从扎针位置向上拎起，使腰部形成余量，然后在腰围线上对余量进行造型。根据设计效果，可以选择免烫的普利特褶、缩褶或者塔克褶。

5．在侧缝线处多次重复上述过程，直至在腰围线上取得理想的丰满造型为止。

6．为了保持丰满度，可在腰围线上粘贴标记胶带或者安装0.6cm（$\frac{1}{4}$in）宽的橡筋带。如果希望得到更为圆润的臀部造型，可以将标记胶带固定的坯布向下拉，直到调整为理想的状态（图4-59）。

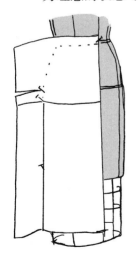 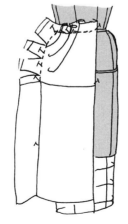

图4-58　步骤B1~3　　图4-59　步骤B4~6

7．在侧缝线上标记并校正已经立裁好的部位，沿着直纱向从最低的剪口开始向上圆顺侧缝弧线。

8．标记并校正腰围线（参考本书第36~37页普利特褶、缩褶和塔克褶的校正方法）。

9．加放缝份，清剪腰围线和侧缝线处多余的量。

10．参见完成样板（图4-60）。

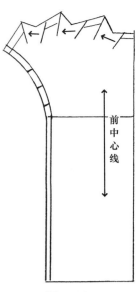

图4-60

有侧缝的纱笼裙——前片

由于纱笼裙的左、右两侧前裙片不对称，所以前裙片的每一部分都要单独制作。

A．准备坯布

1．撕布

　a．左裙片

　　（1）布长——在裙长的基础上加3.8cm（$1\frac{1}{2}$in），再加底边的缝份宽。

　　（2）布宽——坯布幅宽的$\frac{1}{2}$。

　b．右裙片

　　（1）布长——在裙长的基础上加10cm（4in），再加底边的缝份宽。

　　（2）布宽——坯布幅宽的$\frac{3}{4}$。

2．左裙片

　a．在距离坯布纵向布边15cm（6in）的位置绘制一条垂直辅助线，作为前中心线。

　b．参照裙装原型的方法绘制出腰围线及其他辅助线（图4-61）。

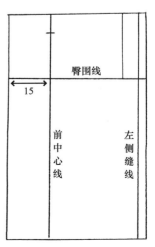

图4-61　步骤A1~2

3. 右裙片

　a. 在距坯布纵向布边7.6cm（3in）的位置绘制一条垂直辅助线，作为侧缝线。

　b. 沿侧缝线，从坯布上边缘向下量取28cm（11in）的位置绘制一条水平辅助线，作为臀围线（图4-62）。

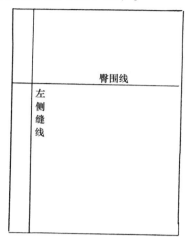

图4-62　步骤A3

B. 立裁步骤

1. 左裙片

　a. 将坯布放到人台上，在前中心线与腰围线和臀围线的交点处分别扎针固定。

　b. 将前中心线左侧坯布抚平至侧缝线，参照裙装原型的腰省制作方法，立裁出左侧的腰省。

　c. 将前中心线右侧坯布抚平至公主线，暂时固定腰省。

　d. 标记腰围线至臀围线之间的左侧缝线，圆顺这段曲线与下面的直线。

　e. 参照裙装原型的标记方法，标记左裙片的腰围线和省道。

　f. 校正裙子的左片。沿前中心线折叠，将腰围线和第一个省道复制至下面一层坯布上（图4-63）。

图4-63　步骤B1a～f

2. 右裙片

　a. 将坯布放到人台上，在侧缝线与臀围线和人台底边线的交点处分别扎针固定。

　b. 将另一侧面料向上提，使余量集中到那一侧的侧缝线或腰围线位置。为了达到理想的造型效果，可以在右侧缝线上打剪口，方法与陀螺裙一致。

　c. 将余量造型成无须熨烫的普利特褶或缩褶（图4-64）。

图4-64　步骤B2a～c

　d. 作标记并进行校正。参见完成样板（图4-65）。

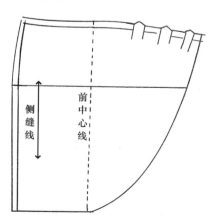

图4-65

处理纱笼裙的底边，可用缝纫机缉明线，也可采用缝纫机或者手工滚边的形式，或者进行贴边处理（参考本书第227～229页）。

有侧缝的陀螺裙或纱笼裙——后片

A．准备坯布

1．测量人台，方法与裙装原型相同。

2．撕布

    a．布长——在裙长的基础上加10cm（4in）。

    b．布宽——沿着臀围线量取后中心线至侧缝线的距离，再加放10cm（4in）。

3．在距坯布纵向布边约2.5cm（1in）的位置绘制一条垂直辅助线，作为后中心线。

4．沿后中心线，从腰围线的标记点向下量取23cm（9in）作水平辅助线，作为臀围线。

5．在臀围线上，量取后中心线至侧缝线的距离，再增加1cm（$\frac{3}{8}$in）的松量，在得到的点处作十字标记。

6．过此标记点绘制一条垂直辅助线，作为侧缝线。

7．沿臀围线，从侧缝线向后中心线的方向量取5cm（2in），并向上绘制一条垂直辅助线，至坯布的上边缘（图4-66）。

B．立裁步骤

1．将后中心线外侧的约2.5cm（1in）缝份折向反面。

图4-66　步骤A1～7

2．将坯布放置到人台上，在后中心线与臀围线的交点位置扎针固定；将坯布向上抚平至腰围线位置，然后扎针固定。

3．立体裁剪过程中，要保持坯布上的臀围线与人台的臀围线对齐，并确保臀围线以下的坯布自然悬垂，没有斜向拉伸现象。沿臀围线均匀分布松量，并从后中心线向侧缝线的方向扎针固定，防止坯布下垂。

4．沿着靠近侧缝线处的直纱，向上抚平至腰围线，注意不要出现拉伸现象。然后在腰围线处捏起一指的松量，用大头针固定住腰围线的侧缝位置。

5．立裁后裙片腰省，方法与裙装原型相同（图4-67）。

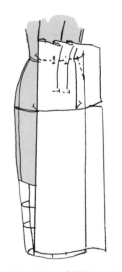

图4-67　步骤B1～5

C．标记并校正

1．参照裙装原型的标记方法，标记腰围线和省道。

2．在侧缝线和腰围线的交点处作十字标记，标记出腰围线至臀围线之间的侧缝线。

3．将裙子从人台上取下，用曲线尺校正臀围线以上的侧缝线。

4．沿侧缝线加放缝份，清剪多余的量。

5．参照裙装原型的校正方法，校正省道。

6．将前、后裙片固定在一起，重新穿到人台上，检查其合体度，根据需要进行适当调整。为达

到理想造型，侧缝位置
应该为上宽下窄。将调
整好的侧缝线拷贝至左
前片上（图4-68）。

7. 调整裙长，标记底边线。
有侧缝的陀螺裙的底边
呈一条直线，易于向上翻
折；纱笼裙的底边呈弧
形，可以缉明线，或采用
缝纫机或者手工滚边的形
式，还可以通过贴边进行
处理。

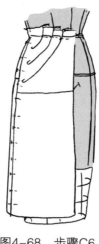

图4-68　步骤C6

无侧缝的陀螺裙或纱笼裙

A. 准备坯布

1. 撕布

　　a. 布长——在裙长的基础上加7.6cm
　　　（3in），再加15.2cm（6in）。

　　b. 布宽——坯布的幅宽。

2. 绘制后中心线。

3. 沿后中心线，从坯布边缘向下量取7.6cm
　　（3in）作十字标记，作为腰围线位置。

4. 沿后中心线，从腰围线向下量取18cm（7in）
　　作十字标记，作为臀围线位置（图4-69）。

B. 立裁步骤

1. 将坯布放置到人台上，在后中心线与腰围

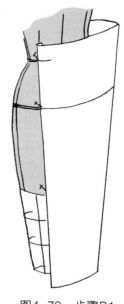

图4-70　步骤B1

线、臀围线和人台躯干底边的交点处分别
扎针固定（图4-70）。

2. 提起坯布的上边缘，绕至人台的前方，保
持坯布的上边缘在腰围线部位离开人体。
在前中心线部位把坯布向上提，使坯布的
下边缘逐渐缩窄，并贴近人体。此时的前
中心线为斜纱向。保证裙子摆有足够的围
度便于人体活动，然后在前中心线位置扎
针固定坯布（图4-71）。

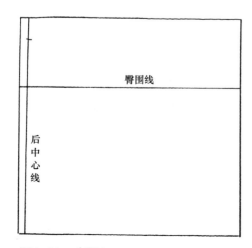

图4-69　步骤A2～4

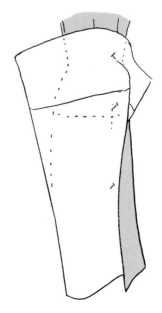

图4-71　步骤B2

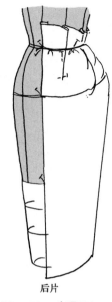

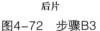

后片

图4-72　步骤B3

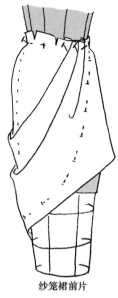

纱笼裙前片

图4-73　步骤B3

3. 为了达到更丰满的造型，可以使用标记胶带或者0.6cm（$\frac{1}{4}$in）宽的橡筋带固定腰围线。还可以通过免烫的普利特褶、塔克褶和缩褶达到不同的造型效果。根据设计的需要，后裙片可使用省来塑型，将余量集中到前裙片，纱笼裙通常采用这种处理方法。为取得更明显的立体效果，可以将坯布从标记胶带下适当拉出一些。立裁无侧缝的纱笼裙或者陀螺裙时，余量可以均匀地分配在裙子的后片（图4-72~图4-74）。

陀螺裙前片

图4-74　步骤B3

4. 标记并校正陀螺裙的腰围线和前中心线。立裁纱笼裙时，在前中心线位置作十字符号，然后标记并校正裙子的左片。

5. 留出缝份，清剪多余的量。

6. 参见完成样板（图4-75、图4-76）。

7. 把裙子重新放置到人台上，然后调整底边线。如果纱笼裙的造型比较夸张，那么底边线会是一条弧线，我们可以通过压明线、滚边或贴边等手法进行处理。

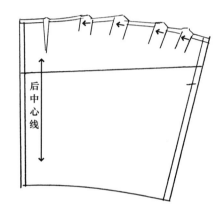

图4-75　无侧缝的陀螺裙完成样板

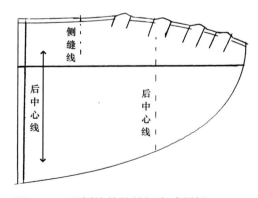

图4-76　无侧缝的纱笼裙完成样板

图4-77

普利特褶裙

普利特褶能够使裙子的造型更加优雅，轮廓更加修长。普利特褶裙的余量控制比较方便，其褶裥形式多样，可以产生多样化的造型效果。褶裥可均匀分布，也可成段分布，还可仅仅使用在侧缝位置；可以经过熨烫处理，也可以自由叠压、自然垂落。

这种褶裥通常以侧褶、箱型普利特褶、折叠状普利特褶及散开状普利特褶的形式出现在裙子上。在制作侧褶和箱型普利特褶时，通常将腰围线至臀围线之间的褶裥缝合，以便取得良好的造型效果，但有时裙子的臀围线部分也可以不缝合。

顾名思义，普利特褶裙即为由普利特褶构成的裙子。为了使褶裥保持良好的定型效果，需要采用专业的普利特褶制作工具。在制作普利特褶裙时，设计师要充分考虑裙长及裙下摆围、底边的折边宽度以及必要部位的缝份量。然后根据测量数据将裙子的前、后片裁剪出来。在制作普利特褶前，必须先将下摆等其他部位制作完成，并仅留一条缝合线。这种方法适用于侧褶裙、箱型褶裙和折叠状普

利特褶裙。散开状普利特褶裙的裁剪方法类似于圆形裙（图4-77）。

褶裥压制完成以后，把裙子放置在人台上以确定出准确的腰围线，可以使用标记胶带或者橡筋带对腰围线进行造型（图4-78、图4-79）。

图4-78　侧褶

图4-79　箱型褶

如果没有专业的普利特褶制作工具，可以通过立体裁剪塑造侧褶裙或者箱型褶裙得到样板，并在样板上标记出褶裥的位置及宽度，然后把这些标记转移到面料上，对褶裥进行粗缝，并熨烫固定。实现这个过程并非难事，但比较耗时。

侧褶裙或箱型褶裙

立裁侧褶裙或箱型褶裙时，要控制好褶裥的距离和深度。浅而密的褶裥比深而疏的褶裥造型效果更显丰满。褶裥过深［大于5cm（2in）］会失去丰满的造型效果；褶裥过浅［小于等于1.9cm（$\frac{3}{4}$in）］，虽然节省面料，但定型性不好。侧褶裙的褶裥间距较小，箱型褶裙的褶裥间距较大。褶裥的间距及完成裙的臀围大小决定了裙子的褶裥数量。

例如：当裙子的臀围为91cm（36in）、褶裥间距为3.8cm（$1\frac{1}{2}$in）时，裙子可做24个褶裥。如果褶裥深度为2.5cm（1in），那么每个褶裥必须增加5cm（2in）的量，这样裙子就整体增加了120cm（47in）的褶量，再加上裙子的原有尺寸，臀围的完成尺寸即为211cm（83in）（图4-80、图4-81）。

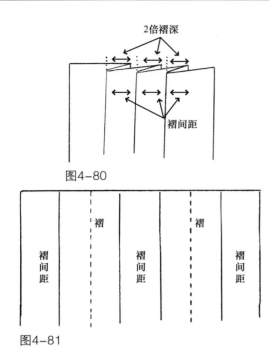

图4-80

图4-81

A．准备坯布

1．在人台上沿着臀围线，测量出前中心线至后中心线之间的距离，再增加约2.5cm（1in）作为松量，将最后得到的宽度平分，即为裙子前片、后片的最终宽度。

2．撕布——准备前片、后片

　　a．布长——裙长+3.8cm（1$\frac{1}{2}$in）+底边折边宽度。

　　b．布宽——步骤1计算出的前片、后片宽度+$\frac{1}{4}$褶量+5cm（2in）。

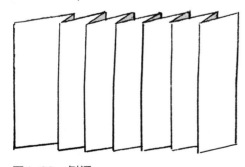

图4-82　侧褶

例如： 制作侧褶裙（图4-82）时，要求褶裥深度为约2.5cm（1in），间距为3.8cm（1$\frac{1}{2}$in），最后成型的臀围宽为91cm（36in），则1/4的臀围上有6个褶裥，每个褶裥需要5cm（2in）的褶量。最后1/4裙所需的面料宽度计算方法如下：

$$23cm（9in）的最终臀宽$$
$$+ 30cm（12in）的褶量$$
$$+ 5cm（2in）的缝份$$
$$= 58cm（23in）总需求的面料$$

制作箱型褶裥裙（图4-83）时，要求每一个箱型褶裥的侧边为3.8cm（1$\frac{1}{2}$in），褶裥间距为7.6cm

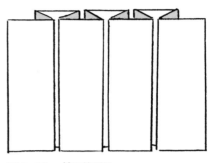

图4-83　箱型褶裥

（3in），最后成型的臀围宽为91cm（36in），则$\frac{1}{4}$臀围上有3个褶裥，每个褶裥所需15.2cm（6in）的褶量。最后$\frac{1}{4}$裙所需的面料宽度计算方法如下：

$$23cm（9in）的最终臀宽$$
$$+ 46cm（18in）的褶量$$
$$+ 5cm（2in）的缝份$$
$$= 74cm（29in）总需求的面料$$

3．绘制前中心线。

4．沿着前中心线，从坯布上边缘向下量取3.8cm（1$\frac{1}{2}$in）的位置作十字标记。

5．绘制臀围线。

6．绘制前、后裙片的侧缝线。

7．绘制后中心线（图4-84）。

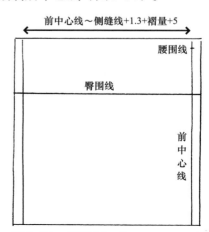

图4-84　步骤A3～7

8. 参照图4-85所示的方法，粗缝侧缝线。

9. 把坯布展开，将缝份和线迹置于下方。

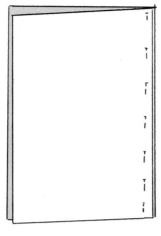

图4-85　步骤A8

10. 标记侧褶裙坯布

　　a. 首先从侧缝线开始沿水平方向量出褶裥深度并作标记。

　　b. 从深度标记点继续向后中心线方向测量出褶间距并作标记。

　　c. 从褶间距标记点继续向中心线方向后量出 2 倍褶裥深度并作标记。

　　d. 重复上述操作过程，调整褶裥的间距及褶裥两边的宽度，直至裙子的前、后中心线位置（图4-86）。

11. 标记箱型褶裙坯布

　　a. 调整褶间距，使侧缝线隐藏在褶裥的后面（图4-87）。

　　b. 重复上述步骤10a～d。

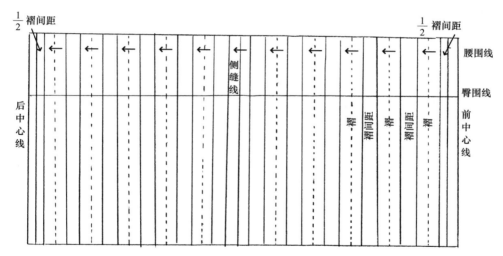

图4-86　步骤A10

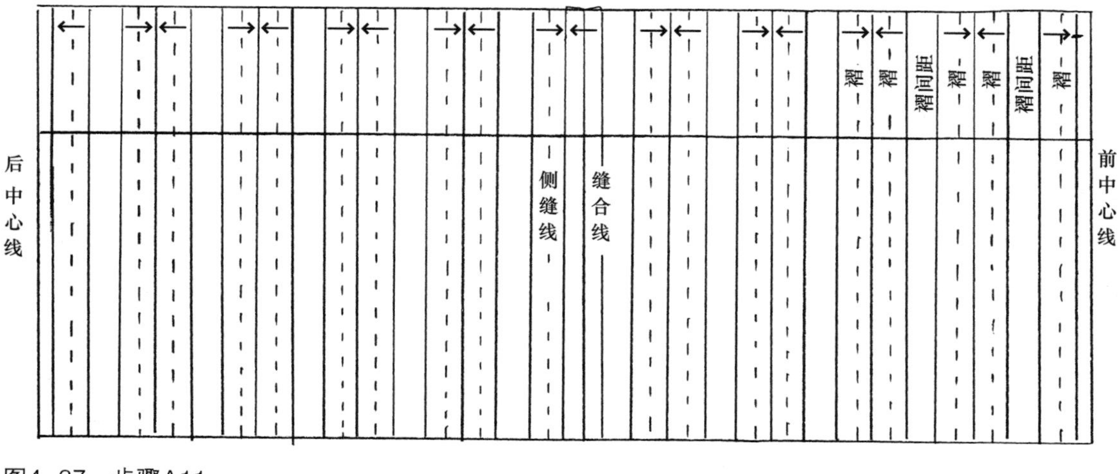

图4-87　步骤A11

12. 经过每个褶裥的标记点分别绘制垂直辅助线。

13. 对臀围线到底边之间的褶裥进行熨烫和固定。

B. 立裁步骤

1. 将坯布放置到人台上，沿前、后中心线扎针固定。

2. 沿臀围线扎针固定（图4-88）。

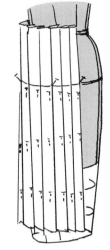

图4-88　步骤B1~2

3. 调整腰围线。将每个褶裥的两边增加相等的量，这样可以使褶裥的中心线保持垂直。一定要保证臀部纱向平直。在前中心线区域，减少每个褶裥的增加量，但要保证每个褶裥的间距一致。在臀部位置，用大头针固定每个褶裥，使其紧贴在人台上。

4. 用标记胶带标记出腰围线（图4-89）。

5. 标记出所有褶裥的腰围线至臀围线之间的部分。

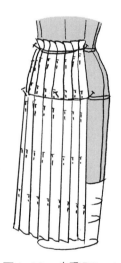

图4-89　步骤B3~4

6. 将裙子从人台上取下，校正腰围线及腰围线至臀围线之间的褶裥。

7. 加放缝份，清剪腰围线处多余的量（图4-90）。

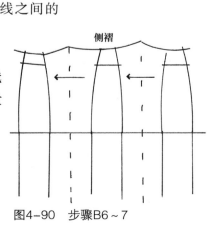

图4-90　步骤B6~7

缝线处的褶裥

立裁直裙时，经常采用暗褶裥或者开衩来增加松量，以便于行动。开衩多为侧褶，运用在后中或前中位置；暗褶裥为箱型褶裥主要在前中位置使用。制作这类褶裥之前，我们通常会根据褶裥的类型及其深度，沿着前中心线或后中心线折叠坯布。

在为非直纱的裙子作褶时，如喇叭裙或公主线裙，通常会采用侧褶或者暗褶裥。这两种褶可以使裙子的下摆更显宽大，与裙子的喇叭造型相匹配（图4-91）。

图4-91

A. 立裁侧褶步骤

1. 当完成喇叭形状以后，根据自己想要的褶裥类型及其深度在缝线位置增加相应的面料。

2. 裙子校正完毕后，用大头针将缝线固定至褶裥顶端，将褶裥按照所设定的方向折叠，最后沿着上边缘将褶裥固定住。

3. 参见完成样板（图4-92）。

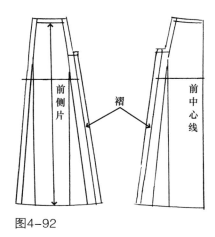

图4-92

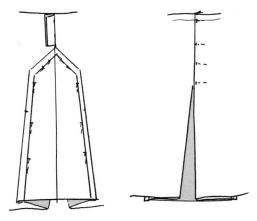

图4-94　步骤B4~5

B. 立裁两片式暗褶裥步骤

　　两片式暗褶裥指的是褶裥的后面有一块单独的布片,将其隐藏于内部的倒褶里。

1. 根据褶裥的形状和深度,在缝线的两边增加足够的面料。

2. 将裙子从人台上取下,把另一块面料进行对折,复制裙身上褶裥量的形状,然后剪下来,作为褶裥的后片。

3. 加放缝份,清剪褶裥量以外多余的坯布(图4-93)。

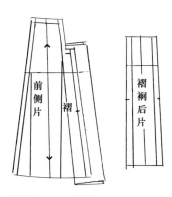

图4-93　步骤B2~3

4. 沿着褶裥长边,用大头针将褶裥量与褶裥后片固定在一起。参照图4-94中所示处理褶裥的顶部造型。

5. 沿着褶裥的上边缘,将褶裥后片与裙身固定在一起(图4-94)。

普利特褶裙下摆的缝制技巧

　　在缝制通身均为普利特褶的裙子时,必须先完成底边的缝制再进行做褶。根据裙子的档次不同,完成褶裥后,可以把剩余的缝线简单地缝合在一起,然后将底边位置的缝份进行斜向修剪。缝份的毛边用锁边机包缝。

　　如果是档次较高的裙子,则有必要对其进行进一步的清理。

1. 将底边折边与裙身缝线的交叉位置拆开,然后将裙身缝线的缝份进行劈缝熨烫,如果缝线恰好位于褶裥的中心线,则不用进行劈缝。

2. 重新缝合底边折边。

3. 再次熨烫褶裥。

4. 对于缝线位于褶裥中心线的情况,为了防止缝线在下摆处开线,可以将褶裥正面相对,沿中心线折叠,然后沿折叠边缘手工缝合,如图4-95所示。

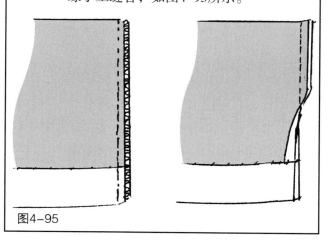

图4-95

高腰裙

大部分裙子都可以设计成高腰样式。当把这些裙子分体以后，普通腰头可由贴边代替。正常的喇叭裙及臀部无省道的育克裙一般不能进行这样的处理，但当这两种裙子的腰围线在正常腰围线处或低于正常腰围线时，其腰头也可由贴边代替。高腰裙的贴边底边线位于普通腰围线位置。普通腰围线以上的部分应该粘贴黏合衬进行加固。由于没有腰头，拉链和门襟必须直至裙子的上边缘（图4-96）。

图4-96

A. 准备坯布

1. 在人台上，用标记胶带粘贴出高腰结构线。

2. 准备坯布，方法与正常腰线的同类型裙子相同，然后在裙长上增加高腰部分的长度。

3. 在距坯布纵向布边约2.5cm（1in）的位置绘制出前中心线。

4. 沿前中心线，从坯布上边缘向下量取5cm（2in）作十字标记，作为裙子的上边缘。

5. 在人台上，量出新的腰围线至标准腰围线之间的距离。

6. 在坯布的前中心线上标记出标准腰围线和臀围线的位置，然后绘制臀围线（图4-97）。

图4-97　步骤A3～6

B. 立裁步骤

1. 将坯布放到人台上，在新的腰围线、标准腰围线、臀围线与前中心线的交点位置分别扎针固定。

2. 根据设计立裁裙子

　　a. 立裁有侧缝线的裙子时，将省道延伸至坯布的上边缘。省道的最宽位置在标准腰围线处。腰围线以下省道量可以释放出来，形成塔克褶或普利特褶。在裙子腰围线的上方留出足够的松量，用于贴边和粘贴黏合衬。松量的大小取决于面料的厚度。

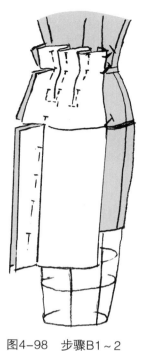

图4-98　步骤B1～2

b. 制作喇叭裙时，标准腰围线以上的部分也需要继续进行造型（图4-98）。

3. 参照本章节前面讲述的标记和校正同类型裙子的方法，对高腰裙进行标记和校正。

4. 制作贴边。先用大头针将除侧缝线以外的所有缝线及省道固定住；将裙子标准腰围线以上的轮廓线复制下来，成为贴边的样板。

5. 参见完成样板（图4-99）。

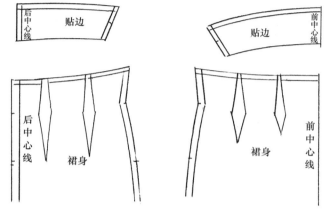

图4-99

第五章

裤子

在生活中，裤子是女人衣橱中的必备品。裤子有长有短，裤长及膝或者膝盖以上的称为短裤。裤子可以在任何场合穿着。裤型可以合体，也可以宽松。晚间居家所穿的裤子大多比较宽松，造型随意。裤型可以根据裙子的造型方法进行设计，如陀螺裤、锥型裤和喇叭裤等（图5-1）。

图5-1

裤子的立体裁剪需要上下可拆分的裤装人台。有些人台的腿长及膝，或者长及脚踝。但最好选择有完整下身的人台，因为这种人台的比例感比较好，可以让设计师参考裤子的长度和围度的比例关系。当没有合适的裤装人台时，就只能根据测量数据来制作裤子（图5-2）。

图5-2

直筒裤基础原型

A. 准备坯布

1. 用标记胶带在裤装人台上粘贴出臀围线。

2. 准备前、后裤片

    a. 布长——裤长+5cm（2in）+裤口折边宽或裤克夫；制作裤克夫时，量取其长度的两倍，另外加放裤口折边的宽度。

    b. 布宽—48cm（19in）。

3. 在人台上，用直角尺量取上裆长。两腿夹住直角尺的短边并经过裆下最高点，长边沿前中心线放置，腰围线所对应的刻度即为上裆长，其中包括3cm（1$\frac{1}{4}$in）的松量。这些松量是制作舒适的直筒裤的平均值。合体裤子的松量较小，一般为2cm（$\frac{3}{4}$in）左右。睡裤的松量会比较大（图5-3）。

4. 在前裤片上，在距坯布右边缘10cm（4in）

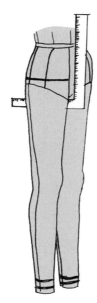

图5-3　步骤A3

的位置绘制一条纵向直线作为前中心线。

5. 在后裤片上，在距坯布左边缘15cm（6in）的位置绘制一条纵向直线作为后中心线。

6. 分别沿前后中心线，从坯布上边缘向下量取5cm（2in）作腰围线的标记点。

7. 分别沿前后中心线，从腰围线标记点向下量取18cm（7in），绘制出臀围线。

8. 从腰围线标记点向下量出上裆的长度，然后绘制出横裆线（图5-4）。

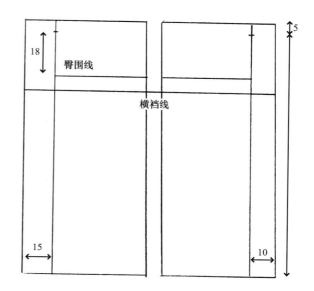

图5-4　步骤A4~8

9. 在横裆线上绘制裆弯的延伸线

    a. 前裤片——在臀围线上量取前中心线至侧缝线的长度，然后取其$\frac{1}{4}$长度作为横裆延长线的长度（图5-5）。

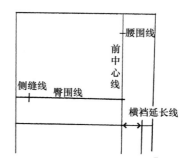

图5-5　步骤A9 a

b. 后裤片在——臀围线上量取后中心线至侧缝线的长度，然后取其 $\frac{1}{2}$ 的长度作为横裆延长线的长度（图5-6）。

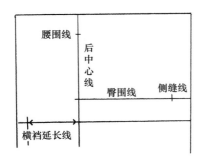

图5-6   步骤A9b

10. 在前、后裤片横裆线的延长线终点分别向下绘制平行于前后中心线的直线。

11. 在后中心线上，找到腰围线至横裆线距离的中点。

12. 在后裤片上，从腰围线标记点向上量取 0.6cm（$\frac{1}{4}$in）再向右2cm（$\frac{3}{4}$in）标记一点，将此点与刚才的中点相连。

13. 在后裤片上，以横裆线与后中心线交点为起点，向左上角绘制一条长5cm（2in）的角平分线（图5-7）。

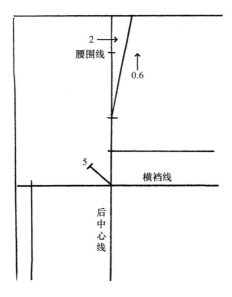

图5-7   步骤A10~13

14. 将法式曲线尺放置在后中心线的 $\frac{1}{2}$ 标记点处，使其过角平分线终点并与横裆线相连接；参照图示5-8所示的方法绘制出后裆弯弧线（图5-8）。

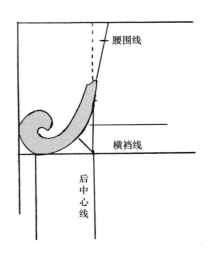

图5-8   步骤A14

15. 在前裤片上，以横裆线与前中心线交点为起点，向右上角绘制一条长3.8cm（$1\frac{1}{2}$in）的角平分线。

16. 将法式曲线尺放置在前中心线与臀围线的交点处，使其过角平分线终点并与横裆线相连，然后绘制出前裆弧线（图5-9）。

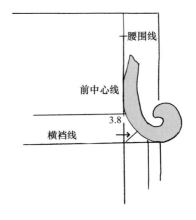

图5-9   步骤A15~16

17. 给前、后裆弯弧线加放缝份，然后清剪多余的量。在横裆底部位置打剪口。

B．立裁步骤

1．立裁前，先将前、后两裤片的下裆缝叠压在一起，然后用大头针从横裆线底端开始固定，直至脚踝位置（图5-10）。

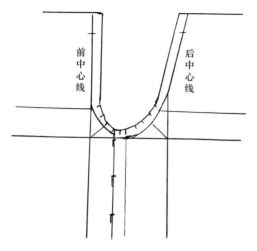

图5-10　步骤B1

2．在人台的腰围线与前后中心线、臀围线与前后中心线的交点位置分别扎针固定（图5-11）。

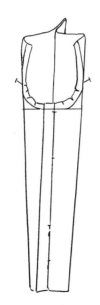

图5-11　步骤B2

3．用大头针沿着臀围线将前裤片和后裤片固定在人台上，留出足够的松量。

4．在臀围线与侧缝线的交点位置，将前、后

裤片固定在一起（图5-12）。

5．在保证前、后裤片与人台公主线对应部位的中心纱线为直纱的基础上，沿公主片将面料从臀围线向上抚平至腰围线，并扎针固定，在腰围线处捏起一定的量作为松量。

6．将前、后裤片从横裆线至腰围线之间的侧缝线固定在一起。

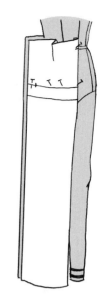

图5-12　步骤B3~4

7．采用省道、褶裥或者缩褶的方式使腰围线贴合人体。为了得到较好的合身效果，可能会导致前中心纱线微微偏移。

8．沿侧缝线将前、后裤片固定在一起，保持前、后纱向一致。可以根据造型设计将侧缝线往里收进一定的量，同时下裆缝也要做同样的处理。

9．标记侧缝线、腰围线、省或者褶裥，以及在下裆缝的脚踝位置也要作标记。

10．将样裤从人台上取下并进行校正。

11．加放缝份后沿腰围线、侧缝线和下裆缝线清剪多余的坯布。

12．将裤片沿侧缝线和下裆缝线重新固定在一起并穿到人台上，根据需要调整合体度。

13．参见完成样板（图5-13）。

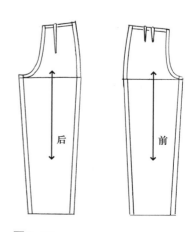

图5-13

图5-14

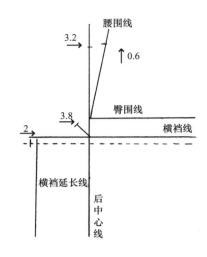

图5-15　步骤A1~3

合体裤、锥型裤、陀螺裤、喇叭裤

　　裤子可以根据人体设计出不同的造型。有些裤型的臀部及大腿部非常合体，至脚口处呈直筒型或者锥型；有的裤型在腰围线处较为宽松，呈陀螺型，至脚口处呈锥型。而且还可以在裤腿的任意位置外展，设计成不同的喇叭型（图5-14）。

A．准备坯布

　　在立裁过程中，为了使裤子的臀部更加合体，要参照裤基础原型的制作步骤进行操作，注意以下不同点：

1. 将裤子横裆线的松量减至2cm（$\frac{3}{4}$in）。

2. 将后裤片横裆线的延长线减至2cm（$\frac{3}{4}$in）。

3. 将后中心线与腰围线的交点位置内收3.2cm（$1\frac{1}{4}$in），再抬高0.6cm（$\frac{1}{4}$in）（图5-15）。

4. 用直线将新得到的点与臀围线和后中心线的交点相连接。

5. 使前中心线与横裆线交点位置的角平分线长度减至3.8cm（$1\frac{1}{2}$in）（图5-16）。

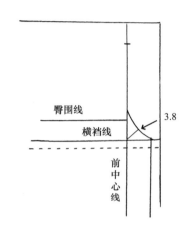

图5-16　步骤A5

B．立裁步骤

　　立体裁剪的步骤与裤基础原型的制作步骤基本相同，但合体裤的腰部松量相对较小。前腰省可以去掉，特别是有口袋的裤子。后腰省通常比较短。

C．裤型变体的方法

1. 锥型裤

　　a. 将坯布垂直固定在人台上，使其自然下垂至脚踝处，再将侧缝线和下裆缝线向下逐渐内收呈锥型。（图5-17）。

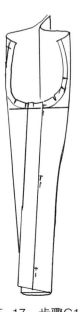

图5-17　步骤C1a

105

b. 参见完成样板（图5-18）。

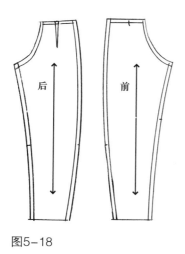

图5-18

2. 陀螺裤

按照下面的步骤对腰围线和臀围线加放松量：

　　a. 在侧缝线上找到褶皱的最低点并扎针作标记，从布边向这一点打剪口。

　　b. 以大头针为中点，将剪口上方的坯布上提，在腰部形成多余的量，并根据设计将腰部余量转化为普利特褶、缩褶或者塔克褶。

　　c. 重复扎针和打剪口的方法，直到在腰围线位置形成足够的余量为止。裤子的后片可作修身处理，也可以按照上述方法制作成陀螺状。

　　d. 用标记胶带或者0.6cm（$\frac{1}{4}$in）宽的橡筋带固定余量并标记腰围线。可以将标记胶带下面的坯布稍稍拉出一些以得到膨起的效果。

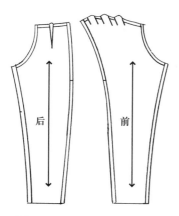

图5-19

e. 参见完成样板（图5-19）。

3. 修身直筒裤

　　a. 将后裤片膝盖以上部位向里收，在后裤片膝盖附近的下裆缝线上打剪口，然后沿着纱线方向，用大头针将剪口以下的前、后裤片的下裆缝线和侧缝线固定在一起（图5-20）。

　　b. 参见完成样板（图5-21）。

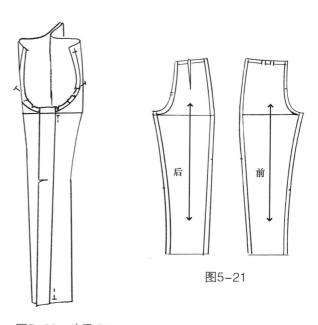

图5-20　步骤C3a

图5-21

4. 喇叭裤

　　a. 将后裤片膝盖以上部位向里收，在喇叭造型的起始点处（此点可在膝盖处，也可在膝盖上方或膝盖下方）对前裤片、后裤片的下裆缝线和侧缝线打剪口，然后根据需要设计喇叭造型（图5-22）。

图5-22　步骤C4a

b. 参见完成样板（图5-23）。

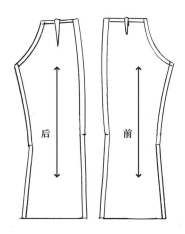

后　　前

图5-23

5. 所有变体裤

　a. 标记侧缝线、下裆缝线、前中心线、腰围线及所有的造型线。

　b. 将样裤从人台上取下，校正所有的标记线和标记点。注意保持侧缝线和下裆缝线的平滑圆顺。

　c. 加放缝份，清剪多余坯布。

　d. 将样裤重新固定好并穿到人台上，检验其合体度，根据需要进行适当的调整。

图5-24

牛仔裤

　　牛仔裤一般在臀部比较合体，而腿部的造型多种多样，如前所述。臀部育克结构使牛仔裤臀围线至腰围线之间的部分更加合体。前侧斜插袋和后贴袋是牛仔裤的经典设计。牛仔裤通常由蓝色斜纹粗布制作而成，但其他颜色和硬挺的面料也可用于制作牛仔裤。侧缝线处采用的平接缝针法，外轮廓线是采用的双缝线，使牛仔裤的外观更富有个性（图5-24）。

1. 用标记胶带在人台上粘贴出臀部育克线和前侧斜插袋造型线。
2. 立裁腿部裤型。
3. 臀部育克立裁步骤参照本书第六章（第115~116页）。
4. 口袋立裁步骤参照本书第十五章（第235页）。

裙裤

　　裙裤看似裙子，又兼具裤子的方便与舒适，常在晚间、酒吧或运动时穿着。裤子的裆部接缝线被裤褶遮盖时，就形成了裙裤。

A. 准备坯布

　1. 撕布

　　　a. 布长——与制作裤基础原型的方法相同；当制作喇叭型裤腿时，需要在腰围线以上增加13cm（5in）。

　　　b. 布宽——前、后裤片宽度之和。

　2. 参照制作裤基础原型的方法在坯布上绘制辅助线。当制作喇叭型裤腿时，在腰围线上方留出13cm（5in）（图5-25）。

B. 立裁步骤

　　立裁步骤1和步骤2与裤基础原型的制作步骤立裁相同。依照裙裤的类型并按照以下要求完成后面的步骤。

　1. 当制作裙裤时，在前、后中心线位置均匀地加入褶量。根据设计的需要，褶裥可以在前、后中心线处相互叠压（图5-26）。

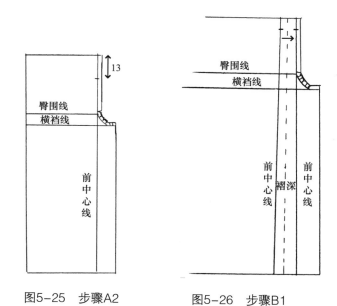

图5-25　步骤A2　　　　　图5-26　步骤B1

　2. 当制作整体喇叭裙裤时，在下裆缝处也应该加放喇叭量以取得平衡的效果。

　　腰围线需要制作腰头或进行其他结构处理（请参照本书第230~231页"腰头"的内容）。

图5-27

连衣裤

连衣裤是将上衣和裤子连成一体的款式，穿着简便舒适。由于连衣裤能将身体完全包裹起来，所以常作为一种安全服穿用。袖口和裤脚口收紧且门襟以拉链闭合时，连衣裤的包裹性就更强了，这也是飞行员、焊接工、滑雪者、速滑运动员及司机等工作服多为连衣裤的原因（图5-27）。

连衣裤可分为两种，一种用于保护身体，通常比较合体，宜选用有弹性的面料制作，穿着时类似人的第二层皮肤；另一种则是为了便于农民、园艺工作者等人员工作而设计，宜采用传统的机织面料，这类连衣裤松量较大，便于活动。无论是紧身或是合体，连衣裤都具有穿着舒适、易于穿脱的特点，所以也常作为便装及运动装来穿着。

A. 准备坯布

1. 撕布

a. 前、后裤片长——量取人台颈部上边缘至脚踝的长度，再增加15cm（6in）。

b. 前、后裤片宽：

（1）前裤片——沿着胸围线，量出前中心线至侧缝线的长度，再增加15cm（6in）。

（2）后裤片——沿着臀围线，量出后中心线至侧缝线的长度，再增加23cm（9in）。

2. 在前裤片上，距右侧布边10cm（4in）的位置绘制一条纵向直线，作为前中心线；在后裤片上，距左侧布边18cm（7in）的位置绘制一条纵直向线，作为后中心线。

3. 在前中心线的顶端向下量取10cm（4in）的位置作标记，作为前颈点。

4. 在前中心线的前颈点和胸部位置扎针，将前裤片固定在人台上。

5. 将胸部的坯布水平向右抚平，在BP点处作标记并扎针固定。

6. 从BP点垂直向下将坯布抚平，在腰围线和臀围线位置作标记。

7. 将坯布从人台上取下，绘制出胸围线、腰围线和臀围线。

8. 在后裤片上同样位置绘制出这三条围度线。

9. 在前、后裤片上绘制出横档线。需要注意的是，如果采用传统的机织面料制作，需要在上档长中加放至少5cm（2in）的松量（参照本书第101页步骤A3）。即使要求档部合体，仍然需要留出一定的松量以便于活动（图5-28）。

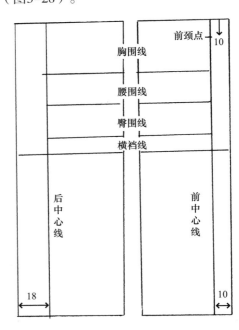

图5-28
步骤A1~9

10. 延长横裆线：

　　a. 前裤片——沿着臀围线，量取前中心线至侧缝线的距离，然后取其 $\frac{1}{4}$ 的长度作为横裆延长线的长度。

　　b. 后裤片——沿着臀围线，量取后中心线至侧缝线的距离，然后取其 $\frac{1}{2}$ 的长度作为横裆延长线的长度。

11. 以后中心线与横裆线的交点为起点，向左上角绘制一条5cm（2in）长的角平分线。

12. 使用法式曲线尺连接后中心线、角平分线终点及横裆线。参照图5-29所示绘制出后裆弯线（图5-29）。

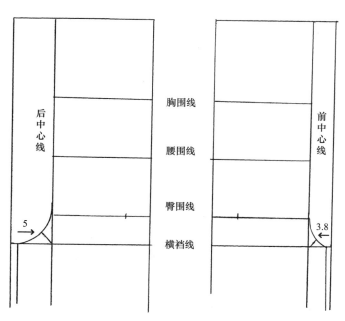

图5-29　步骤A10~14

13. 以前中心线与横裆线的交点为起点，向右上角绘制一条3.8cm（$1\frac{1}{2}$in）长的角平分线。

14. 使用法式曲线尺连接前中心线、角平分线终点及横裆线。参照图5-29所示绘制出前裆弧线。

15. 沿前、后裆弯弧线加放缝份，然后清剪多余的坯布。将横裆底部的缝份修剪圆顺。

B. 立裁步骤

1. 将前、后裤片的横裆线固定在一起，使缝份相叠压，然后将坯布放置到人台上。

2. 将前、后裤片的腰围线和臀围线分别固定在一起。在前裤片的BP点和前颈点处扎针固定。在后颈中心点处扎针，暂时将后中心线固定住。

3. 为了使前裤片衣身平服且后裤片有少许松量，可以将前裤片的余量集中至腰围线处，并收进腰省。这样一来，衣身腰围线以上的侧缝线要比人台的侧缝线长，后裤片就有了足够的长度便于人体弯曲和蹲坐（图5-30）。

4. 根据设计可采用省、塔克褶、橡筋带、拉绳或腰带收紧腰部（图5-31）。

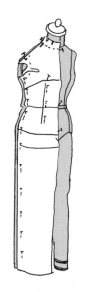
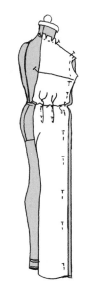

图5-30　步骤B2~3　　　　图5-31　步骤B4

5. 当面料直纱具有很大弹性时，裆部的松量可以很好地平衡前、后裤片的纱线。

缝制裤子的技巧

参照以下要求进行缝制：

1. 在前门襟处加入拉链。
2. 缝制牛仔裤时，应处理好后裤片的育克。
3. 缝制省或者褶裥。
4. 完成挖袋或贴袋。
5. 缝制下裆缝。
6. 缝制裆弯弧线。
7. 缝制侧缝线。
8. 完成腰围线和底边线的后续工作。

第六章

腰部分割线及育克

在服装中，育克是一块面积较小而且比较贴体的布片。它的使用大多出于装饰或者服装本身功能性设计的需要。当把育克放置在腰围线附近时，又称其为腰部分割线。从功能性来说，育克可以固定缩褶和普利特褶，育克线能够使服装更加合体。

腰部合体育克

当利用育克结构立裁腰部合体的服装时，腰围线以上不需要借助任何省道就可以达到合体的效果（图6-1）。

A. 准备坯布

1. 用标记胶带在人台上粘贴出腰部育克线的造型，注意保持前、后育克线连贯圆顺。

2. 撕布——准备前、后片

    a. 布长——测量出腰部育克的高度，再增加13cm（5in）。

    b. 布宽——测量出腰部育克最宽处的长度，再增加8cm（3in）。

图6-1

3. 在距布边约2.5cm（1in）的位置，分别绘制前中心线和后中心线（图6-2、图6-3）。

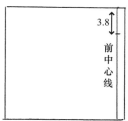

图6-2　步骤A1~4　　　　　图6-3

4. 沿着前中心线，从坯布上边缘向下量取3.8cm（$1\frac{1}{2}$in），并作十字标记。

B. 立裁步骤

1. 将坯布放置到人台上，将前中心线上的十字标记对准人台上前中心线与育克线的交点位置，并扎针固定。

2. 在前中心线和腰围线的交点位置扎针固定。

3. 将坯布抚平至腰围线，直至腰围线以下产生牵拉。在腰围线下方的拉紧部分打几个剪口，然后用大头针固定腰围线和育克线。

4. 根据需要，可以在育克线上方打剪口。

5. 重复步骤B3~4，以得到理想的侧缝线。

6. 为了适应裙子或衣身的松量，育克部分也需要加放一定的松量（图6-4）。

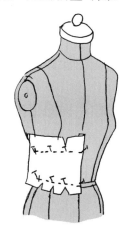

图6-4　步骤B1~6

7. 标记并校正所有的缝合线，并在侧缝线处作十字标记。

8. 加放缝份后清剪多余的坯布。

9. 参照制作前片的步骤，立裁出后片。

10. 参见完成样板（图6-5）。

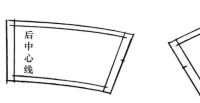

图6-5

图6-6

衣身育克

　　衣身育克一般用于衣服前身或后身的上半部分，可以取代省道达到合体效果（图6-6）。

A. 准备坯布

1. 用标记胶带在人台上粘贴出育克线。如果在前、后衣片上同时使用育克结构，则需要考虑它们的造型与比例的协调性（图6-7）。

2. 决定育克部分的纱线方向。为了使服装的外观统一，育克部分的纱向应该与衣身其他部位保持一致，特别是采用毛质面料、斜纱面料、缎纹面料时，更应该注意这一细节。不过，在采用条纹或格子面料时，有时为了加强对比效果，也可以在育克部分使用横纱或斜纱进行制作。

3. 在人台上，量出育克部分最宽位置的横向

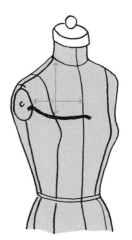

图6-7　步骤A1

长度；经过最凸点，量出育克部分的纵向长度。将长度和宽度的测量结果分别再增加7.6cm（3in）作为坯布的长和宽，撕布备用。

例如：图6-7所示为育克所需的坯布：

布宽——17.8cm（7in）+7.6cm（3in）
=25.4cm（10in）

布长——15.2cm（6in）+7.6cm（3in）
=22.8cm（9in）

4. 在距布边约2.5cm（1in）的位置绘制一条纵向辅助线，作为前中心线或后中心线。

5. 沿着前中心线，从坯布上边缘向下量取10.2cm（4in）并作十字标记，作为前育克的前颈中心点；沿着后中心线，从坯布上边缘向下量取7.6cm（3in）并作十字标记，作为后育克的后颈中心点（图6-8）。

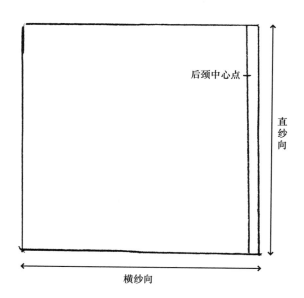

图6-8　步骤A2~5

B. 立裁步骤

1. 将坯布固定在人台上。注意将坯布上的十字标记分别与人台上的前颈中心点和后颈中心点对齐，并扎针固定。

2. 沿前、后中心线扎针固定，直至底边。

3. 立裁领口线。

4. 将前、后片胸围线以上的坯布分别横向抚平至肩端点，并扎针（如果后片的育克线在肩胛骨水平线以下，那么需要在后肩线

和袖窿弧线处加放比平时更多的松量）。

5. 用大头针，沿胶带标记线固定育克的底边线。

6. 标记并校正育克的外轮廓线（图6-9）。

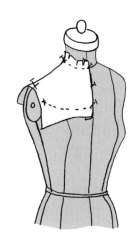

图6-9　步骤B1~6

7. 加放缝份后清剪多余的坯布。

8. 参见完成样板（图6-10）。

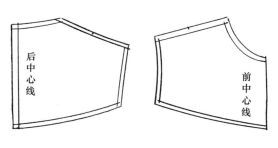

图6-10

衬衫育克

经典衬衫的后片上多有育克结构，由于这种育克结构一直延伸至前肩部，因此没有通常的肩线结构。衬衫育克在后中位置多为横纱向。

A. 准备坯布

1. 用标记胶带在人台上粘贴出育克造型线。当制作一片式育克时，前肩育克线应该由领围线位置开始，延伸至袖窿弧线位置，其最底点不能低于袖窿弧的中点（图6-11）。

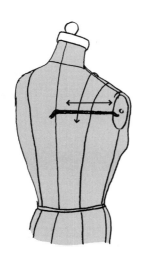

图6-11　步骤A1

2. 撕布

　　a. 直纱向——量取后片育克最宽位置的长
　　　度，再增加12.7cm（5in）。

　　b. 横纱向——量取后片育克线的最底点
　　　至前肩育克线的距离，再增加12.7cm
　　　（5in）。

3. 在距左侧布边约2.5cm（1in）的位置绘制一
　　条纵向辅助线，作为后中心线。

4. 沿后中心线量取颈部到后育克线的距离，
　　再加放约2.5cm（1in）并作十字标记，作为
　　后颈中心点，如图6-12所示。

5. 在十字标记上方1.3cm（$\frac{1}{2}$in）的位置作
　　新标记点，然后剪去一块矩形坯布，宽
　　3.8cm（$1\frac{1}{2}$in），长边通向坯布上边缘（图
　　6-12）。

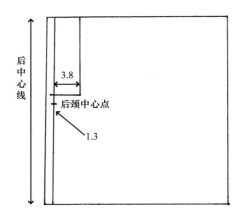

图6-12　步骤A2~5

B. 立裁步骤

1. 将坯布放置在人台上，在后颈中心点和后
　　中心线与后育克线的交点位置扎针固定。

2. 在领围线位置打剪口，将坯布通过肩部抚
　　平至前肩育克线。前片育克为斜纱向。如
　　果后育克线低于肩胛骨水平线，则需要在
　　后育克线处加放一定的松量。衬衫中的后
　　片位置需要加放较多的松量，有时这些松
　　量可以取代缩褶或者普利特褶等造型元素
　　（图6-13、图6-14）。

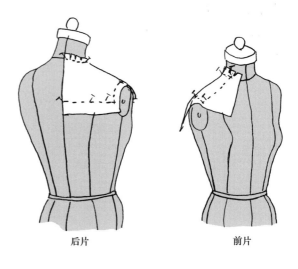

后片　　　　　　　　　前片

图6-13　步骤B1~2　　　图6-14　步骤B1~2

3. 标记并校正缝线。在正常肩线与领围线和
　　袖窿弧线的交点位置分别作十字标记。

4. 加放缝份后清剪多余的坯布。

5. 参见完成样板（图6-15）。

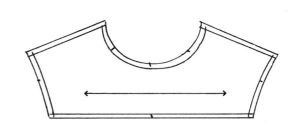

图6-15

图6-16

臀部育克

　　臀部育克可以使裤子或裙子的腰围线至臀围线之间更加合体。如果臀部育克线在胯骨以上，不用借助省道等破缝结构，就可以使腰臀部位达到合体效果。臀部育克结构可以产生多种造型效果，育克以下的裙子或者裤子可以制作成直筒型、缩褶型、喇叭型及褶裥型等（图6-16）。

A. 准备坯布

　　1. 用标记胶带在人台臀部位置粘贴出育克造型线，注意前、后育克线应该为一条连贯的线条。

　　2. 撕布——前、后片

　　　　a. 布长——过臀部最高点量取腰围线至后育克线的长度，再增加10.2cm（4in）。

　　　　b. 布宽——过臀部育克部分最宽位置，量取其宽度，再增加10.2cm（4in）。

　　3. 在距布边约2.5cm（1in）的位置，分别绘制一条纵向辅助线，作为前中心线和后中心线。

　　4. 沿前、后中心线，从坯布上边缘向下量取7.6cm（3in）并作十字标记（图6-17）。

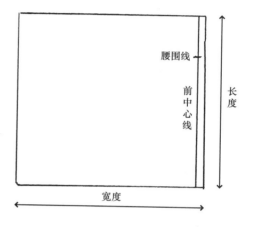

图6-17　步骤A3～4

B. 立裁步骤

　　1. 将坯布固定在人台上，将十字标记分别和腰围线与前、后中心线的两个交点对齐。

　　2. 沿着前、后中心线扎针固定，直至底边。

　　3. 将坯布横向抚平至侧缝线，直至腰围线以上拉紧。在腰围线的上方打剪口，剪口张开，使得臀围线位置更为平顺合体。在腰围线上捏起一定的松量，然后将其固定，育克线位置也要加放一定的松量。如果育克线位于臀围线以下，则需要增加松量（图6-18）。

图6-18　步骤A1～3

4. 标记并校正所有缝线。

5. 加放缝份后清剪多余的坯布。

6. 参见完成样板（图6-19）。

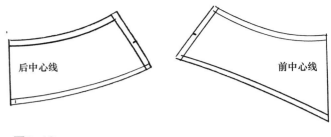

后中心线　　　前中心线

图6-19

育克的缝制技巧

领围线及肩线部位的育克多采用双层面料进行裁剪，下层的面料可以用作里料或者贴边。育克通常需要粘衬。领部的育克上片可以采用缉明线或翻折的方法，使领口更加光洁，也可以在两层面料之间夹缝领子（图6-20）。

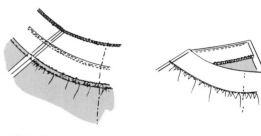

图6-20

衬衫的肩部育克多由双层面料裁剪而成，育克与前、后衣身缝合（图6-21），领口与衬衫领夹缝。

附有黏合衬的臀部育克可取代裙子或者裤子的腰头。臀部育克的下层面料可用作拉链的贴边（图6-22）。

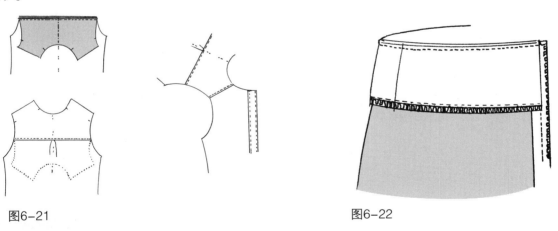

图6-21　　　　　　　　　图6-22

第七章
领子

在立裁领子的过程中，设计师可以完全自由地去设计。他们要把握好领子的外形及尺寸，同时掌握好领子与衣身的比例关系。在立裁领子之前，要把整个衣身或者一侧衣身固定在人台上。领子通常安装在衣身的领口线之上。

中式立领

中式立领源于中国传统服装，领口线独立制作完成，整齐优雅。这种领子一般比较合体，为立领式结构，两侧领角呈圆弧形，在前中心线位置会合。左、右领边可以紧挨在一起，可以有一定距离，也可以搭叠在一起。中式立领的领高一般为 9cm（$3\frac{1}{2}$in）左右，但现代改良版的领高多在6cm（$2\frac{1}{2}$in）左右，也可以更窄些（图7-1）。

图7-1

A．准备坯布

1. 撕布

   a．布长——30cm（12in）。

   b．布宽——10cm（4in）。

2. 在坯布左侧短边向内量取2.5cm（1in）绘制一条垂直辅助线，作为后中心线。

3. 在坯布底边向上量取1.3cm（$\frac{1}{2}$）绘制一条水平辅助线。

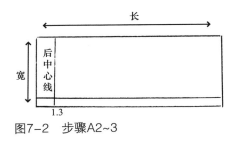

图7-2　步骤A2~3

B．立裁步骤

1. 在人台领围线的上方，固定坯布的后中心线，在领围线的下方留出1.3cm（$\frac{1}{2}$in）的余量（图7-3）。

图7-3　步骤B1

2. 将坯布平缓地绕过颈部，在领子下边缘1.3cm（$\frac{1}{2}$in）的缝份上打剪口，每个剪口间隔约3.8cm（$1\frac{1}{2}$in），且垂直于领围线。保证领子上边缘与脖颈之间有足够的松量。

3. 沿领围线继续造型并清剪领围线直至前颈点，为了达到更好的造型效果，在立裁过程中可将领子的下边缘适当向下拉，但要保证领子的上边缘位置仍然留有足够的松量。在前颈中心点，领子的下边缘约下落1.3cm（$\frac{1}{2}$in）。

4. 根据设计标记出领高点并确定领角造型。在标记之前，可以先用标记胶带粘贴出轮廓线。如果对折裁剪领子，必须保证其中心纱线平直。

5. 在侧颈点处作十字标记，用圆点标记出领围线（图7-4）。

图7-4　步骤B2~5

6. 校正领子，然后加放缝份，清剪多余的量。

7. 参见完成样板（图7-5、图7-6）。

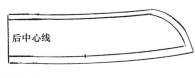

图7-5

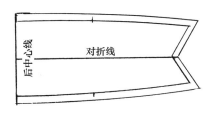

图7-6

图7-7

立领

　　立领与中式立领相似，但与中式立领不同的是，立领是在前中心线对折连裁，在后中心线开口的。如果在边缘装饰上蕾丝，可呈现出维多利亚的风格，无须清剪，这种领子的领口线就很圆顺（图7-7）。

A．准备坯布

　　1．撕布

　　　　a．布长——28cm（11in）

　　　　b．布宽——10cm（4in）

　　2．在坯布右侧短边向内量取约2.5cm（1in）绘制一条垂直辅助线，作为前中心线。

　　3．在坯布底边向上量取1.3cm（$\frac{1}{2}$in）绘制一条水平辅助线（图7-8）。

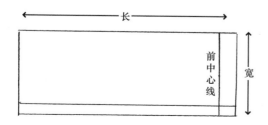

图7-8　步骤A2~3

B．立裁步骤

　　1．在人台领围线的上方，固定坯布的前中心线，在领围线的下方留出1.3cm（$\frac{1}{2}$in）的量。

　　2．将坯布平缓地绕过颈部，在领子下边缘1.3cm（$\frac{1}{2}$in）的缝份上打剪口至领围线处，每个剪口间隔约0.6cm（$\frac{1}{4}$in），且垂直于领围线（图7-9）。保证领子上边缘与脖颈之间有足够的松量。

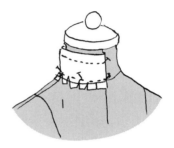

图7-9　步骤B1~2

　　3．参照制作中式立领的方法，沿领围线继续造型，并清剪领围线直至后颈中心点。在后颈中心点位置，领子的下边缘下落3.8cm（$1\frac{1}{2}$in）。

　　4．根据设计标记出领高。

　　5．在侧颈点作十字标记，并用圆点标记领围线（图7-10）。

图7-10　步骤B3~5

　　6．校正领子，然后加放缝份，清剪多余的量。

　　7．参见完成样板（图7-11）。

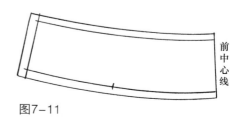

图7-11

图7-12

翻领

翻领在穿着时可以参照图7-12所示的方式打开或者闭合。用直纱面料裁剪翻领时，领高相对较高；当采用斜纱面料裁剪时，领高相对降低。用直纱面料制作的翻领外观成型度较好，多使用在女衬衫中。

A. 准备坯布

1. 撕布

　　a. 布长——30cm（12in）

　　b. 布宽——10cm（4in）

2. 在坯布左侧短边向内量取约2.5cm（1in）绘制一条垂直辅助线，作为后中心线。

3. 在坯布底边向上量取1.3cm（$\frac{1}{2}$in）绘制一条水平辅助线（图7-13）。

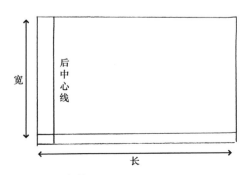

图7-13　步骤A2～3

B. 立裁步骤

1. 翻领领口线的制作方法与中式立领相同（参照本章第118页，步骤B1～3）。

2. 在后中心线位置，根据设计的领座高度，将翻领翻折下来。

3. 清剪领子的外边缘线，使其以合适的宽度搭叠在肩线上。领高由后中心线处逐渐降低，在前中心线位置消失。

4. 用标记胶带在领面上粘贴出领子的外轮廓造型，并作标记。领子的外口线很可能不是直纱方向。对折连裁领子时，必须保证折叠线为直纱向（图7-14、图7-15）。

图7-14　步骤B2～4

图7-15　步骤B2～4

5. 在侧颈点作十字标记，用圆点标记领口线。

6. 校正领子，然后加放缝份，清剪多余的量。把一侧的领子复制到另一侧上。

C. 领里

所有的领子都要有领里。它能够使领面翻折时更加圆顺美观，同时防止外边缘线外露。为了达到这种功能，领里通常小于领面。当在坯布上进行操作时，领里的边缘线比领面小0.3cm（$\frac{1}{8}$in）即可。当采用诸如羊毛或者天鹅绒一类的厚重面料时，则需要较大的差量。相反，当采用诸如纱质等较轻薄的面料时，领里比领面小0.2cm（$\frac{1}{16}$in）左右即可。

领里采用斜纱向，虽然会增加面料的使用量，但能够使领子的翻折线更加圆顺美观，不易出现拉伸或开线等情况。在领里的后中心线和翻折线的交点位置收进0.3cm（$\frac{1}{8}$in）后可以使领子的翻折效果更好。领里采用斜纱向时，首先需要粘衬，然后将其放置在人台上，通过调整其尺寸，最终和领面固定在一起。参见完成样板（图7-16）。

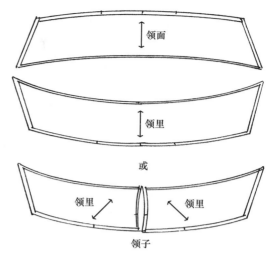
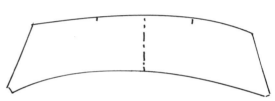

图7-16

翻领的缝制技巧

所有的领子都需要粘可熔性黏合衬，这样可使领子圆顺地绕过颈部。但要选择与面料合适的黏合衬，例如在采用轻质柔软的面料时，应选用轻质柔软的黏合衬。

1. 在领里上粘黏合衬。为了使领子的拐角更加光洁、尖锐，此处要将黏合衬向里去掉1.3cm（$\frac{1}{2}$in）（图7-17）。

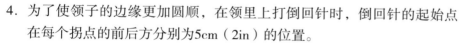
图7-17　步骤1

2. 缝合领里和领面时，要使其正面相对，领里位于上面，然后沿边缘缝合。缝合过程中要拉伸领里，调整其松紧度。

3. 修剪缝份，使其尽量靠近缝线（图7-18）。

4. 为了使领子的边缘更加圆顺，在领里上打倒回针时，倒回针的起始点在每个拐点的前后方分别为5cm（2in）的位置。

图7-18　步骤3

5. 将领子的正面翻出并进行熨烫，注意将缝线折向领里一侧（图7-19）。

6. 绱领时，将领子夹缝在衣身和领口贴边之间。领口无贴边时，领里直接与领口毛边进行缝合，然后沿着领口在领面上缉明线（图7-20）。

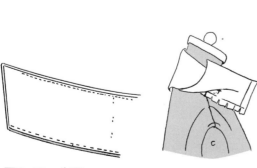
图7-19　步骤4~5

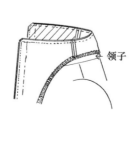
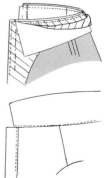
领子
图7-20　步骤6

图7-21

衬衫领

　　衬衫领是中式立领与翻领的结合体（图7-21）。翻领夹缝在立领上口的两层面料之间。立领的下口与衬衫的领口相接。

A. 准备坯布

　　参照制作中式立领与翻领的方法准备坯布（图7-22）。

图7-22　步骤A

B. 立裁步骤

1. 参照制作中式立领的方法立裁立领，然后从前中心线向外延伸出搭门量，其宽度不

要超过约2.5cm（1in）（图7-23）。

图7-23　步骤B1

2. 将领子取下进行校正，然后重新放置到人台上（图7-24）。

3. 从后中心线开始，在立领的上边缘立裁翻领。但在后中心线处要保证其纱线垂直至肩部（图7-25）。

图7-24　步骤B2　　　　图7-25　步骤B3

4. 参照制作彼得潘领边缘线造型的方法立裁翻领的前翻边缘线。为了隐藏缝合线，领子会稍有翻卷（图7-26）。

5. 参见完成样板（图7-27）。

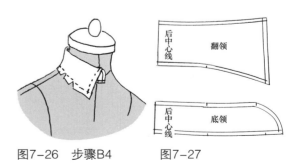

图7-26　步骤B4　　　　图7-27

图7-28

彼得潘领（扁平圆领）

　　彼得潘领是一种受年轻人喜爱的较为贴体的领型。它平展在肩部，其领座高低可自行设定。领面可以设计成各种大小和形状，如图7-28所示。

　　制作彼得潘领最简单的方法是采用平裁与立裁相结合的手法。直接根据前、后衣身的领口线形状画出领子的下口线，这种方法在制作童装时尤为常见。另一种方法是仅靠立裁制作，这种方法的制作过程虽然较为复杂，但设计师能够更好地控制领子的领座部分。

平裁与立裁相结合的彼得潘领

A．准备坯布

1. 撕一块边长为30cm（12in）的正方形坯布。

2. 在距坯布左侧边缘向内量取约2.5cm（1in）绘制一条垂直辅助线，作为后中心线。

3. 粗估领子的宽度和长度。沿着后中心线，从底边向上量取领宽，然后加放1.3cm（$\frac{1}{2}$ in）的量作为缝份，在得到的标记点作十字标记。

4. 将衣身从人台上取下，去掉侧缝线和肩线上的大头针。将后衣片放置在为领子准备

的坯布上，使其后中心线与坯布的后中心线重合，后颈中心点与坯布的十字标记点对齐。

5. 将前衣片放置在为领子准备的坯布上，使其与后衣片的侧颈点位置相重合，在肩端点位置重叠约2.5cm（1in），这样可以使领子更加伏贴。当肩端点的重叠量增加时，领口线的弧度会变小，领子的领座高度将增大。肩端点的重叠量可以从约2.5cm（1in）最多增加至7.6cm（3in）（图7-29）。

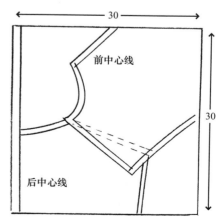

图7-29　步骤A1～5

6. 将衣片上的领口线复制到坯布上。将前、后领口线会合处修圆顺后，在侧颈点位置作十字标记。

7. 加放缝份后沿着领口线清剪多余的坯布，并在领口线的缝份上打剪口（图7-30）。

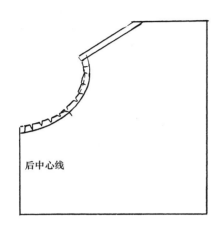

图7-30 步骤A6~7

B. 立裁步骤

1. 参照图7-31所示，将领子放置到人台上，在后中心线位置压住衣身，将领子的领口线和衣身上的领口线对齐（图7-31）。

2. 将领子自然翻下，并在后中心线位置扎针固定（图7-32）。

图7-31 步骤B1　　图7-32 步骤B2

3. 用标记胶带粘贴出想要的领型。沿着坯布的边缘打剪口，剪至标记胶带位置，使领子在肩部平伏。

4. 在标记胶带的外边缘处标记出领子的外轮廓（图7-33）。

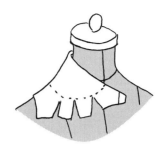

图7-33 步骤B3~4

5. 将领子从人台上取下进行校正。加放缝份后，清剪边缘线。

6. 裁剪出领里（参照本章第120~121页"领里"的内容）。

立裁彼得潘领

采用立裁手法制作彼得潘领的步骤较为复杂，但在领子的设计上更具灵活性。

A. 准备坯布

1. 撕一块边长为30cm（12in）的正方形坯布。

2. 在距左侧布边2.5cm（约1in）的位置绘制一条垂直辅助线，作为后中心线。

3. 粗估领宽和领高。从领子坯布的底部边缘向上量取领子的宽度，再增加1.3cm（$\frac{1}{2}$in）的量，并在得到的点处作十字标记。

4. 在标记点上方1.3cm（$\frac{1}{2}$in）处裁剪出一个长方形。从后中心线水平向右剪至3.8cm（$1\frac{1}{2}$in），然后垂直向上剪至坯布上边缘（图7-34）。

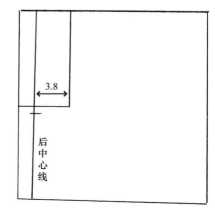

图7-34 步骤A2~4

B. 立裁步骤

1. 将坯布放置到人台上，将人台后颈中心点与坯布上的十字标记对齐，并扎针固定（图7-35）。

2. 将坯布上的矩形边缘绕过颈部，在领口处打剪口，使坯布平顺地通过肩部并到达前中位置。当领子到达前中心线位置时，纱线方向变为斜纱。将领围线处的缝份清剪至1.3cm（$\frac{1}{2}$ in）（图7-36）。

领子翻起来对领子下口线的剪口进行调整，以控制领子翻折后领座的状态，直至达到满意的效果。在领子的外边缘也要逐步打剪口，使领子在肩线位置有合适的宽度（图7-38）。

7. 根据设计，用标记胶带粘贴出领形。

8. 沿标记胶带的外边缘画出领子的外轮廓线。沿领子的外轮廓线作圆点标记，在侧颈点作十字标记（图7-39）。

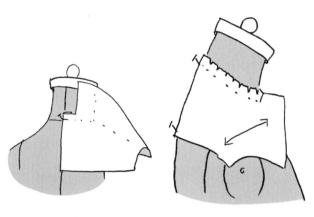

图7-35　步骤B1　　　　　图7-36　步骤B2

图7-38　步骤B5~6　　　　图7-39　步骤B7~8

9. 校正轮廓线，加放缝份后清剪多余的量。将一侧领子复制至另一侧。

10. 裁剪领里（参照本章第120~121页"领里"的内容）。

11. 参见完成样板（图7-40）。

3. 将领子取下，上下翻转，使剪口朝下。

4. 将领子重新放置到衣身上，在后颈中心点处扎针固定，再沿领围线向右3.8cm（$1\frac{1}{2}$ in）的位置扎针固定（图7-37）。

图7-37　步骤B3~4

5. 留出领座的高度，将领子翻下来，然后在领子下口线与后中心线的交点处扎针固定。

6. 通过改变领子下口线剪口的深度可以控制领座的高度。在制作过程中，需要不断将

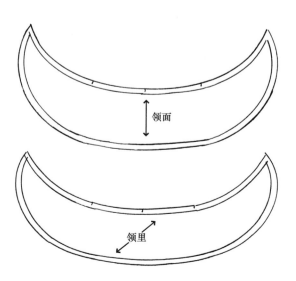

领面

领里

图7-40

图7-41

彼得潘领的变体

参照制作彼得潘领的方法，设计师可以设计出各种宽窄、高低不同的领型（图7-41）。

A．准备坯布

根据领型，准备一块大小合适的坯布。

例如：

海军领——50cm（20in）×38cm（15in）

披风领和青果领❶——40cm（16in）×40cm（16in）

B．立裁步骤

1．设计想要的领口线造型。

2．参照立裁彼得潘领的方法继续制作。

---

❶ 此处所说的青果领需要单独裁剪，它不同于和前衣片连裁的青果领（参照本章下一小节）。

图7-42

与前衣片连裁的青果领

　　青果领起源于男士正式晚礼服"塔士多"，而今天这种领子也常用于外套、夹克以及其他类别的前开襟服装中。随着领宽、领长的不同以及翻折线的高低变化，其外型呈现出不同的效果。可以仿照两片式翻驳领的造型在其边缘做开口。领里通常在后中心位置破缝，而领面与前衣片为一片式结构，在后中心位置无破缝（图7-42）。

A. 准备坯布

 1. 撕布

  a. 布长——前衣长加25cm（10in），再加上底边折边的宽度。

  b. 布宽——沿胸围线量取侧缝线至前中心线的长度，再增加23cm（9in）。

 2. 在距右侧布边15cm（6in）的位置绘制一条垂直辅助线，作为前中心线。

 3. 沿前中心线，从坯布上边缘向下量取25cm（10in）的距离，标记出领口线。

 4. 将坯布放置到人台上，沿前中心线上的领口线和胸部位置分别扎针固定。

 5. 沿横纱的方向抚平胸部的坯布，在BP点位置扎针固定。

 6. 过BP点作水平辅助线。

 7. 作一条前中心线的平行线，作为搭门宽线。搭门宽包括纽扣和纽孔所需的搭叠量。纽扣的大小决定着搭门的宽度。对质地轻盈的裙子和衬衫有约2.5cm（1in）宽的搭门量已经足够了。夹克和外套的搭门较宽。从搭门的外边缘向上画青果领（图7-43）。

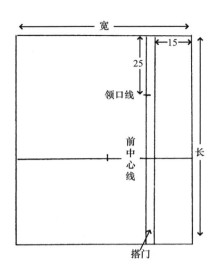

图7-43　步骤A2～7

B．立裁步骤

1．将坯布放置到人台上，在前颈中心点处扎针固定。然后根据设计，立裁前衣片的下半部分。

2．在处理前肩线和领子之前，先立裁出整个后衣片。

3．在后肩线的缝份上扎针，将后肩线固定在人台上。

4．将前肩线压在后肩线上。

5．给肩线加放缝份后，从肩端点外侧开始清剪坯布，剪至距领口线约2.5cm（1in）处为止。

6．参照图7-44所示的方法，在侧颈点位置小心地剪开（图7-44）。

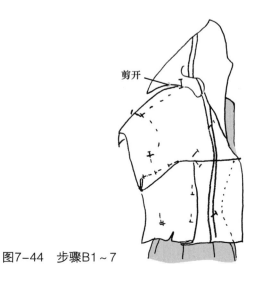

图7-44　步骤B1～7

7．在人台的侧颈点位置扎大头针固定（图7-44）。

8．将前中心线上的大头针取下，翻折前门襟，确定领口深度。如图7-45所示，在翻折线止点处扎针固定。

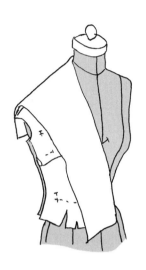

图7-45　步骤B8

9．将坯布沿着领围线绕向后中位置，此时后中心处的坯布已变为斜纱。在立裁整个后领时，从侧颈点的剪口位置扎针，直至后中位置，注意留出足够的缝份量（图7-46、图7-47）。

图7-46　步骤B9

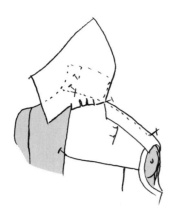

图7-47　步骤B9

10. 根据设计确定领座高，将领面翻折下来。确定领面宽度后，在领面的外边缘打剪口。领面的宽度应该能够遮住后领口线（图7-48）。

11. 根据设计，用标记胶带粘贴出领子的轮廓线。

12. 在翻领面外边缘的缝份上打剪口，直至止口位置（图7-49）。

图7-48　步骤B10

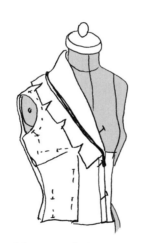

图7-49　步骤B11~12

13. 把领面翻上去。如果领口线附近存有堆叠的余量，可以从侧颈点向下捏一个狭长的小省，将余量消除，且使省隐藏在领子的下面（图7-50）。

14. 在前、后衣片上画出标记线。校正并加放缝份后，清剪多余的量。

15. 挂面和领面由一片布裁剪而成。确定肩线

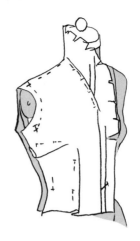

图7-50　步骤B13

和前中心线位置挂面的宽度。肩线位置的挂面宽度最小值为3.8cm（$1\frac{1}{2}$in），腰围线位置的挂面宽度最小值为6.4cm（$2\frac{1}{2}$in）。将领子的外轮廓线、领子的后中心线、后领口线和肩线复制至另外一块坯布上，作为领面。如果领面在后中心位置不破缝，那么后中心处应该为直纱。使用曲线尺绘制出从肩线至腰围线间领子挂面的轮廓线。在挂面上不需要采用前领省调整领子的翻折效果。为了使领子有较好的翻折效果，裁剪时要保证领面的后中心线至前中搭门线之间的部分大于领里（图7-51）。

16. 参见完成样板（图7-51）。

17. 后领贴边需要单独制作（参照本书第227~229页）。

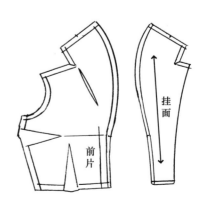

图7-51

青果领的缝制技巧

　　领里和服装前片为连接在一起的一片式结构，通常在后中心位置进行缝合；而一片式青果领的领面既可以在后中心处破缝，也可以不破缝。

1. 在服装的前片和领里上粘贴可熔性黏合衬。
2. 车缝后中心线，然后劈烫缝份（图7-52）。
3. 在肩线和领口线的交点处进行车缝前的预先固定，使衣片和挂面能够更好地固定。清剪拐角至其根部位置（图7-53）。
4. 缝合服装的前、后肩缝。
5. 用大头针将后片领里固定到衣身的后领口线上，然后进行缝合。
6. 清剪领口线的缝份。如果后领口需要贴边，那么肩线和后领位置的缝份要劈缝熨烫（图7-54）；如果后领口不用贴边，那么领口线的缝份要向领子方向熨烫。

图7-52　步骤2

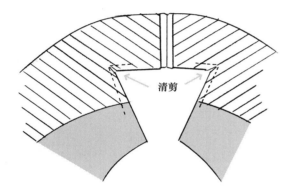

图7-53　步骤3

图7-54　步骤6

7. 把面料的正面相对，将领面或挂面的外边缘与领里或衣片的外边缘缝合在一起。为了使边缘比较圆顺，可将缝份清剪为不同窄宽的两层。
8. 把服装的正面翻出，然后熨烫领子和挂面，将缝线转到领里一侧隐藏起来。
9. 为了防止领子移动，从服装里侧将后领口线的缝份缝住。
10. 如果后领口不需要贴边，可将领面的后领口线缝份向内折叠，然后在领面上缉明线缝合领里。沿着缝份，将挂面的肩线和衣片的肩线缝合在一起（图7-55）。

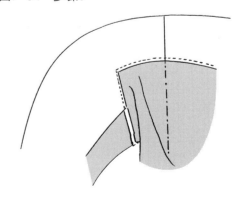

图7-55　步骤10

图7-56

精制的翻驳领

翻驳领经常用于外套和夹克上，也可以用于精工制作的连衣裙和女士衬衫中。翻驳领分为两部分：驳领在裁剪时和前衣片连接在一起，翻领则单独裁剪。通过改变翻领和驳领的尺寸、形状，能够得到不同的造型效果。翻领和驳领上通常都需要粘衬，以达到更好的塑型效果（图7-56）。

A. 准备坯布

　1. 驳领

　　a. 根据设计，准备服装的前片，在前中心线位置向外增加10cm（4in）。

　　b. 在距布边10cm（4in）的位置绘制一条垂直辅助线，作为前中心线。

　　c. 在前中心线外侧，绘制一条平行的纵向辅助线，作为搭门线。

　　d. 沿前中心线，从坯布上边缘向下量取10cm（4in），标记出领口线的位置（图7-57）。

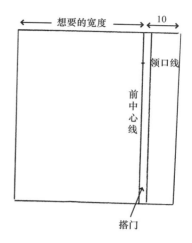

图7-57　步骤A1

　2. 翻领——首先裁剪领里。

　　a. 制作较窄的直边领子——准备一块28cm（11in）长、15cm（6in）宽的长方形斜纱坯布，然后参照制作翻领的方法画出辅助线（图7-58）。

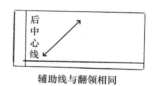

辅助线与翻领相同

图7-58　步骤A2a

　　b. 制作较宽的圆边领子——准备一块30cm（12in）的正方形斜纱坯布，然后参照制作彼得潘领的方法画出辅助线（图7-59）。

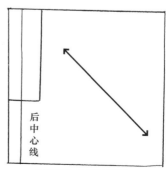

辅助线与彼得潘领相同

图7-59　步骤A2b

B. 立裁步骤

1. 根据设计，立裁出服装的前、后衣片。

2. 将驳领部分翻折到理想的位置。在搭门外侧打剪口，剪至驳止点位置。在颈部打剪口，剪至侧颈点的扎针位置（图7-60）。

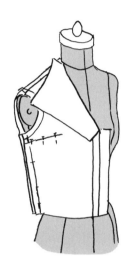

图7-60　步骤B1~2

3. 参照立裁翻领的方法制作较窄的直边领；参照立裁彼得潘领的方法制作较宽的圆边领：

　　a. 画出后领口线至肩线位置。

　　b. 清剪领子的外边缘线，使其以合适的宽度平贴在肩部位置。

　　c. 使前身的翻领翻折线与驳领的翻折线斜度一致。

　　d. 参照图7-61所示，将驳领压叠在翻领的上面（图7-61）。

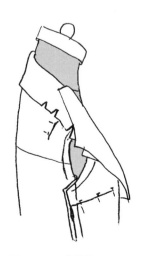

图7-61　步骤B3

4. 用标记胶带标记出翻领和驳领的外轮廓线。驳领的串口线起始于领围线处，距上方肩线大约3.8cm（$1\frac{1}{2}$in）（图7-62）。

图7-62　步骤B4

5. 画出驳领的外轮廓线，在翻领与驳领的交会点处作十字标记。给驳领加放缝份后，对其进行清剪。

6. 画出翻领的外轮廓线。

7. 用大头针将翻领固定到驳领上，从十字标记处开始，至领围线位置结束（图7-63）。

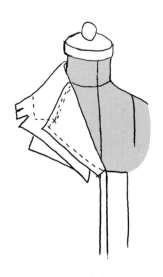

图7-63　步骤B5~7

8. 把翻领立起，然后标记出领口线。在领口线与肩线的交点处作十字标记。在后中心线和翻折线的交点处作十字标记。

9. 用大头针沿着前领口线将翻领和驳领固定在一起（图7-64）。

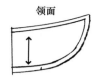

图7-65　步骤B10 ~ 12

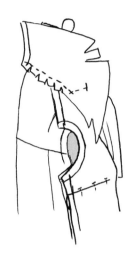

图7-64　步骤B8 ~ 9

10. 保持翻领和驳领为固定在一起的状态，然后将坯布从人台上取下。

11. 将翻领和驳领的领口线复制下来并把两者都标记完整。

12. 校正领子的外口线，然后加放缝份并清剪多余的量。为了使领子翻折得更加圆顺自然，需要对后中位置的翻折线做适当调整。在领里的后中心线和翻折线的交点位置向内缩进0.3cm（$\frac{1}{8}$in），用曲线尺绘制一条弧线代替原来的后中心线（图7-65）。

13. 领面的后中心线应为直线。裁剪时，注意领面应该稍大于领里，这样可使领子容易翻折且能够遮住边缘的缝合线。领里和领面的尺寸差取决于面料的厚度。当使用白坯布时，领面的各边缘应该比领里大0.3cm（$\frac{1}{8}$in）。

14. 驳领部分需有挂面，挂面从肩线位置一直延伸至前中心线。为了使驳领便于翻折，驳领部分的挂面边缘应该稍大于衣片。

15. 参见完成样板（图7-66）。

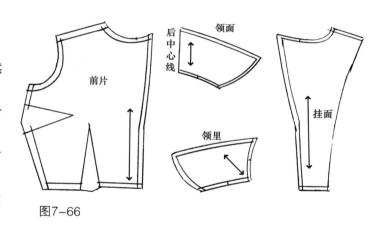

图7-66

翻驳领的缝制技巧

1. 在领里、领面以及前、后挂面、贴边上粘黏合衬。

2. 将前、后衣片正面相对，缝合前、后肩线。

3. 将领里和衣身的领口线缝合在一起，注意肩线及驳领位置剪口的对位。清剪缝份后，把领口线劈烫开。将翻领缝份清剪至与驳领缝份相同的宽度（图7-67）。

4. 缝合挂面贴边的肩线。

5. 将领面与挂面、贴边缝合在一起，注意对位肩线及驳领位置的剪口。把领口线劈烫开（图7-68）。

6. 把领里和领面的外口线缝合在一起（图7-69）。

7. 向领里方向熨烫缝份，然后辑明线（图7-70）。

8. 沿着翻领和驳领的外边缘将挂面、贴边与衣身缝合在一起（图7-71）。

图7-67　步骤3

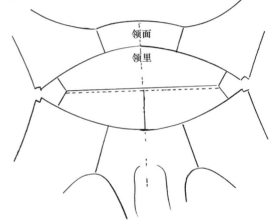

领面
领里

图7-68　步骤5

图7-69　步骤6

图7-70　步骤7

9. 整理并清剪领里和翻领外口的缝份。

10. 将领子翻至正面，然后沿着翻折线翻折领子并对翻领和领里进行熨烫。在止口位置，将缝份线向里转至挂面一侧。

11. 为了固定领子，将领口线的缝份车缝在一起（图7-72）。

12. 将服装放置到人台上，沿着翻折线对翻领和驳领蒸汽定型。

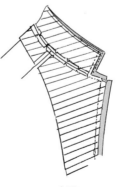

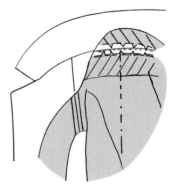

图7-71　步骤8　　　图7-72　步骤11

第八章
袖子

本章主要介绍一些通常采用立体裁剪方法制作的袖型，而那些通常采用平面裁剪方法制板的袖型则不在介绍的范围中。与衣身连裁的连身袖造型通常采用平裁和立裁相结合的手法制作。用袖子的基础原型可以演变出连衣裙或者衬衫的袖子（参考本书第20～24页），用夹克袖子的基础原型可以演变出西服等定制服装的袖子造型（参考本书第206～210页）。

蝙蝠袖基础原型

蝙蝠袖是连身袖中最简单的一种类型。它是一种与衣身连裁的宽松袖型，袖长随意。从历史的发展来看，近东和远东❶的传统袍服以及早期西方的束腰连衣裙中都使用过这种袖型（图8-1）。

图8-1

---

❶ 近东是欧洲人指亚洲西南部和非洲东北部地区，伊朗、阿富汗除外，通常指地中海东部沿岸地区。远东是西方国家开始向东方扩张时对亚洲最东部地区的通称。通常包括中国东部、朝鲜、韩国、日本、菲律宾和俄罗斯太平洋沿岩地区，也就是葱岭以东的所有地区。

垫肩

　　垫肩可以使服装肩部的曲线变得比较平缓、柔和，同时也可以使服装悬挂时的造型更美观。西服等正装要使用垫肩，连衣裙或者衬衫等休闲服装也可以使用。垫肩使袖窿看起来呈椭圆形，使装袖呈现明确的外观效果（图8-2）。当一件蝙蝠袖服装的设计需要垫肩时，在立裁袖子之前，应先用大头针将圆形垫肩（有时指的是拉格伦❶垫肩）固定在人台上，注意以肩线为中心，并使垫肩边缘探出肩部袖窿弧线1.3cm（$\frac{1}{2}$in）左右。

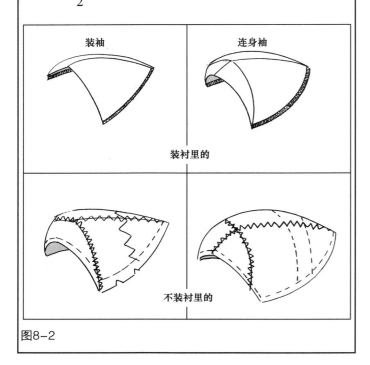

装衬里的

不装衬里的

图8-2

A．准备坯布

　　1．撕布——前衣片和后衣片

　　　　a．布长：

　　　　（1）制作有腰围线的服装时，测量出领口至腰围线的距离，再增加15cm（6in）。

　　　　（2）制作没有腰围线的服装时，测量出领口至底边的距离，再增加10cm（4in）。

　　　　b．布宽：

　　　　（1）制作短袖服装时，宽度取坯布幅宽的$\frac{1}{2}$。

　　　　（2）制作七分袖服装时，宽度取坯布幅宽的3/4。

　　　　（3）制作全长袖服装时，宽度为坯布的全幅宽。

　　2．分别在前衣片和后衣片上，距布边7.6cm（3in）的位置绘制一条垂直辅助线，作为前中心线和后中心线。

　　3．参照有腰身或宽松直筒连衣裙的基础原型，绘制出其他辅助线（图8-3）。

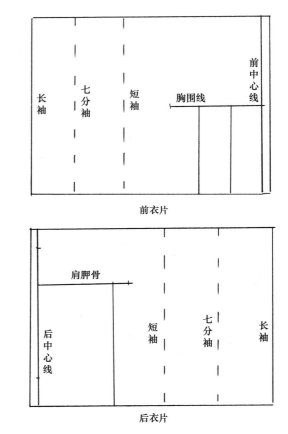

图8-3　步骤A2~3

B．立裁步骤

　　制作无腰身蝙蝠袖上衣时，如公主线或刀背缝结构，则必须保证侧缝的纱向平直，这样蝙蝠袖处的纱向也会平直。制作有腰身的连衣裙时，如果设计不要求蝙蝠袖和侧缝的纱线平直，也可以不保持纱线平

❶ 拉格伦（Raglan）垫肩指领袖一体的服装款式，如插肩袖类所适用的半弧线形垫肩。——译者注

衡。如果采用格纹图案面料制作，则要保证侧缝位置的格纹对齐，而且蝙蝠袖的纱向也应保持平直。

1. 根据设计立裁前、后衣片，在前袖窿留出1.3cm（$\frac{1}{2}$in）的松量。制作刀背缝或者公主线结构类型的服装时，首先要保证胸围线纱向水平，这样蝙蝠袖的纱向才会保持平直。

2. 用大头针，将前、后衣片的肩缝和侧缝固定在一起，如图8-4所示。

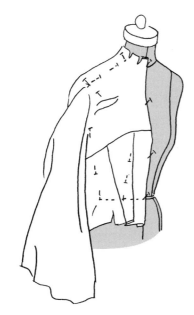

图8-4　步骤B1～2

3. 在肩端点向上量取1cm（$\frac{3}{8}$in）的位置扎针。将这一点与原来的肩线连接起来（图8-5）。

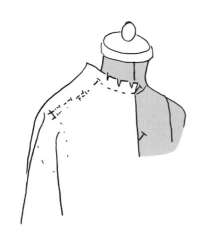

图8-5　步骤B3

4. 将袖子部分的坯布上提，以确定袖子的形状。要保证上提的外袖缝与新的肩线在同一

直线上，袖窿底点应该不超过臂盘底点下方7.6cm（3in）的位置。不过也可以根据设计的需要下落。制作长袖时，袖肘位置的宽度应当比基础袖型的袖肘宽度宽2.5cm（约1in）。

5. 用大头针在前衣片的坯布上标记出蝙蝠袖的外轮廓。

6. 标记服装的其他部位，将衣片从人台上取下，同时保持肩缝和侧缝固定在一起的状态（图8-6）。

7. 将省和其他细节处的大头针取下，保持肩缝、外袖缝和内袖缝处的大头针不动。

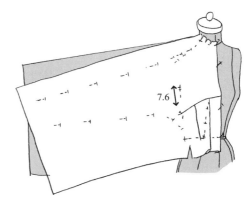

图8-6　步骤B4～6

8. 将前衣片正面朝下放在桌子上，抚平两层坯布。（可能会存有一条多余的褶量从肩部斜插至袖子部分。如果有褶量出现，可以将其抚平，大约在袖肘的部位消失。根据需要可以对大头针进行调整。）

9. 沿着坯布的外轮廓用大头针将前衣片和后衣片别在一起（图8-7）。

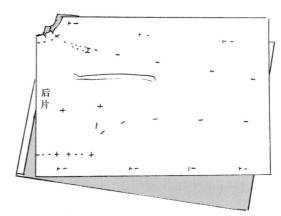

图8-7　步骤B8～9

10. 将基础袖型沿直纱对折，从肩斜线顶端向下量取1.3cm（$\frac{1}{2}$in）作标记。将肩斜线与外袖缝对齐，将标记点放置在抬高后的肩线和袖窿的交点。

11. 校正外袖缝，使其与抬高后的肩线在一条直线上。

12. 在外袖缝上标记出腕关节线（或者袖口边），确保袖子袖肘处的宽度至少比基础袖型的肘部宽2.5cm（约1in）。在肩线与袖窿的交点和袖肘线处作十字标记，画出内袖缝弧线（图8-8）。

13. 保持前衣片和后衣片别扎在一起的状态，将后衣片上袖子的外轮廓复制到前衣片上。

14. 分开前衣片和后衣片，校正其他缝线。

15. 留出缝份，在袖口处加放足够的缝份，剪掉多余的量。

16. 每隔一小段修剪侧缝和内袖缝的缝份。

17. 用大头针将衣片固定在一起，并重新穿到人台上。检查合体度，注意袖子的下边缘。根据需要调整其形状和长度。

18. 参见完成样板（图8-9）。

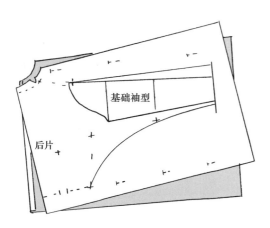

图8-8　步骤B10～12

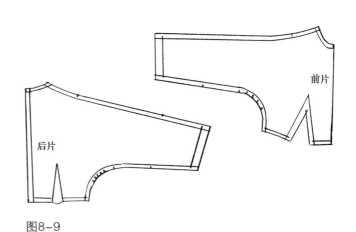

图8-9

图8-10

合体的长蝙蝠袖

　　这种蝙蝠袖的袖肘至手腕部分较为合体，通过立裁和平面制板相结合的手法制作比较简单。服装的衣身部分用立体裁剪的手法，而袖子则通过平面制板完成（图8-10）。

A.准备坯布

　1. 撕布——前衣片和后衣片

　　a. 布长——与基础蝙蝠袖原型相同。

　　b. 布宽——整幅宽的坯布。

　2. 参照基础蝙蝠袖原型，绘制前衣片和后衣片的辅助线。

B.立裁步骤

　1. 根据设计立裁前衣片和后衣片。

2. 抬高肩线，方法与基础蝙蝠袖相同。

3. 用大头针标记出大致的内袖缝曲线，至袖肘处为止。

4. 标记出前、后衣片的造型细节，在抬高后的肩端点处作十字标记。将衣片从人台上取下，保持肩缝和侧缝别扎在一起的状态。

5. 将前衣片正面朝下放在桌子上，抚平两层坯布。可能会存有一条多余的褶量从肩部斜插到袖子部分。将褶量抚平，约在袖肘的部位消失。如果袖子的纱线平直，在侧缝部分的纱线也会平直。

6. 从抬高后的肩端点沿横纱向袖口作一条辅助线，如图8-11所示。

7. 确定外袖缝。外袖缝的腕部应该从横纱向辅助线下落最多7.6cm（3in）（图8-11）。

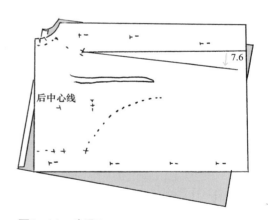

后中心线

7.6

图8-11　步骤B5～7

8. 将基础袖型沿直纱对折，从肩斜线顶端向下量取1.3cm（$\frac{1}{2}$in）作标记。

9. 将肩斜线与外袖缝对齐，标记点与抬高后的肩端点对齐。

10. 在外袖缝上标记出袖肘线，将袖肘线向下延长2.5cm（约1in），使袖子更宽。

11. 调整内袖缝弧线，使其与袖肘连接圆顺（图8-12）。

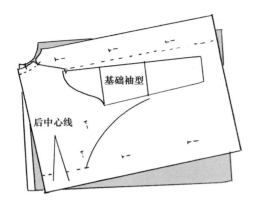

图8-12　步骤B9~11

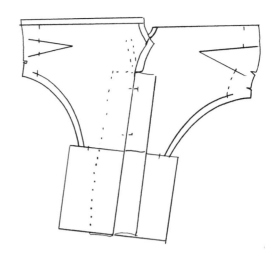

图8-14　步骤B14

12. 将后衣片的外袖缝和内袖缝复制到前衣片上。

13. 给肩线留出缝份，并清剪多余的量。给侧缝和内袖缝留出缝份，清剪多余的量至袖肘位置为止。从肩端点至腕部，沿外袖缝加放约7.6cm（3in）的量；从袖肘线至腕部，沿内袖缝加放约7.6cm（3in）的量。如图8-13所示，清剪多余的量。

16. 在前衣片上画出袖子下半部分的外轮廓线。

17. 从后衣片的内袖缝，沿着袖肘线向内打剪口，直至袖中心线。

18. 将袖中心线的腕部处向内收，直至达到设计所需要的造型。

19. 在后衣片上画出袖子的外轮廓线。

20. 在腕线上标记出袖子的中点（图8-15）。

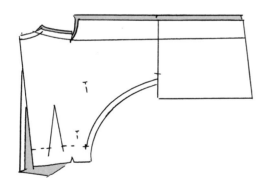

图8-13　步骤B13

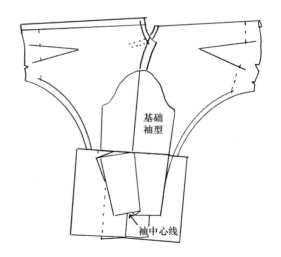

图8-15　步骤15~20

14. 将前、后衣片分开，把两衣片均平放在桌子上。将外袖缝的加放量重叠在一起，在肩端点和肘点用大头针固定（图8-14）。

15. 将基础袖型打开，放在衣片上，使袖肘线与坯布上的袖肘线对齐。

21. 将基础袖型移开，用直线连接腕线中点和肩端点，作为蝙蝠袖最终的外袖缝。

22. 取一张复写纸置于前、后衣片之间，将上层的外袖缝复制到下层衣片上（图8-16）。

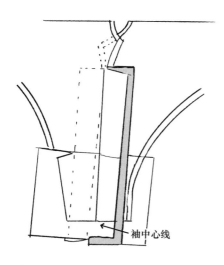

图8-16　步骤B21～22

23. 将前、后衣片分开。

24. 将后衣片内袖缝的余量转化为肘省或吃量。在内袖缝上作十字标记，保证吃量集中在肘部区域。

25. 校正其他缝线。

26. 留出缝份，清剪多余的量。

27. 用大头针将衣片固定好，并重新穿到人台上，检查造型及合体度。

28. 参见完成样板（图8-17）。

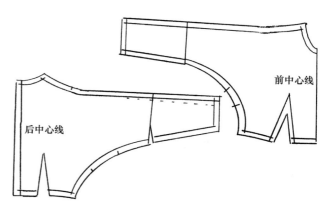

图8-17

图8-18

半装袖

　　半装袖既具有连身袖圆顺的肩线，又具有装袖腋下合体的特征。半装袖的前、后片均与衣身连裁，但在臂盘轴心向下约2.5cm（1in）的位置，插入一块独立衣片。这块独立的衣片位置和形状根据设计可以有所不同，但必须连接前、后衣片袖窿（图8-18）。

A.准备坯布

1. 用标记胶带在人台上粘贴出造型线。腋下片起点必须位于臂盘轴心向下约2.5cm（1in），距臂盘边缘1.9cm（$\frac{3}{4}$in）的位置。前、后腋下片在袖窿位置的边线至侧缝的距离必须相同（图8-19）。

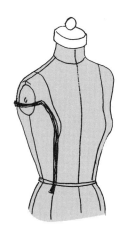

图8-19　步骤A1

2. 撕布——前、后衣片
   a. 前衣片/后衣片/袖子部分——与蝙蝠袖的面料准备方法相同，宽度取决于袖子的长度。
   b. 前、后腋下片——量出人台上标记胶带所标记区域的长度和宽度，再增加13cm（约5in）。

B.立裁步骤

1. 立裁前、后腋下片。
2. 校正并画出下落的袖窿弧线，增加侧缝的宽度❶，方法与基础腰身原型相同，前、后腋下片的袖窿弧线测量数据应该相同。
3. 用大头针将侧缝别在一起。将完成的前、后腋下片固定在人台上（图8-20）。

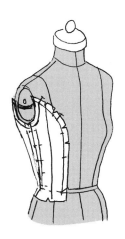

图8-20　步骤B1~3

❶　增加侧缝的宽度表示要相应地增加一定的松量。——译者注

4. 根据设计立裁前、后衣片。

5. 抬高肩线并用大头针别住，方法与制作蝙蝠袖相同。

6. 标记所有的造型线。

7. 在前、后衣片上分别标记出与腋下片之间的缝合线，并在此缝合线与袖窿的交点位置作十字标记。如果此缝合线被设计为公主线造型，则分别在BP点以上5cm（2in）和以下5cm（2in）的位置作十字标记对位点（图8-21）。

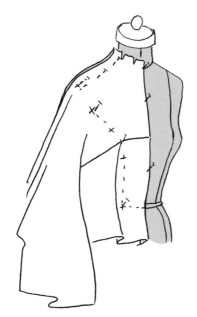

图8-21　步骤B4～7

8. 将衣片从人台上取下，保持肩线别扎在一起的状态。

9. 校正所有的造型线。

10. 将前、后腋下片的外侧缝与袖窿交点的十字标记对齐，并用大头针固定在一起。

11. 将前、后衣片平放在桌子上，后衣片在上。

12. 在后衣片的袖窿上半部分区域存有一些多余的褶量，将褶量抚平，使其呈45°角，并在袖肘区域消失（图8-22）。

13. 将基础袖型沿直纱向对折。

14. 沿前、后腋下片侧缝与袖窿交点的十字标记测量出袖窿下部弧线的尺寸。

15. 在袖山高弧线的底部处测量出这个尺寸并

作十字标记（图8-23）。

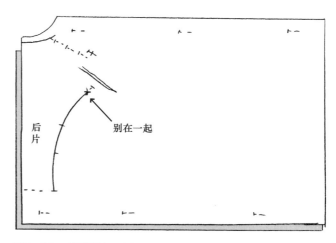

图8-22　步骤B9～12

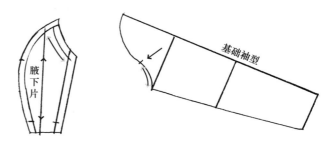

图8-23　步骤B13～15

16. 将对折后的基础袖型放在衣片上，使袖窿十字标记对齐，袖中心线沿正斜纱向放置。如果希望完成后的袖子更宽，袖中心线放置的角度也可以更平缓一些（图8-24）。

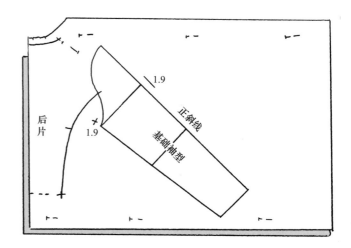

图8-24　步骤B16

17. 从袖山底线开始画出袖中心线，直至腕线为止。将袖肥线向外1.9cm（$\frac{3}{4}$in），使袖子的上部稍微宽一些（图8-24）。将这一点与腕线连接，如图8-25所示。画出腕线和腕线至肘线之间的内袖缝线。

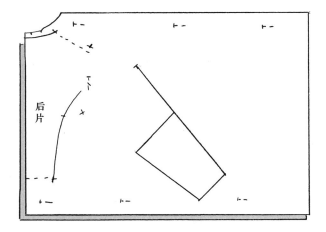

图8-25　步骤B17

18. 在袖肥线与内袖缝交点向上1.9cm（$\frac{3}{4}$in）处作十字标记（图8-24）。以这一点作为圆心，将袖山线旋转至新的袖肥十字标记处（图8-26）。

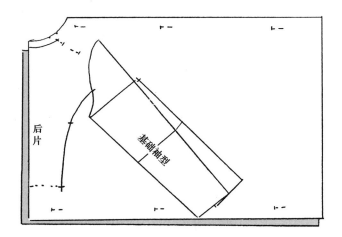

图8-26　步骤B18

19. 用曲度较小的曲线，将腋下的1.9cm（$\frac{3}{4}$in）处的十字标记与肘线连接。
20. 校正肩线。
21. 用法式曲线尺圆顺地连接肩线和外袖缝（图8-27）。
22. 将后衣片的肩线和袖子复制到前衣片上。在后肩缝处将会出现一些吃量。沿肩袖

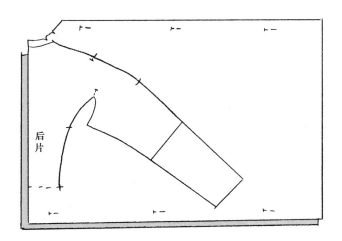

图8-27　步骤B19～21

缝，在肩端点和袖肥线之间的中心点作十字标记。在肘线和内袖缝作十字标记。

注意：制作长袖时，从袖肘至手腕合体的立裁手法请参照"合体的长蝙蝠袖"的制作方法（本章第139～141页）。

23. 留出缝份，清剪腕线和肘线以下的内袖缝处多余的量。
24. 将前、后衣片分开，留出缝份，清剪所有缝份多余的量。在袖窿的十字标记处的缝份上打剪口。
25. 用大头针将内袖缝固定在一起。将腋下片与衣片固定在一起。在衣服内侧，粗缝袖窿下半部分。用大头针固定外袖缝，注意将十字标记对齐。
26. 将样衣重新穿到人台上，检查其合体度，根据需要进行调整。
27. 参见最后完成样板（图8-28）。

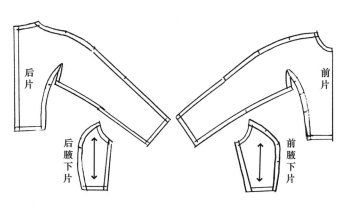

图8-28

图8-29

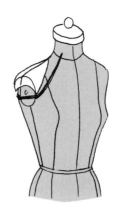

图8-30　步骤A1

插肩袖

　　插肩袖与衣身的接缝线是由腋下开始，到领口线位置结束，插肩线可以根据造型需要进行改变。插肩袖将圆顺的肩部曲线与装袖结构结合在一起，达到了合体的效果。插肩袖可以被制作成一片袖或两片袖。两片插肩袖从侧颈点破缝一直延伸到袖口。插肩袖的腋下松量越多则舒适性越好。插肩袖可以用于正装中，也可以用于连衣裙、运动服及家居便装中（图8-29）。

A. 准备坯布

　1. 用标记胶带在人台上粘贴出前、后插肩线。从臂盘轴心向下2.5cm（约1in）、距袖窿弧边缘1.9cm（$\frac{3}{4}$in）的位置开始，朝着前、后中心线方向，粘贴至领口线位置（图8-30）。

　2. 准备前、后衣片的坯布，方法与制作基础衣身相同。

3. 撕布——插肩袖

　a. 布长——18cm（7in）+基础型袖长+2.5cm（约1in）。

　b. 布宽——基础型袖肥+10cm（4in）。

　c. 在坯布的中心绘制一条垂直线。

　d. 绘制一条水平线作为袖肥线〔沿中心线从坯布上边缘向下量取18cm（7in）〕。

　e. 绘制一条水平肘线（图8-31）。

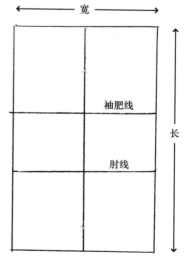

图8-31　步骤A3

B. 立裁步骤

　1. 根据设计立裁前、后衣片。

　2. 标记前、后衣片。参照标记普通袖窿弧的方法沿着前衣片的袖窿弧线边缘画圆点。

3. 在插肩线和袖窿弧线的交点位置作十字标记。

4. 沿着插肩袖的袖窿弧线画圆点。在领口线和插肩线的交点处作十字标记（图8-32）。

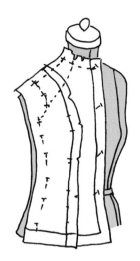

图8-32　步骤B1～4

5. 将侧缝线固定在一起，把衣片从人台上取下，校正前、后衣片。下落袖窿底点，然后参照制作基础装袖的方法给侧缝线加放松量。用法式曲线尺圆顺地连接前袖窿边缘的所有圆点，并校正前衣片袖窿底弧线。在后袖窿弧线处，使法式曲线尺紧贴肩胛骨处的标记点和插肩线上的十字标记，校正插肩线，与腋下袖窿弧线连接圆顺（图8-33）。

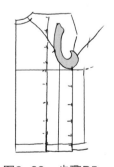

图8-33　步骤B5

6. 加放缝份，清剪多余的量。

7. 沿侧缝线将前、后衣片固定在一起。

8. 将基础袖型正面向下放置在前衣片上，使袖子与衣身的袖窿底端弧线对齐。参照图

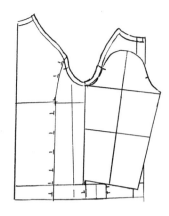

图8-34　步骤B6～8

8-34所示，在插肩线与袖山弧线相背离的起始位置作十字标记。用同样的方法，在后袖山线上作十字标记。

9. 在准备好的坯布上复制基础袖型肘线以下的部分。

10. 分别以袖山线上的两个十字标记为圆点，向上转动基础袖型的两条边线，使新袖肥线高过原有的袖肥线1.3cm（$\frac{1}{2}$in）～2.5cm（1in）之间的距离。将多出的2.5cm（约1in）袖肥作为袖子的松量。

11. 保持基础袖型旋转后的位置不动，画出前、后袖山十字标记下方的弧线。在坯布上的旋转点位置作十字标记（图8-35）。

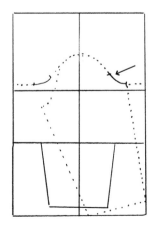

图8-35　步骤B9～11

12. 用曲线尺将袖肘线以上的两条内缝线分别与新确定好的袖山线连接起来。

13. 加放缝份，清剪袖子两条内缝线和袖山线底部多余的量。在袖山十字标记处的缝份上打剪口（图8-36）。

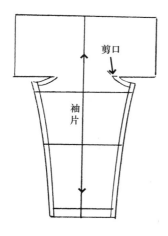

图8-36　步骤B12~13

14. 将袖子的内缝线固定在一起。参照固定装袖的方法，将袖山底部弧线与袖窿底部弧线大致固定在一起。

15. 将衣身穿到人台上。

16. 在人台的插肩线与袖窿弧线的交点处扎针。

17. 将袖中心线上提，使袖子与衣身大致形成45°夹角。然后保持这种状态，抚平前袖片至领口线，沿着插肩线扎针固定。参照这种方法制作后袖片（图8-37）。

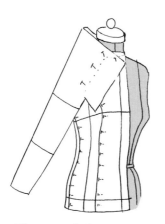

图8-37　步骤B14~17

18. 将前、后袖片在肩线位置重合，并沿肩线固定在一起。

19. 在肩端点向上1.3cm（$\frac{1}{2}$in）处扎针。从扎针点向肩线作弧线，形成一条新的肩线。

20. 以大头针作为标记，用弧线将新肩线与袖山线连接起来。

21. 在袖子上画出插肩线。

22. 在肩端点位置作十字标记（图8-38）。

图8-38　步骤B18~22

23. 将衣片从人台上取下，保持肩线固定。

24. 在肩线固定的状态下，校正前肩线并将前肩线复制到后衣片上。校正插肩线。

25. 加放缝份，清剪肩部和插肩线部位多余的量。将肩线打开后，会形成一个弧形省。两片式插肩袖更适合夹克。为了得到两片式插肩袖，我们通常会把肩部的省尖点剪开，然后沿着袖子的直纱线剪至腕部，这样一片袖就变成了两片袖。将两片袖片复制下来，然后在袖中线位置加放缝份（图8-39）。

26. 用大头针固定肩省和袖子的内缝线，注意对齐十字标记。
27. 将插肩线分别固定在前、后衣片上，在袖子内侧用大头针将袖窿弧线的底部位置固定住。
28. 校正领口线，将领口线与插肩袖的交点位置画圆顺。
29. 将衣身重新穿到人台上，调整其合体度。
30. 参见完成样板（图8-40）。

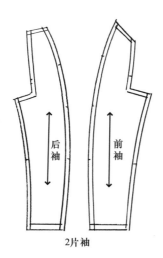

2片袖

图8-39

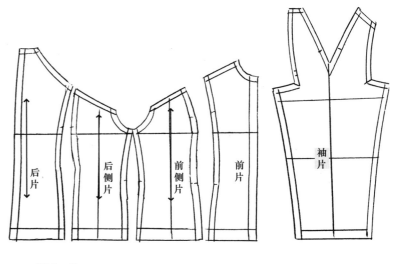

图8-40

图8-41

5. 将前衣片正面朝下放置在桌子上，把前、后衣片两层坯布都抚平。这样会出现一条褶量从肩胛骨斜插至袖子部位。将褶量捋至腋下片区域以外，呈45°倾斜，消失于袖肘部位。将前、后片固定在一起。

6. 下落后袖窿并加放必要的松量，校正后侧缝线（图8-42）。

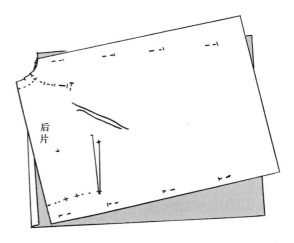

图8-42　步骤B5～6

插角和服袖

　　如果希望连身袖的腋下没有多余的量且活动方便，需要在腋下插入一块面料。插角的形状类似于菱形。在制作工艺上要根据服装结构加固衣身上的插角处，特别是需要加固插角的剪口的顶点位置（图8-41）。

A. 准备坯布——与蝙蝠袖准备坯布的方法相同。

B. 立裁步骤

1. 根据设计立裁前、后衣片。

2. 在前袖窿弧线位置加放松量，用大头针固定侧缝线。抬高肩线，方法与蝙蝠袖相同。

3. 标记所有的造型线。

4. 保持肩线和侧缝线固定在一起的状态，将省和其他部位的大头针拿掉。

7. 将基础袖型沿直纱对折。沿对折线，从袖山的最高点向下量取1.3cm（$\frac{1}{2}$in）作十字标记。从袖山弧线底点沿内袖缝线向下量取3.8cm（$1\frac{1}{2}$in）作十字标记。参照图8-43所示的方法，将袖山高线三等分，通过下面的第三等分点作与袖山高相垂直的水平线。

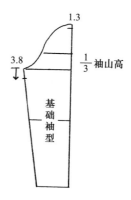

图8-43　步骤B7

8. 将对折的基础袖型放在衣片上，使1.3cm（$\frac{1}{2}$in）标记点对准新的肩点；3.8cm（$1\frac{1}{2}$in）标记点对准袖窿底点。

9. 在袖山高三等分水平线与袖山弧线的交点位置作十字标记。

10. 复制出袖子的对折线、内袖缝及袖口线。

11. 沿袖肥线向外0.6cm（$\frac{1}{4}$in）处绘制一个标记点（图8-44）。

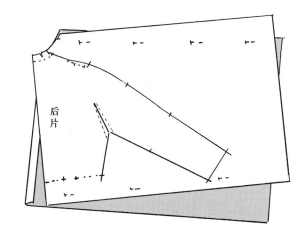

图8-45　步骤B12～14

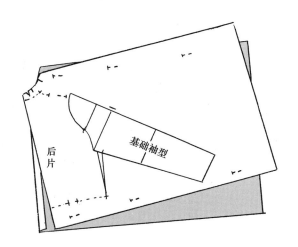

图8-44　步骤B8～11

12. 用曲线尺画出新的外袖缝线。连接0.6cm（$\frac{1}{4}$in）标记点和肘点，然后翻转曲线尺，再将外袖缝线与肩线圆顺连接。

13. 找到袖子内缝线与衣身侧缝线的交点，将这一点与袖窿弧线上的十字标记连接，作为插角的对角线。

14. 从袖子内缝线与衣身侧缝线交点向下1.3cm（$\frac{1}{2}$in）开始加放缝份。参照图8-45所示的方法，将这些点与插角的十字标记连接起来。

15. 将后衣片上的肩线和袖子复制到前衣片上。后肩线位置要留出一定的松量。在肩端点、袖肥线中点和肘线中点处作十字标记。在内袖缝上标记出肘线位置。将后衣片的侧缝线、插角轮廓线和缝份线复制到前衣片上。

16. 加放缝份，清剪多余的量。

注意：制作肘部至手腕部分比较合体的长袖时，请参照制作合体的长蝙蝠袖的立裁方法（本章第139～141页）。

17. 裁剪一块边长为25cm（10in）的正方形坯布，然后按照正斜方向进行两次对折，形成一个四层的三角形（图8-46）。

图8-46　步骤B17

18. 将三角形放置在后衣片上，把其中的一条折边与侧缝线对齐，使另外一条折边刚好到达插角线的十字标记点处。

19. 在折叠好的三角片和侧缝上画出插角的十字标记点及缝份线（图8-47）。

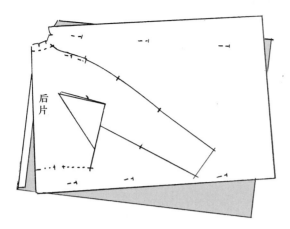

图8-47　步骤B18～19

20. 用直线连接这些点，然后加放1.3cm（$\frac{1}{2}$ in）的缝份。

21. 沿着缝份线对插角布进行清剪，参照图8-48所示的方法绘制出插角线。

 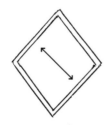

图8-48　步骤B20～21

22. 沿前、后衣片的插角对角线打剪口。

23. 把前、后衣片分开，然后分别进行校正。

24. 加放缝份，清剪多余的量。

25. 用大头针沿着侧缝线和内袖缝，将前、后衣片固定在一起。

26. 把衣身插角区域的缝份折向反面，将腋下插角片固定在衣片上。尽管大头针可以起到固定作用，但外观效果较差。最好用手针进行粗缝，可以达到更好的效果（图8-49）。

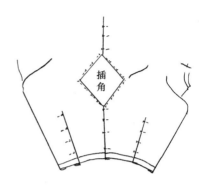

图8-49　步骤B23～26

27. 用大头针固定外袖缝和衣身的其他部位。

28. 将衣身重新穿到人台上，检查其合体度，根据需要进行调整。

29. 参见完成样板（图8-50）。

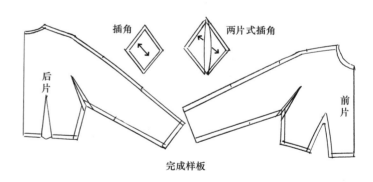

图8-50

变体插角袖

分体插角

插角可以沿纵向中心线分成两片，这种结构更有利于达到袖子的合体度。将三角形插片分别与前、后衣片缝合后，再沿侧缝线将衣片缝合在一起，衣身与袖子就形成了一个完整的结构。

1. 沿着纵向中心线把整块插角面料剪成两片三角形。
2. 沿中心线去掉一定的量，并加放缝份（图8-51）。

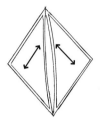

图8-51　步骤1~2

3. 将两片插角分别与前、后衣身的腋下线粗缝在一起。
4. 用大头针固定或用手针粗缝侧缝线（图8-52）。

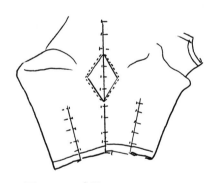

图8-52　步骤3~4

插角三片袖

制作肩线圆顺的正装通常采用两片式夹克袖，这时的插角就变成了袖子的整个腋下袖片。

1. 当立裁夹克的步骤进行到第7步时（参照本书第200~202页），我们会用两片式夹克袖（参照本书第206~211页）作为袖子上下两部分的基础型。
2. 平面裁剪出袖子，并标记出插角的位置，制作方法请参照本章第150页的立裁步骤B8~13。
3. 将后肩线和袖片复制到前衣片上。后肩部位要留出一定的松量。在肩端点和肘线中

点位置分别作十字标记。

4. 在腕线上，距内袖缝2.5~3.8cm（1~1$\frac{1}{2}$ in）的位置作十字标记。
5. 用直线连接腕线十字标记和插角的剪口顶点（图8-53）。

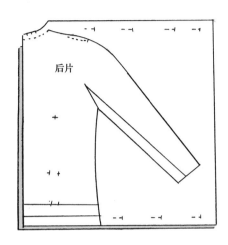

图8-53　步骤5

6. 沿着直纱向将一张61cm×25cm（24in×10in）的纸对折。
7. 将对折后的纸放在袖子部位，使对折线与内袖缝对齐，然后将袖下的分割线复制到纸上，并将此线延长至插角的顶点位置（图8-54）。

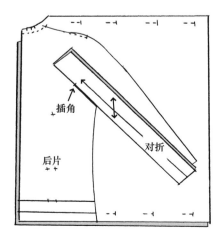

图8-54　步骤6~7

8. 将纸从插角的顶点位置进行折叠，用直线连接此点和侧缝线顶点（图8-55）。

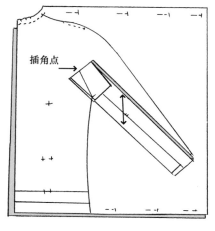

图8-55 步骤8

图8-56 步骤9

标记点，后衣片上有两个标记点）。纸片部分设置为斜纱（图8-56）。

10. 将纸样复制到坯布上，给上、下袖片分别加放缝份，清剪多余的量。

11. 参见完成样板（图8-57）。

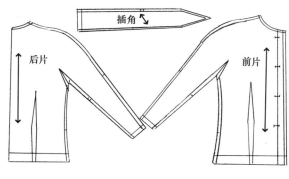

图8-57

9. 将纸上作好标记一面上的所有线条复制到纸的另一面上，清剪多余的量。在袖子的上半部分（坯布）和下半部分（纸）的肘线位置分别作十字标记（前衣片上有一个

插角袖的缝制技巧

先将插角缝到衣片上，再缝合肩线。缝制插角的步骤如下：

1. 为使插角部位的剪开线更加牢固，要在剪口的边缘提前缝一周以进行加固，在剪开线的顶点位置采用垂直针迹（图8-58）。

2. 在顶点位置打剪口。

3. 缝侧缝和内袖缝时，劈烫缝份（图8-59）。

4. 将衣片与插角片的正面相对，然后从衣身打剪口的顶点位置开始，用大头针将插角片固定在衣片剪口位置，并用手针进行粗缝固定（图8-60）。

5. 再次从打剪口的顶点位置开始单独缝制插角片的每一条边，最终将插角片和衣身缝合在一起（图8-61）。

6. 如果插角片分为两片，在缝合内袖缝之前应先将插角片缝合（图8-62）。

7. 在衣身的正面沿着插角边缘再车缝一道明线进行加固。

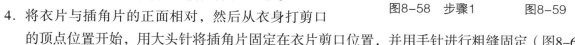

图8-58 步骤1　　　　图8-59 步骤3

图8-60 步骤4

图8-61 步骤5

图8-62 步骤6

第九章
连衣裙

连衣裙是女装中最受欢迎的款式之一。它上下一体，腰部不受约束，穿着舒适，活动自如，能够掩饰不太理想的身材。连衣裙永远不会退出流行。通过立体裁剪能够制作出多种造型变化，包括紧身型、半合体型、直线型和向外展开的连衣裙造型。通过扎系腰带也可以得到合体的收腰效果。立体裁剪宽松直筒连衣裙的基本操作手法，同样适用于制作衣长及臀的合体上衣。罩衫、女式衬衫、束腰宽松连衣裙等同样也可以运用连衣裙的立体裁剪手法来制作（图9-1）。

图9-1

直筒连衣裙

A. 准备坯布

1. 在人台上，用标记胶带在腰围线向下18cm（7in）的位置贴出臀围线。

2. 撕布——前片和后片
   a. 布长——连衣裙的最终衣长加上10cm（4in），再加上底边折边的宽度。
   b. 布宽——测量出人台最宽位置的宽度（胸围线或者臀围线），再增加15cm（6in）。

3. 在距左、右布边各约2.5cm（1in）的位置，分别画出前中心线和后中心线。

4. 沿前中心线从坯布上边缘向下量取 10cm（4in），标记出领口线的位置。

5. 将前片放置在人台上，沿前中心线在前颈中心点和胸部位置扎针固定。

6. 沿胸围线将面料抚平至BP点（胸高点），标记出BP点并扎针固定。

7. 使面料自然下垂，从BP点沿直纱向下找到臀围线位置，并作标记（图9-2）。

8. 将前片从人台上取下，沿横纱向画出胸围线和臀围线。从BP点沿直纱向下画一条纵向辅助线。在公主片的中心位置再画一条纵向辅助线，如图9-3所示。

9. 在后片上，与前片同一水平位置，画出臀围线。

10. 将后片坯布放置到人台上，在臀围线与后中心线的交点扎针固定，找到肩胛骨水平线的位置，然后将坯布向上抚平至领口位置，并扎针固定，在后中心线处标记肩胛骨水平线（图9-4）。

11. 将后片从人台上取下，沿横纱向画出肩胛骨水平线，经过测量标出臂盘的位置，方法与后片基础腰部原型相同。

12. 从肩胛骨水平线位置向臀围线画一条纵向辅助线，距臂盘3.2cm（$1\frac{1}{4}$in），方法与后片基础腰部原型相同（图9-5）。

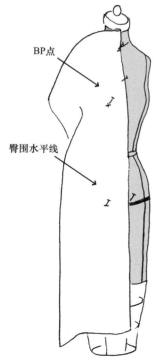

图9-2　步骤A5～7　　　　图9-3　步骤A8

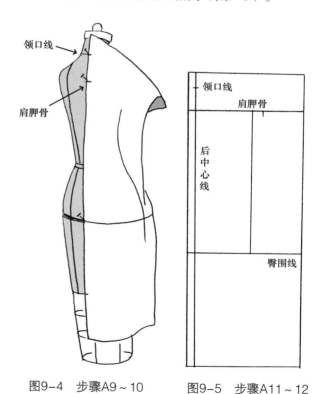

图9-4　步骤A9～10　　　　图9-5　步骤A11～12

B. 立裁步骤——前片

1. 将前片放置到人台上，沿前中心线在前颈中心点和胸部位置扎针固定。

2. 在BP点扎针固定。

3. 使BP点以下坯布自然下垂，沿臀围线，在公主线和前中心线位置扎针固定。确保坯布上的臀围线与人台上的臀围线对齐。

4. 确保留出足够的松量[在臀围处至少要有1cm（3/8in）的松量]，在胸围线和臀围线的侧缝处扎针固定。

5. 根据设计立裁领口线。

6. 使胸围线以上合体，可以借助各种省道（参见本书"省道的转移"，第29~34页）。

7. 参照基础腰部原型的方法，标记领口线、肩线、袖窿弧线和省道。在侧缝线上的臂盘和臀围线位置作十字标记（图9-6）。

8. 将前片从人台上取下，参照基础腰部原型的方法，校正领口线、肩线、袖窿弧线和省道。连接侧缝处的两个十字标记，并从臀围线的十字标记垂直向下画一条辅助线至前片底边。

9. 留出缝份，沿领口、肩部以及袖窿清剪多余的量。

10. 将前片重新放置到人台上，并向后折，在侧缝处扎针固定，留出多余的布为立裁后片做准备（图9-7）。

C. 立裁步骤——后片

1. 将后片放置到人台上，沿后中心线在后颈点、肩胛骨水平线和臀围线位置扎针固定。

2. 沿臀围线将坯布抚平，留出一定的松量，保证后片上的臀围线与人台上的臀围标记带一致。在臀围线上的侧缝线和纵向的纱向线处扎针固定。

3. 将后片向上提，使直纱保持垂直。在肩胛骨处留出适当的松量，沿着肩胛骨水平线扎针固定。在制作直筒连衣裙时，肩胛骨水平线在接近袖窿弧时会稍微上抬，这样能使衣身显得更加圆润立体。

4. 保证后片直纱垂直，用针将前、后侧缝固定在一起，一针扎在臂盘位置，另一针扎在臀围线位置。

5. 立裁领口线和肩部。领口线或者肩省应该比合体腰线原型的更深更长。

6. 标记领口线、肩线和袖窿弧线（图9-8）。

7. 将衣身从人台上取下，保持侧缝固定在一起。

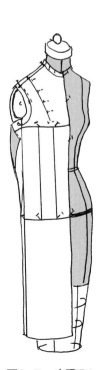

图9-6　步骤B1~7　　　图9-7　步骤B8~10

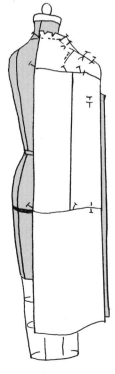

图9-8　步骤C1~6

8. 将前片侧缝线复制到后片上。如果设计的是装袖，需要将袖窿底点下落，并在侧缝处为袖窿加放一定的松量。从加放松量后的袖窿底点画新的侧缝线，圆顺至臀围线处。可以借助测臂尺进行绘制。

9. 留出缝份，清剪多余的量。在腰围线和臀围线的缝份上打剪口。

10. 校正领口线、肩线和袖窿弧线。留出缝份，清剪多余的量（图9-9）。

11. 将前、后衣片固定在一起，重新穿到人台上，检查其合体度，并画出底边线。

紧身连衣裙

合体度高的连衣裙叫做紧身连衣裙。紧身连衣裙的衣长若短至臀围线，就变成了长上衣。这两种款式的立裁方法相同（图9-10）。

A．准备坯布

与直筒连衣裙相同（前片和后片的立裁步骤同前，至步骤C6）。

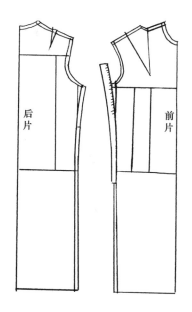

图9-9　步骤C8~10

图9-10

B.立裁侧缝线

1. 参照直筒连衣裙的立裁方法，用大头针将前、后衣片在侧缝线处固定在一起。

2. 将侧缝的腰围线处收进，腰部会出现一个斜拉的拉力。为了保持面料纱线的平直，必须在腰部增加省道，注意保证腰省的省中线沿直纱方向。腰部的省量和侧缝的收进量根据连衣裙的造型不同可以进行改变。紧身连衣裙的前、后片都需要省道。虽然人台上有明确的腰围线，但真实的人体上并不存在这样一条确定的线。所以，一件穿着舒适的连衣裙应该在腰围线处留出足够的松量。紧身连衣裙的臀围线会比人台上的臀围线略高（图9-11）。

3. 校正省道，如图9-12所示。

4. 用大头针固定省道之前，先在侧缝的腰围线处打剪口。

5. 沿侧缝线，在腰部曲线位置的缝份上打剪口。

图9-13

A型连衣裙

A型连衣裙是下摆侧缝线稍向外展开的连衣裙造型（图9-13）。

A. 准备坯布

与直筒连衣裙相同（前片和后片的立裁步骤同前，至步骤C6）。

B. 立裁侧缝线

1. 参照直筒连衣裙的立裁方法，用大头针将前、后衣片在侧缝线处固定在一起。

2. 根据想要的造型，用大头针固定腰围的侧缝线，如果腰部出现了斜向的拉力，必须在腰部增加省道以保证面料纱线平直。

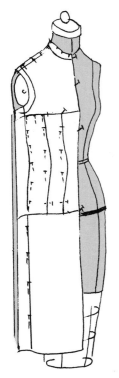 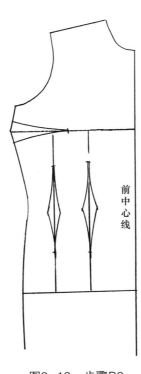

图9-11　步骤B1～2　　　图9-12　步骤B3

3. 将膝盖水平位置的侧缝线向外增加7.6cm（3in）（图9-14）。

4. 用柔和的曲线绘制出腋下至臀围线的侧缝线。由于是装袖，需要加放一定的松量。

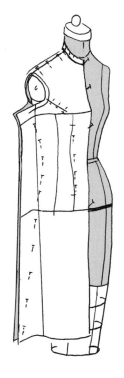

图9-14　步骤B1~3

法式省连衣裙

法式省连衣裙，是通过一条从BP点斜向延伸至侧缝线的略弯曲的省道进行造型的连衣裙。这种结构可以最少的接缝达到腰部合体、下摆外展的造型（图9-15）。

A. 准备坯布

与直筒连衣裙相同。

B. 立裁步骤——前片

1. 沿前中心线，在前颈中心点和胸部位置扎针固定。

2. 在BP点位置扎针固定。

3. 使坯布从BP点以下自然下垂，沿臀围线，在公主线和前中心线位置扎针固定。保证坯布上的臀围线与人台上的臀围线对齐。

4. 在臀围线留出足够的松量，至少要有1cm（3/8in）。

5. 将胸部的坯布沿横纱向抚平至袖窿位置并扎针固定。

6. 立裁领口线造型、肩线和袖窿弧线。

图9-15

7. 使多余的坯布落向臀围线，形成从BP点延伸至侧缝线的斜褶（图9-16）。

位置分别作十字标记（图9-18）。

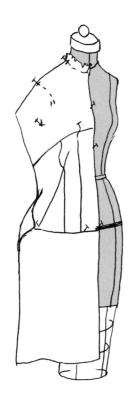

图9-16　步骤B3～7

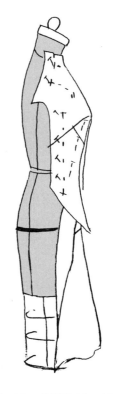

图9-18　步骤B10～12

8. 沿斜褶的中心线从侧缝剪开直至距BP点5cm（2in）的位置。

9. 制作省道，方法与制作法式省相同。如果髋骨处要呈喇叭型向外展开，则在固定省道之前，需要将剪口以下的坯布向下落（图9-17）。

10. 依据大头针的位置标记出省道线。

11. 用圆点标记出臀围线以上的侧缝线。

12. 在侧缝线与臂盘对应交点的位置、与法式省交点的位置和底边

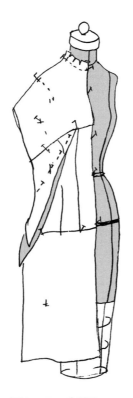

图9-17　步骤B8～9

13. 将前片从人台上取下，校正领口线、肩线和袖窿弧线。校正省道线并用大头针固定。

14. 将前片重新放置到人台上，为立裁后片做准备。

C. 立裁步骤——后片

　　后片和侧缝线的立裁方法与A型连衣裙相同（参见本章第158页）。

图9-19

帐篷式连衣裙

帐篷式连衣裙是从袖窿处向外展开的连衣裙造型。可以从BP点、后领口线或者肩线加放展开量来增加摆量（图9-19）。

A. 准备坯布

与基础连衣裙原型相同，但前、后片的宽度取决于设计所需的底摆宽度。

B. 立裁步骤

1. 与基础连衣裙原型立裁步骤相同，至步骤C6（参见本章第155~156页）。

2. 制作较为简单的帐篷式连衣裙时，只要在下摆处增加所需求的展开量即可[膝盖水平位置最多展开13cm（5in）]，并用直线连接袖窿底点和底边线（图9-20）。

3. 如果需要更大的摆量，可以在前、后袖窿位置增加展开量。立裁袖窿时，在袖窿弧线下方的三等分点的缝份上打剪口，拉开剪口，使下方衣片形成一定的褶量，方法与立裁喇叭裙相同（参见本书第81~83页）。接下来立裁侧缝线，根据设计在侧缝线处增加合适的摆量（图9-21）。

4. 如果还需要加更大的摆量，可以将肩省转移至BP点下方并展开。

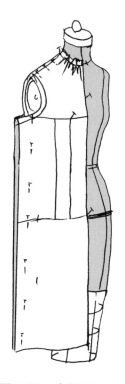

图9-20　步骤B1~2

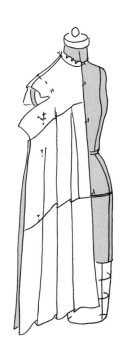

图9-21　步骤B3

图9-22

斜裁吊带连衣裙

与普通连衣裙相比，斜纱连衣裙的着装效果更优雅合体。吊带连衣裙是利用细肩带使连衣裙悬挂在人体上的一种款式，通常没有省道。传统的吊带连衣裙可以通过胸部下面的水平破缝线达到合体效果，也有的吊带连衣裙在侧缝进行造型从而达到合体的效果。吊带连衣裙的裙长可以多样，从超短到长的优雅晚礼服都适用（图9-22）。

A. 准备立裁面料

一件斜裁服装的立裁方法和外观效果受面料特性的影响非常大。由于面料的纺织和纱线各不相同，造成不同面料的弹性等性能有所差异，因此，立裁时最好选用与最终成衣相同或性能相似的面料。使用直纱进行立裁时，可以利用布边作为服装的一侧边缘，只需要立裁另一侧即可；而使用斜纱进行立裁时，服装的两侧边缘都需要立裁。斜裁吊带连衣裙时，前、后衣片的面料宽度必须足以制作左、右两侧衣片。

1. 裁剪两块正方形面料，宽度与面料幅宽相同。斜裁全身长的吊带连衣裙时，通常使用幅宽为152cm（60in）的面料就足够了。当面料不够宽时，可以使用另一块面料，沿直纱边缘向外将正方形补全（图9-23）。

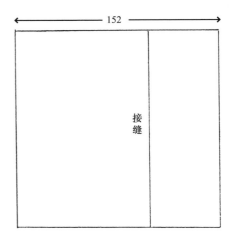

接缝

图9-23   步骤A1

2. 在每块正方形的面料上画出正斜纱向线，作为前中心线和后中心线（图9-24）。

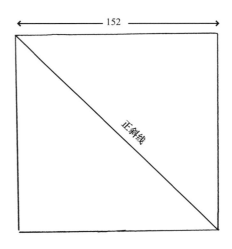

正斜线

图9-24   步骤A2

B. 立裁步骤

1. 用标记胶带在人台上粘贴出领围线及其他
   需要的辅助线。如果制作胸下无破缝的吊
   带连衣裙可直接进行步骤B3。

2. 如果有胸下破缝线，则应立裁出胸衣部
   分，而且可借助省道、抽褶或者压褶达到
   合体造型。胸衣前片使用直纱，如图9-25
   所示。

图9-26　步骤B3~4

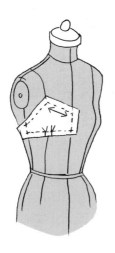

图9-25　步骤B2

3. 留下足够多的面料作为缝份，将衣片放置到
   人台上，用大头针沿前中心线，在前颈中心
   点处或胸下破缝线对应位置扎针固定。

4. 将面料抚平至侧缝，立裁前片的两边并且
   保持连衣裙的前中心线与人台前中心线对
   齐。在立裁的过程中，必须沿直纱或横纱
   向将面料抚顺，防止任何拉伸或变形。可
   以通过制作省道来达到合体效果，但省道
   必须沿直纱向做。吊带连衣裙一般不带拉
   链，因此腰围线必须有足够的松量（图
   9-26、图9-27）。

5. 立裁后片，方法与前片相同。

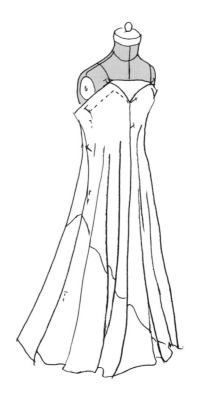

图9-27　步骤B3~4

6. 轻轻地将侧缝别在一起，注意保持纱线平直。根据设计，立裁所有的造型线（图9-28）。

后，将样衣穿到人台上，进行最终调整。参见最后完成的样板（图9-29）。

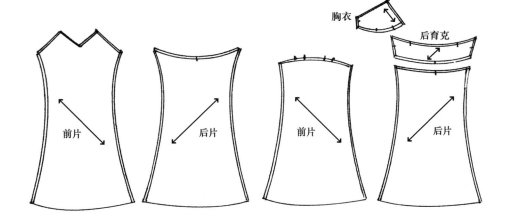

图9-29

图9-28　步骤B6

7. 仅标记连衣裙的一侧。

8. 将衣片从人台上取下，保持侧缝固定在一起的状态。

9. 用曲线尺和直尺校正侧缝线，将前片侧缝线复制到后片上。留出至少2.5cm（约1in）的缝份，剪掉多余的量。

10. 将前、后衣片分开，校正所有的造型线。

11. 沿中心线将衣片对折并用大头针固定，沿直纱或横纱向将衣片抚平，防止面料拉伸和变形。将所有线条复制到另一侧。

12. 用大头针将衣片组装固定在一起，并将样衣悬挂至少24小时。待衣片发生拉伸变形

罩衫

　　罩衫是在连衣裙基础上增加额外的松量制作的。这些松量可以通过肩部育克结构实现。如果前片育克较宽，通常会由两片构成。与经典衬衫结构相同，肩部育克取代了肩线结构（图9-30）。育克的立裁方法参见第六章中"衣身育克"和"衬衫育克"的内容（本书第112～114页）。

图9-30

罩衫的衣身

A. 准备坯布

　　与基础连衣裙原型相同，但前、后衣片宽度分别增加25cm（10in）。

B. 立裁步骤

　　立裁前，可以根据需要进行大致的压褶和定位。

　　1. 将前片放置到人台上，沿前中心线，在前颈中心点和胸部位置扎针固定。

2. 在BP点扎针固定。

3. 使BP点以下的坯布自然下垂，沿着臀围线，在公主线和前中心线位置扎针固定。保证坯布上的臀围线与人台的臀围线对齐。

4. 如果要在育克处做抽褶或褶裥，需要另外使用一块坯布放到人台上进行制作，并保证臀围线位置是直纱（图9-31）。

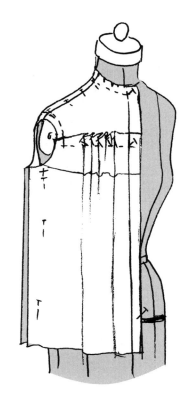

图9-31　步骤B1～4

5. 标记出育克线、塔克褶、普利特褶或缩褶及袖窿弧线。

6. 立裁后片，方法与前片相同。

7. 用大头针固定侧缝线并作标记。侧缝一般为直纱，但根据设计也可以从腋下向外展开。

8. 将衣片从人台上取下，校正所有的缝线。

9. 留出缝份，清剪多余的量。

10. 将衣身重新穿到人台上，检查其合体度，根据需要进行调整。

图9-32

图9-33

女式衬衫

女式衬衫可作为单品，也可作为套装的一部分，它的立裁遵循基础直筒连衣裙或罩衫的手法。标准的女式衬衫衣长为腰围线以下18cm（7in）。为了保证松量在腰围线周围的均匀分配，在腰臀之间可能需要作塔克省，如图9-32所示。

夹克式女衬衫

夹克式女衬衫是帐篷式衬衫或罩衫的变形，上身宽大垂至腰部或臀部，下身与裙子组合（图9-33）。

要达到这种效果，必须使裙子独立固定在腰部。当夹克式衬衫垂至腰部时，裙子的臀围线以上部分必须合体或腰部采用橡筋带；当夹克式衬衫垂至臀围线时，则需要内置背心作为基础以固定衣身下垂的松量。

为了保持夹克式衬衫柔软的宽松效果，一般不在后衣身或侧缝处安装全长的拉链，而是改用纽扣或按扣，但可以在裙子部分使用拉链进行开合（参见本书第232～234页）。

第十章
公主线连衣裙

公主线连衣裙❶是通过破缝结构达到合体效果的。公主线从肩部一直延伸至底边，能够创造出各种廓型变化。一般来说，公主线连衣裙衣身较为合体，而下裙则呈喇叭状向外展开。当然，也能够变化出细长型或宽大的帐篷型款式。公主线可以开始于胸围线以上任何一点，经过距胸高点约2.5cm（1in）之内的位置，然后向下延伸至底边（图10-1）。

公主线结构适用于所有服装种类，包括便装、泳装、礼服裙和童装等。在夹克和外套中，公主线结构是最基本的款式结构线。但这种正装的立裁方法与本章介绍的较为柔和的公主线服装的立裁方法有所不同。正装的立裁方法将在第十二章中介绍。

图10-1

❶ 此款的公主线造型，在中国被称为刀背缝结构。——译者注

A. 准备坯布

1. 根据设计，用标记胶带在人台上粘贴出前后公主线。

2. 在腰围线向下18cm（7in）的位置，粘贴出臀围线（图10-2）。

图10-2 步骤A1～2

3. 撕布——前、后片

    a. 布长——10cm（4in）+衣长+底边折边宽度。

    b. 布宽——前中心片和后中心片为25cm（10in），前侧片和后侧片为40cm（16in）。这个宽度适合中等展开的公主线连衣裙。对于摆量很大的连衣裙来说，面料必须再加宽。

4. 分别画出前中心线和后中心线。

5. 在前侧片和后侧片上分别画出中心垂直线。

6. 在前中心线上，从坯布上边缘向下量取10cm（4in），标记出领围线位置。

7. 将前片放置到人台上，沿前中心线，在前颈中心点和胸部位置扎针固定。

8. 将坯布沿胸部水平抚平至BP点，并扎针固定。

9. 使坯布自然下垂，从BP点沿直纱向下找到臀围线位置，并作标记。

10. 将前片从人台上取下，画出臀围水平线。

11. 根据前片臀围水平线的位置，在所有衣片上画出臀围线（图10-3）。

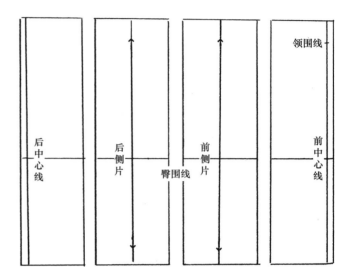

图10-3 步骤A4～11

B. 立裁步骤

1. 将前片放置到人台上，在前颈中心点、胸部和臀围线位置分别扎针固定。

2. 保持横纱水平，将胸部面料抚平至公主线位置并扎针固定。

3. 立裁领口线造型。

4. 在肩部扎针固定。

5. 标记出领口线、肩线和袖窿弧线，如果前中片延伸到这个区域，则应在前片上画出BP点以上的公主线造型（图10-4）。

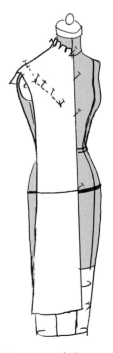

图10-4 步骤B1～5

6. 将前片从人台上取下，校正领口线、肩线和BP点以上的公主线。

7. 从BP点向下作一条垂直线至坯布底边。

8. 留出缝份，清剪领口线、肩线以及BP点以上的公主线处多余的量。打剪切口至BP点，如图10-5所示。

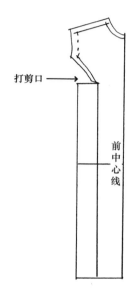

图10-5　步骤B6～8

9. 将前片重新放置到人台上，沿前中心线和BP点以上的公主线扎针固定。

10. 将BP点以下的公主线以外的坯布向前中心线方向折叠，如图10-6所示。

11. 将侧片放置在人台上，使臀围线保持在同一水平线上。确保纵向纱线在坯布片的中心且垂直于地面。

12. 沿着臀围线别大头针，预留出必要的松量。

13. 沿着公主线的中心向上轻抚，并沿着直纱向别大头针以及在胸围线处别大头针固定。

14. 在前中心片上抚顺坯布，拓描公主线且用大头针固定。

15. 留下足够的松量，在臀围线以及胸围线的侧缝处别大头针固定。

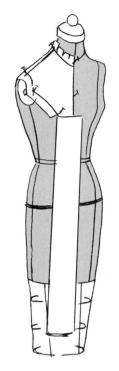

图10-6　步骤B9～10

16. 将前侧片放置到人台上，拓描出公主线。

17. 在前片和前侧片上，用十字标记出BP点以及BP点以上5cm（2in）的位置。

18. 如果前侧片延伸至肩部，则标记出肩线和袖窿弧线。

19. 在侧缝线与臂盘的交点和与臀围线的交点位置分别作十字标记（图10-7）。

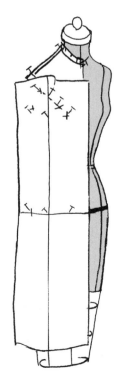

图10-7　步骤B11～19

20. 将前侧片从人台上取下，校正肩线和BP点以上的公主线。

21. 用直线连接侧缝线上的两个十字标记，并从臀围线的十字标记向下作垂直线至坯布底边。

22. 同步骤B7～8一样，从BP点向下作垂直线至坯布底边，并横打剪口至BP点（图10-8）。

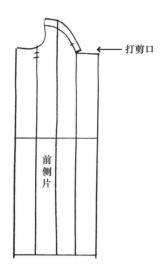

图10-8　步骤B21～22

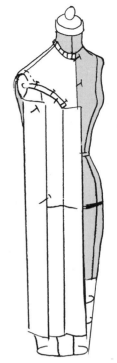

图10-9　步骤B23

23. 将前侧片重新放置到人台上，用大头针将前侧片的公主线固定在前片上。将肩部的大头针扎入人台，并将侧缝线以外的坯布向回折叠，如图10-9所示。

24. 将后片放置到人台上，沿臀围线扎针固定。

25. 将后片垂直向上拉，并在后中心线的肩胛骨水平线处及后颈中心点位置扎针固定。

26. 立裁领口线造型，并在肩部扎针固定。如果公主线延伸至肩线，则不需要肩省；如果公主线起始于袖窿或更低位置，则需要领口省或肩省，以保证纱向平直。

27. 立裁肩线并用大头针固定，注意留出一定的松量。

28. 标记领口线、肩线和袖窿弧线，并标记出公主线至标记胶带的末端。

29. 在标记胶带末端作十字标记（图10-10）。

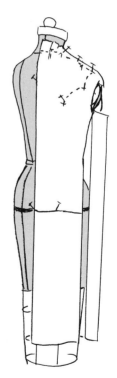

图10-10　步骤B24～29

30. 将后片取下进行校正，再重新放置到人台上，方法与前片相同。

31. 将后侧片放置到人台上，并沿臀围线扎针固定，方法与前侧片相同。

32. 将坯布向上拉直至肩胛骨位置扎针固定。

33. 留出足够的松量，抚平并沿公主线，将后侧片固定在后片上。

34. 在臀围线和袖窿底点位置将前、后侧缝线固定在一起。为了防止后袖窿存有多余的松量，可以根据需要在袖窿区域打剪口。臀围线以上的侧缝线区域纱线可能并不完全平直（图10-11）。

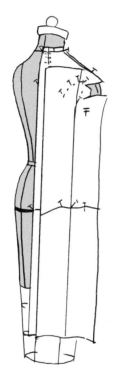

图10-11　步骤B31~34

35. 在后侧片上作标记并进行校正，方法与前侧片相同。

36. 将所有衣片放置到人台上，胸高点以下坯布会自然向外展开，沿着臀围线将衣片固定在一起，注意针尖向下别。

37. 将胸围线以下的公主线和侧缝线固定。根据设计，塑造腰部曲线和裙摆造型。注意保证臀围线以下所有缝线的纱线平直。用大头针将所有衣片的缝线对应固定在一起，注意保持同步，以保证合体度均匀平衡。对于窄腰身的连衣裙,可以在前侧片和后侧片的腰围线区域增加省以帮助造型。

38. 在前公主线的BP点向下5cm（2in）处作十字标记。在后公主线现有的十字标记向下7.6cm（3in）处作十字标记（图10-12）。

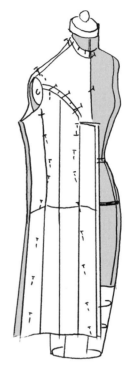

图10-12　步骤B37~38

39. 将公主线连衣裙从人台上取下，保持缝线固定状态。根据大头针的位置，标记、校正并拓描所有缝线。腰围线以下，根据臀部的曲线描至臀围裙摆的外扩点，从外扩点（或外扩点以上）至底边的侧缝线可能需要借助直尺进行绘制。在裙子部位增加十字对位标记。如果设计的是装袖，则需要降低袖窿，并在侧缝的袖窿底点加放松量。

40. 沿侧缝线和公主线加放缝份，并清剪多余的量。在弧线区域给缝份打剪口。将公主线固定在一起，保证十字标记对齐。

41. 校正前、后袖窿弧线。如果公主线起始于袖窿部位，则需要将公主线固定在一起后，再校正袖窿弧线。

42. 用大头针将侧缝线和肩线固定。

43. 将公主线连衣裙重新穿到人台上，检查其合体度，并标记出裙摆造型。

44. 参见最终完成样板（图10-13）。

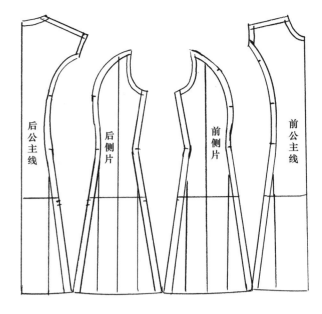

图10-13

公主线的缝制技巧

公主线弧线部分的缝合需要独特的缝制技巧。不仅缝线要形成弧线形以塑造身体曲线，侧片的胸部公主线与前片缝合时，还需要加放一定的松量。由于侧片的公主线需要更多的造型量，所以通常比前片的公主线更长。

1. 在侧片的公主线上均匀加放吃势量（图10-14）。

2. 将侧片搭在前片上，用大头针固定公主线，保证对位点对齐，吃势量大小合适且分布均匀。

3. 用手针粗缝或车缝公主线，从起点开始至底边结束。

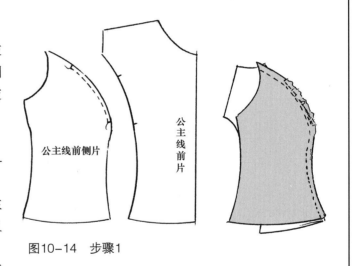

图10-14　步骤1

第十一章
运动服和休闲服

时至今日，大部分服装产品的设计、生产和穿着都趋向于运动化和休闲化。运动休闲类服装的款式相对简单，穿着方便舒适，拥有广泛的消费群。因此，世界各地都在大规模地生产这类服装。运动休闲类服装除了包括休闲服和运动服之外，还包括简单的睡衣和居家服装（图11-1）。

运动休闲类服装有各种档次，从平价的邮购和超市，到价格不菲的设计师品牌、高档商场以及专卖店，运动休闲服装无所不在。同时，运动休闲服装的消费群体非常庞大。无论男女老少，几乎所有人在日常生活中的大部分时间和场合，都穿着运动休闲类服装。

运动休闲服装虽然变化多样，但是其设计和生产环节却大同小异。几乎所有服装公司的所有部门，都会在销售季的前几个月提前开始设计研发。通常，为了建立起新一季产品线的整体设计概念，公司副总裁或设计总监都会召集设计师和销售人员开会。在会上，设计师们会向设计总监和销售人员提出自己对新一季产品的想法。大家集思广益，讨论并解决一些普遍存在的问题，考虑各种可能的因

图11-1

素，然后集体决定下一季产品大致的色彩和廓型。产品目标消费群的年龄和性格、产品所在零售店的地理位置及其价位等因素都要考虑周到。同时，对上一季产品的销售情况进行回顾和总结也必不可少。公司会总结分析上一季所有货品中最畅销的款式，以及平均零售价位下最畅销的款式，这将对新一季的产品线的成型产生重大影响。

大型服装公司通常会按规格、价位、面料或服装种类的不同，分成若干个部门。设计师只为自己所在的部门工作。首先，设计师会根据公司确定的新一季产品颜色来搜集合适的面料，然后设计出完整系列的服装以及与其搭配的饰品，并绘制成草图。这样提供整体的搭配方案，可以使消费者更容易接受完整的着装效果，同时也利于商品的组合销售。设计初期，设计师可能会在纸上或电脑上大致地画出草稿，但最终，每件服装的款式都必须在电脑上精确地绘制出来。

接下来，要为众多的款式建立基础原型。制作新的基础原型通常是直接采用棉坯布或成衣面料，在合适体型的人台上进行立体裁剪。这样做可以使设计师直观地知道预留出多少松量才可以得到设计所期望的造型。如果只在电脑上进行平面制板，设计师只能对各个部位的放松量进行估测，因此制作出的样衣可能需要经过多次试穿和修改才能最终得到理想的效果。目前，很多计算机公司都在致力于开发一种软件，这种软件能够将计算机中绘制的平面样板图直接转换成相对应的立体服装造型，并可以让虚拟的3D模特试穿。届时，这种先进的3D虚拟转换技术很可能会代替传统的立体裁剪，但在此之前，立裁仍然是制作服装基础原型最有效的方法。

基础原型立裁完成后，如果模特试衣效果令人满意，则可以将得到的样板数字化并输入计算机。这时就可以直接在计算机上运用计算机平面制板技术，以基础原型为基础，为其他各种款式的服装进行款式拓展的制板工作了。

在一些比较高端的服装公司中，样衣间（缝制样衣的地方）属于公司设计部门的一部分。而在其他服装公司里，则把样衣缝制的工序放在生产最终成衣的工厂里。如果样衣在工厂中进行缝制，设计师会为每件样衣准备一份电子说明书。在说明书中记录有样衣的板型、面料、尺寸规格等详细信息。公司通常会提供统一的样衣明细表格来供设计师填写（图11-2）。这已成为服装业的惯例，不管成衣工厂地处世界何地，样衣的说明书都要如影随形，以解决样衣缝制过程中可能发生的异议。

工厂做完样衣或基础原型后会将其发回公司本部给模特再次试装，让设计师和销售人员检查样衣是否合身和美观。如果还需要调整，公司会把基础原型和需要修改的详细说明再发回工厂，整个过程循环往复，直到样衣效果达到满意为止。如果公司同时与两个工厂合作，则会达到两倍的效率。公司可以把基础原型交给两家工厂分别制作样衣，择优录用。

最后，随着样衣的一件件完成，整个产品线也逐渐成型并向零售商出售，这时就可以根据订货情况进行批量化生产了。一件服装从纸面上的设计草图到货架上真实的商品，整个过程都被计算机简化成一份详细的说明书。设计师已经将纸样输入计算机并存进公司数据库。下一步就是用计算机进行推板，然后结合面料的宽度、纸样的纱向设计以及绒毛面料和单向图案织物的特点，决定一种最经济合理的排板布局。

本章主要介绍服装产业中，运动休闲类服装的各种基础原型的立裁方法。

国家_____

	规格	S	M	L			款式 #:		重量 / 打:
A	衣长						原型 #:		日期:
B	1/2 胸围［袖窿下约 2.5cm（约 1in）］						参考 #:		工厂:
C	肩宽						面料:		
D	袖长						机器:		
E	袖长（从后中心线量起）						建议		
F	袖窿深								
G	插肩袖（从后中心线量起）								
H	袖肥［袖窿下约 2.5cm（1in）］								
I	袖口								
J	袖克夫宽								
K	下摆								
L	下摆克夫宽								
M	领宽						A. 缝到缝　　　B. 水平宽度		
N	前领深								
O	后领深								
P	领边								
Q	前门襟长 / 宽								
R	纽扣规格								
S	后领高								
T	领面宽								
U	口袋宽 / 深								
V	口袋位置	A. 距顶端垂直距离			B. 距前中心线水平距离					
W	垫肩长 × 宽								
X	垫肩位置						边对边		
Y	领口扩张量						周长至少 61cm（24in）		

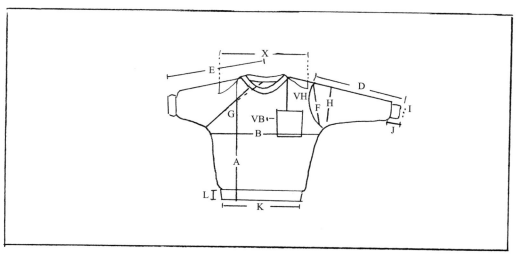

图 11-2　说明书

送达：＿＿＿＿＿ 规格：＿＿＿＿＿

款号：＿＿＿＿＿＿＿＿＿＿＿＿＿＿＿＿＿＿＿＿＿＿＿　　　说明书日期：＿＿＿＿＿＿＿＿＿＿＿＿＿
描述：＿＿＿＿＿＿＿＿＿＿＿＿＿＿＿＿＿＿＿＿＿＿＿　　　说明书日期：＿＿＿＿＿＿＿＿＿＿＿＿＿
＿＿＿＿＿＿＿＿＿＿＿＿＿＿＿＿＿＿＿＿＿＿＿＿＿＿　　　说明书日期：＿＿＿＿＿＿＿＿＿＿＿＿＿
＿＿＿＿＿＿＿＿＿＿＿＿＿＿＿＿＿＿＿＿＿＿＿＿＿＿　　　说明书日期：＿＿＿＿＿＿＿＿＿＿＿＿＿
＿＿＿＿＿＿＿＿＿＿＿＿＿＿＿＿＿＿＿＿＿＿＿＿＿＿　　　说明书日期：＿＿＿＿＿＿＿＿＿＿＿＿＿

离岸价格：＿＿＿＿＿＿＿　卸货口岸：＿＿＿＿＿＿＿＿　零售价格：＿＿＿＿＿＿＿＿＿＿＿＿
面料：＿＿＿
国家：＿＿＿＿＿＿＿＿＿　工　厂：＿＿＿＿＿＿＿＿　部　门：＿＿＿＿＿＿＿＿＿＿＿＿
批准日期：＿＿＿＿＿＿＿＿＿＿＿＿＿＿＿　装饰：YES □　　　　NO □

规格					
A. 裙长					
B. 松腰围					
C. 紧腰围					
D. 臀围［腰围线向下 7.6cm（3in）］					
E. 臀围［腰围线向下 17.8cm（7in）］					
F. 底边折边宽					
G. 底边宽					
H. 腰头宽					
I.					
J. 襻带					
K. 口袋位置					
L. 袋宽					
M. 袋深					
N.					
O.					

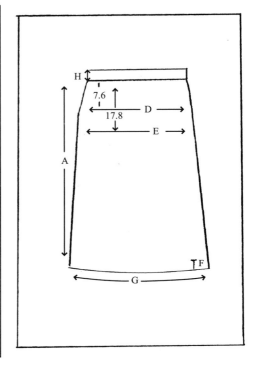

（2）

送达：_____　规格：_____

款号：	说明书日期：
描述：	说明书日期：
	说明书日期：
	说明书日期：
	说明书日期：

离岸价格：_____	卸货口岸：_____	零售价格：_____
面料：		
国家：_____	工　厂：_____	部　门：_____
批准日期：_____		装饰：YES □　　　NO □

规格	S		M		L
A. 松腰围					
B. 紧腰围					
C. 腰头宽					
D. 横裆					
E. 膝围线〔裆下 35.5cm（14in）〕					
F. 前裆弧线					
G. 后裆弧线					
H. 外侧缝					
I. 内侧缝					
J. 裤口宽					
K. 裤口边宽					
L. 臀围〔腰围线向下 17.8cm（7in）〕					
M. 裆上〔10cm（4in）〕					
N. 臀围〔腰围线向下 7.6cm（3in）〕					
O. 商标位置					
P. 裤口宽〔裤口底边向上 5cm（2in）〕					
Q.					
R. 口袋位置					
S. 袋宽					
T. 袋高					
U.					
V.					

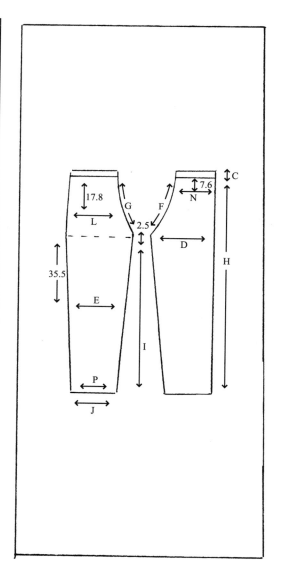

（3）

图 11-2　说明书

图11-3

休闲落肩夹克

　　外套的款式非常丰富。例如，休闲夹克、风雨衣、运动服等。这些宽松的休闲上衣基本都是由休闲落肩夹克的基础原版型发展而来的。这类外套非常实用，它们可以很轻松地套在其他衣服的外面，却仍然具有充分的运动空间。同时，其制作工艺也十分简单，不用省道就可以制作完成。立裁出落肩夹克的基础原型后，将纸样输入电脑，就可以在此基础上通过平面制板的方法绘制出各种其他款式的纸样了（图11-3）。

A．准备坯布
1．撕布——前衣片和后衣片
　　a．布长——86cm（34in）
　　b．布宽——沿人台最宽部位量出围度（可能在胸围线或臀围线位置），再增加20cm（8in）。

2．在坯布上画出前中心线和后中心线。
　　a．前衣片——前中心线距纵向布边5cm（2in）。
　　b．后衣片——后中心线距纵向布边2.5cm（约1in）。

3．沿前中心线，从坯布上边缘向下量取10cm（4in）作十字标记。

4．将前衣片放置在人台上，沿前中心线，在前颈中心点和胸部位置扎针固定。

5．将坯布水平抚平至BP点，作标记并扎针固定。

6．让坯布自然下垂，从BP点沿直纱向下找到臀围线位置并作标记（图11-4）。

7．从人台上取下前衣片。绘制出胸围线和臀围线。然后，分别过BP点和公主片中点向下作纵向辅助线（图11-5）。

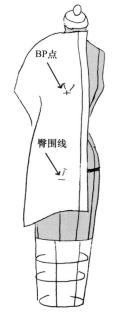

图11-4　步骤A1~6

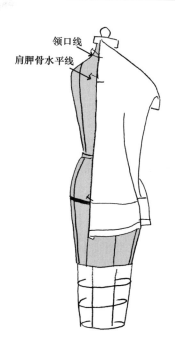

图11-6　步骤A8~10

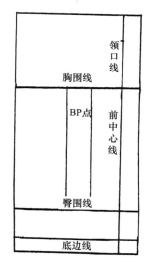

图11-5　步骤A7

线。测量并在水平线上标记出臂盘位置。

12. 沿肩胛骨水平线，从臂盘位置向后中心线方向量取3.2cm（$1\frac{1}{4}$in），并向下作垂直辅助线直至臀围线（图11-7）。

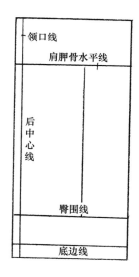

图11-7　步骤A12

8. 在后衣片上，在与前衣片相对应的水平位置画出臀围线。

9. 在前、后两衣片上，距坯布底边3.8cm（$1\frac{1}{2}$in）处作水平辅助线，作为夹克底边线。

10. 将后衣片放置到人台上，在后中心线与臀围线的交点处扎针固定。沿后中心线垂直向上抚平至后颈中心点并扎针固定。在后中心线上标记出肩胛骨水平线位置（图11-6）。

11. 从人台上取下后衣片，画出肩胛骨水平

B. 立裁步骤

立裁宽松夹克时，通常需要在人台的肩上加装一个与领口相连的棉质肩垫。然后，用标记胶带在肩垫上贴出肩线和袖窿标记线。

1. 将前衣片放置到人台上，沿前中心线，在前颈中心点和胸部位置扎针固定。

2. 用大头针标记出BP点。

3. 在BP点以下，让坯布自然下垂。在公主线和前中心线与臀围线的交点位置扎针固定，并确保坯布上的臀围线与人台上的臀围标记线位置相吻合。

4. 在臀围处留出适当的松量［不少于1cm（$\frac{3}{8}$ in）］，然后将侧缝线上的臀围线位置固定。

5. 沿领围线打剪口，并标记出领口线，加放0.6cm（$\frac{1}{4}$in）的松量，使其平均分布在领口弧线上。（这里的松量用以抵消一般纸样中的一部分肩省量。）

6. 保持横纱向的水平状态，将胸部的坯布抚平至肩部，将胸部多余的量集中到袖窿处，用大头针将这些量固定在臂盘轴心的水平位置，作为省道保留。

7. 主控针，即在胸围线和臀围线上，可以起到控制松量作用的大头针。

8. 在侧缝线与袖窿弧线和臀围线的交点位置分别扎针固定，并作十字标记。

9. 标记出肩线并延长［延长3.8~10.2cm（$1\frac{1}{2}$~4in）］。

10. 下落袖窿底点［7.6~11.4cm（3~$4\frac{1}{2}$ in）］。在侧缝线上标记出下落后的袖窿底点（图11-8）。

11. 取下肩部和侧缝线上的大头针，但保留主控针。

12. 后衣片立裁步骤同本书第156页步骤C1~4。

13. 在领口处加放一定松量，以抵消肩部或领部的省量。将剩余的

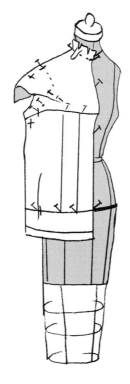

图11-8　步骤B1~10

所有松量转移至袖窿做成省道，标记并用大头针固定。

14. 在侧缝线与胸围线的交点处扎针固定。将前、后两衣片固定在一起，并在前、后衣片上标记出大头针所在位置。

15. 将新袖窿底点以下的前、后侧缝线固定在一起，并加放一定的松量［至少3.8cm（$1\frac{1}{2}$ in）］。取下胸围处的大头针，让坯布自然下垂，至此便可得到理想中的廓型。

16. 将前、后肩线固定在一起，并适当延长。

17. 标记后领口线，在肩线与领口线的交点处作十字标记，在肩线与袖窿线的交点处作十字标记。在后衣片标记出胸围线的水平位置（图11-9）。

18. 从人台上取下坯布，将前、后衣片分开摆放（图11-10）。

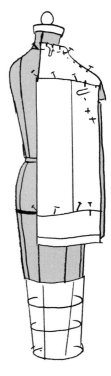

图11-9　步骤B11~17

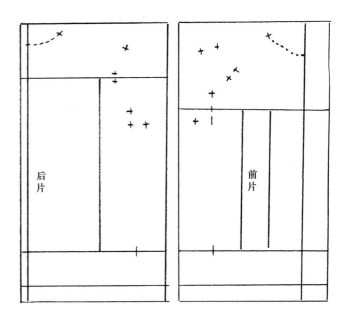

图11-10　步骤B18

19. 校正——前衣片和后衣片

　　a. 沿袖窿弧线向上将肩端点抬高1.3cm（$\frac{1}{2}$in）。用直线连接新肩端点和侧颈点。留出缝份，清剪多余的坯布。

　　b. 从胸围线与侧缝线交点的十字标记向下作垂直线，至新的袖窿底点的水平线为止，再从此点开始向新的侧缝线作水平线，最后从与新侧缝线的交点向下作垂直线至夹克底边。

20. 后衣片

　　a. 计算出前、后袖窿弧线松量之差。

例如：

前袖窿弧线松量：2.5cm（约1in）

后袖窿弧线松量：1cm（$\frac{3}{8}$in）

前后差量=2.5（约1in）-1cm（$\frac{3}{8}$in）=1.5cm（$\frac{5}{8}$in）

　　b. 根据计算出的松量差，从下落后的袖窿底点向外标记出新的袖窿底点。

　　c. 直线连接新的袖窿底点和底边的侧缝标记，作为新的侧缝线（图11-11）。

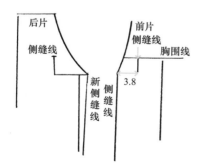

图11-11　步骤B20a～c

21. 袖窿弧线

　　a. 用曲线尺将前、后袖窿弧线画圆顺（图11-12）。

　　b. 对合前、后肩线，用大头针固定。用曲线尺，将前、后袖窿弧线连接圆顺（图11-13）。

22. 校正领口弧线。将后领口弧线与后中心线的交点下落0.6cm（$\frac{1}{4}$in），前领口弧线

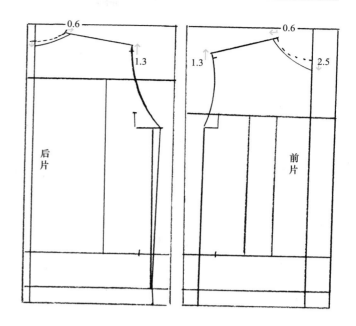

图11-12　步骤B19～21a

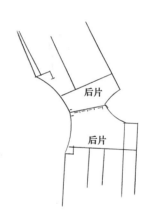

图11-13　步骤B21-22

与前中心线的交点下落约2.5cm（1in），前、后领口弧线与肩线的交点（侧颈点）沿肩线外扩0.6cm（$\frac{1}{4}$in）。圆顺连接新的前、后领口弧线。

23. 留出缝份，然后清剪侧缝和袖窿部位多余的坯布。

注意： 由于样衣或原型通常是交给工厂制作完成的，因此为了满足机器缝制的需要，缝份尺寸必须非常准确。本章所述类型的服装，缝份最大不超过1.3cm（$\frac{1}{2}$in），通常情况下取1cm（$\frac{3}{8}$in）较为合适。

落肩夹克袖

　　休闲落肩夹克的袖子与衣身连接平顺，剪裁宽松，为运动和多层穿衣提供了足够的空间。同时，由于制作此类服装的面料通常都较为厚重，因此，这种宽松实用的板型是十分重要的。

休闲落肩夹克袖长规格表

规格	6	8	10	12
内袖长（cm）	43cm（$16\frac{7}{8}$in）	44cm（$17\frac{1}{4}$in）	44.8cm（$17\frac{5}{8}$in）	45.7cm（18in）
袖山高（cm）	15.5cm（$6\frac{1}{8}$in）	15.9cm（$6\frac{1}{4}$in）	16.2cm（$6\frac{3}{8}$in）	16.5cm（$6\frac{1}{2}$in）

A. 落肩夹克袖的制作

1. 取一张63.5cm×63.5cm（25in×25in）的正方形大纸，在中央画一条垂直线，作为袖中线。
2. 作两条水平线与袖中线相交，分别作为袖肥线和腕围线。
3. 用袖山高减去肩部下垂量（即肩线延长量），得到新的袖山高。

　　例如：正常袖山高应为15.9cm（$6\frac{1}{4}$in），而肩线延长量为6.4cm（$2\frac{1}{2}$in），那么制图时的袖山高则不能超过9.5cm（$3\frac{3}{4}$in），但可以适当减少，因为这样可以为手臂的上抬和运动提供更大的空间。

4. 从袖中线和袖肥线的交点，向上量取步骤A3所算出的新的袖山高，用约2.5cm（1in）的短横线标记出袖山顶点位置。
5. 分别测量出前、后袖窿弧线的长度，后袖窿弧线通常比前袖窿弧线长。将前后袖窿弧线的长度分别减去1.3cm（$\frac{1}{2}$in）。
6. 从2.5cm（约1in）的短横线左端点向袖肥线作一条斜线，使其长度等于后袖窿弧线−1.3cm（$\frac{1}{2}$in），即得到后袖山斜线；采用同样方法作出前袖山斜线。
7. 从袖山斜线与袖肥线的交点向下作垂直线至腕围线。
8. 夹克袖腕围约26.7cm（$10\frac{1}{2}$in），测量两条垂直线间的距离，然后算出这个距离与腕

围之差。从垂直线与腕围线的交点分别向里量出差值的$\frac{1}{2}$，作为腕宽点。

9. 用曲线尺尾端连接腕宽点和袖山斜线与袖肥线的交点。弧线中央略向里凹（图11-14）。

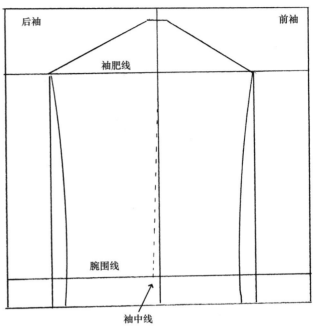

图11-14　步骤A1~9

10. 作袖山弧线
　　a. 用曲线尺，以前、后袖山斜线为参照作出圆顺的袖山弧线，如图11-15所示。前袖山弧线应略向下凹，形似汤勺，后袖山弧线则不用下凹。
　　b. 作十字标记。在前袖山弧线上，距袖肥线7.6cm（3in）处作一个十字标记；在后袖山弧线上，距袖肥线7.6cm（3in）处作两个十字标记，间隔1.3cm（$\frac{1}{2}$in）（图11-15）。

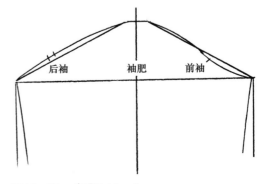

图11-15　步骤A10a~b

11. 将袖子纸样剪下来，转移到坯布上。

12. 在坯布上留出缝份，剪出袖子的形状。

13. 缝合衣片，按休闲服的缝合要点缝制：

    a. 缝合肩线。

    b. 将袖子与衣身缝合，注意线对线、点对点。

    c. 缝合衣身侧缝线以及袖子的内缝线（从腋下至腕围线）。

    d. 包边。

14. 将样衣穿到人台或真人模特身上。

15. 参见最后完成样板（图11-16）。

针织面料的运用

　　针织面料柔软舒适有弹性，是制作休闲运动服的首选面料。无论是简单的T恤，还是昂贵的毛衣；无论是裤袜、睡衣，还是飘逸的裙子；无论是耐穿的双面针织服装，还是温暖的羊毛外套，针织面料都普遍受到设计师和消费者的青睐。针织面料的成分可以是棉、麻、丝、毛或任何其他化学纤维，也可以由多种成分混纺而成。弹性纤维经常被添加到针织面料中，用以提高面料的弹性和形状记忆能力。

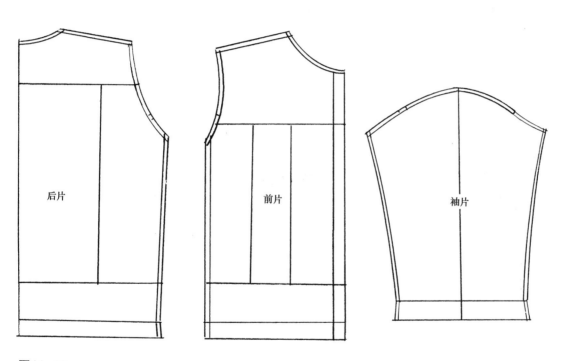

图11-16

针织服装按制作方法不同主要分为两种。第一种是裁片缝合服装，就像制作机织面料服装那样，按照纸样将衣片从针织面料上剪裁下来，然后缝制成型。

第二种是全成形服装。市场上价格较贵的毛衣基本上都是采用全成形法制作而成的。这种类型的服装每片衣片都是由机器直接针织成形。计算机会计算出每片衣片的针数，并控制机器精确地织出衣片的形状。计算机还可以选择不同的针法，包括平针、罗纹、绳纹、菱纹等各种新奇的针法。五花八门的选择让设计师能够创造出各种纹理。衣片织好之后，用名为"缝合机"的专用机器将衣片缝合起来。当然，设计师必须预先绘制出衣片的纸样并输入到计算机中，计算机才能完成这些工作。

大部分针织休闲服单品都被设计成传统的样式。上衣包括基本套头衫、长毛衣、羊毛开衫、运动衫、背心、针织两件套（由外面一件羊毛开衫里面搭配一件短袖套头毛衣组成，图11-17）。下装则包括紧身裤、短裤、睡裤、运动裤及其变化款式。这些传统的款式也会随着季节和流行的变化而变化，时而宽松时而紧身。

立体裁剪是塑造基础人体体型最简单的制板方法。设计师用针织面料在人台上直接进行立体裁剪，通过对轮廓和合身度进行细微的调整，可以得到准确的服装外观造型。基本造型的样衣制作完成之后给真人模特试穿并进行修改和完善，最后得到的样板就可以输入计算机了。这样一来，整个产品线的其他款式都可以以基本型为基础，直接在计算机上进行制板了。

V领套头衫

插肩袖针织衫

V领开衫

长款开衫

短袖针织衫

图11-17　针织衫基本款式

图11-18

针织上衣基础原型

　　这里介绍的是T恤、POLO衫、紧身衣、女背心的制板基础原型（图11-18）。

A．准备面料

　　根据成衣的制衣面料选择平纹或罗纹针织面料。使用有横纹的面料，有助于看出面料的纱向。

1. 裁剪前、后衣片（2片）。

　　a. 布长——人台颈部上边缘至臀围线的距离加13cm（5in）。

　　b. 布宽——前臀围围度（侧缝至侧缝）加20cm（8in）。

2. 将前、后衣片分别沿着直纱对折，并沿对折线粗缝（图11-19）。

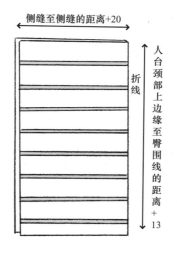

图11-19　步骤A1~2

3. 在前衣片上画出前中心线，并沿前中心线从上边缘向下量取10cm（4in），作为领口线位置。

4. 沿后中心线从上边缘向下量取7.6cm（3in），作为后领口与后中心线的交点。

B. 立裁步骤

1. 将对折后的前衣片，沿前中心线固定在人台上，注意腰围线和胸围线处不要有松量。

2. 将面料沿胸围线和臀围线抚平，注意保证纱向平直，在侧缝处固定。

3. 在前颈中心点向上2.5cm（约1in）处，水平向里剪2.5cm（约1in），再垂直向上剪到布边，如此剪掉一个矩形。

4. 抚平胸部面料，用大头针别出前领口弧线并沿领口打剪口，使领口贴合人体，注意保持纱向平直。

5. 袖窿处的堆积量会在BP点附近消失，将这些量汇集起来形成一个省道，注意这个省量不能大于1.9cm（$\frac{3}{4}$in）。为了塑造饱满的胸部造型，可以将胸省分成2～3个小省来处理。

6. 为了使样衣更合身，沿腰围线将面料轻轻压在人台上，用大头针固定。

7. 用大头针沿侧缝固定。

8. 如果腰部仍然有松量，可以在腰围线上用大头针做一个腰省。

9. 用划粉或大头针标记出前身轮廓线。

   a. 将前颈中心点下落1.3cm（$\frac{1}{2}$in）。

   b. 测量出人台袖窿深（从肩部边缘垂直向下穿过臂盘至侧缝顶端的距离），参照下表所示下落袖窿深（图11-20）。

针织上衣基础原型袖窿深规格表

规格	6/XS	8/S	10/M	12/L
袖窿深（cm）	14cm（$5\frac{1}{2}$in）	14.3cm（$5\frac{5}{8}$in）	14.6cm（$5\frac{3}{4}$in）	14.9cm（$5\frac{7}{8}$in）

10. 立裁后衣片，方法与前衣片相似，但后衣片无省。

11. 沿侧缝，将前、后两衣片固定在一起，标记出后身轮廓线（图11-21）。

12. 把衣片从人台上取下来，标记出侧缝线和

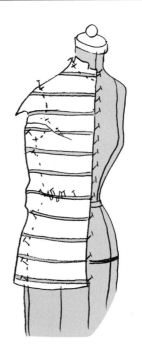

图11-20　步骤B1～9

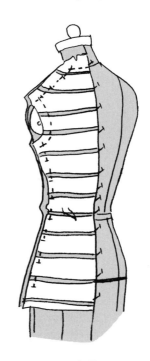

图11-21　步骤B10～11

肩线后，将前、后两衣片分开。

13. 将前、后衣片分别制复到在打板纸上。

   a. 用大头针将前衣片省道固定住不要放开。

   b. 将衣片在纸上轻轻铺平，并用大头针固定，注意保持纱线平直。

c. 如果衣身是合体造型，则沿衣片上的侧缝线直接复制即可；如果衣身是直筒造型，可直接用尺子连接袖窿底点和臀围线作为侧缝线即可。

d. 校正衣身，忽略省道。

e. 在样板周围加放1.3cm（$\frac{1}{2}$in）缝份（图11-22）。

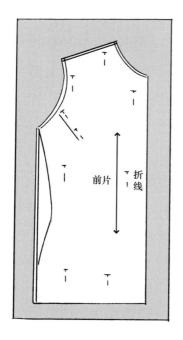

图11-22　步骤B13a-e

f. 检查肩线，注意后肩线应该比前肩线长0.6cm（$\frac{1}{4}$in）。

14. 参照样板，用制衣面料进行复制，裁剪出衣片，并在人台上检查其合体度。合体造型和直身造型都需要检查。

15. 还可以在其上设计各种装饰结构线：

a. 如果是公主线造型，则按人台上的公主线在衣片上画出公主线即可。

b. 如果是马甲，则将肩带止口设置在沿公主线从肩线向下11.4~13cm（$4\frac{1}{2}$~5in）的位置，然后设计并画出上胸围造型线。

c. 如果是无肩带上衣，则把上胸围造型线设置在沿公主线从肩线向下15~18cm

（6~7in）处。

d. 如果是露脐装，则将下胸围造型线设在沿公主线从肩线向下33cm（13in）处。

e. 底边设在沿公主线从腰围线向下23cm（9in）处（图11-23）。

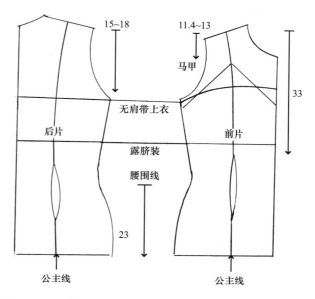

图11-23　步骤B15a-e

注意：样衣的衣长取决于服装的款式。

针织上衣袖子的制作方法

针织上衣袖子的袖山较为平缓，与袖窿对接时几乎没有松量。

针织上衣袖子的规格表

规格	6/XS	8/S	10/M	12/L
袖长（cm）	58.4（23in）	59.7cm（23$\frac{1}{2}$in）	61cm（24in）	62.2cm（24$\frac{1}{2}$in）
袖肥围（cm）	35cm（14in）	36.8cm（14$\frac{1}{2}$in）	38.1cm（15in）	39.4cm（15$\frac{1}{2}$in）

1. 取一张大的打板纸并对折。

2. 在对折线上，量取合适的袖长并作标记。

3. 向对折线作两条垂直线，分别表示腕围线和袖山顶点。

4. 从袖山顶点沿对折线向下11.4cm（$4\frac{1}{2}$in）的位置作垂直水平线，作为袖肥线。

5. 作标记

    a. 在袖山顶点作1.3cm（$\frac{1}{2}$in）长的标记线。

    b. 袖肥线长度为袖肥围度的$\frac{1}{2}$。

    c. 腕围线长度为7.6cm（3in）。

6. 连接腕围线和袖肥线，作为袖缝线。

7. 在袖缝线中心点向上约2.5cm（1in）的位置向对折线作垂直线，作为肘线（图11-24）。

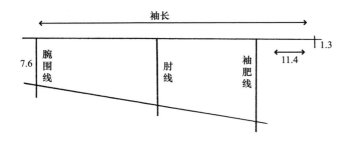

图11-24　步骤1~7

8. 作袖山弧线

    a. 以袖肥线与对折线的交点为起点，作45°角的斜线，长度为袖山高（图11-25）。

    b. 以45°斜线终点为参照点，用曲线尺作出袖山弧线（图11-26）。

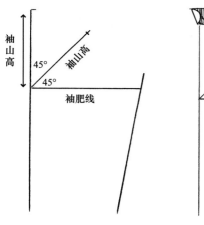

图11-25　步骤8a

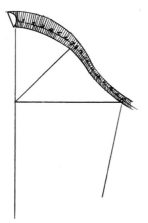

图11-26　步骤8b

9. 袖长可以根据款式的不同而变化。短袖一般取7.6cm（3in）（不包括袖山高），T恤袖一般取15cm（6in）（不包括袖山高）。

注意短袖的袖缝线一般与面料直纱平行（图11-27）。

10. 参见最终完成样板（图11-28）。

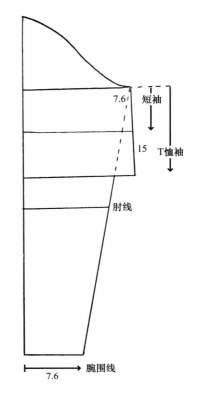

图11-27　步骤9

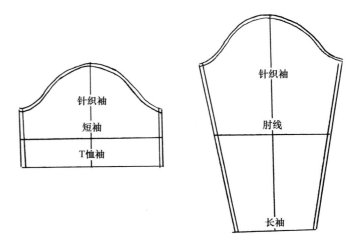

图11-28

紧身连衣裤的制作方法

　　不管是运动时还是跳舞时穿的紧身连衣裤，都是以针织上衣基本型为基础制作的。为运动或舞蹈设计的紧身连衣裤，裆部通常无开口。而设计为紧身上衣的连衣裤则在裆部有开口，且通常采用四合扣结构的设计。当衣身部分的制板完成后，最好先在纸上画出裤子部分的草图。

1. 在人台上，用卷尺测量腿部，从前中心线与臀围线的交点开始，穿过裆部，至后中心线与臀围线的交点之间的距离。

2. 在一张大的打板纸上，画一条长的水平线，作为前中心线和后中心线。

3. 在水平线中部截取步骤1中测量出的距离（裆长），并标记出来。

4. 在这段距离（裆长）的两个端点作两条垂直线作为前、后臀围线。

5. 将针织上衣原型纸样放在纸上，使前衣片和后衣片的臀围线分别与步骤4中所作的前、后臀围线重合。

6. 将前、后衣片纸样复制到纸上。

7. 裆部制板

　　a. 从前中心线开始，沿臀围线向后量取 5cm（2in），作3.8cm（$1\frac{1}{2}$in）长的垂直线。

　　b. 继续向后量取9cm（$3\frac{1}{2}$in），作10.8cm（$4\frac{1}{4}$in）长的垂直线，作为后裆位置。

　　c. 将这条线和后臀围线与侧缝线的交点相连，作为一条参照线。在这条参照线的中心点向外0.6cm（$\frac{1}{4}$in）处作标记点。用测臀尺过标记点作平缓的弧线，作为后裤腿的开口曲线（图11-29）。

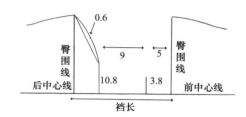

图11-29　步骤2~7c

　　d. 用法式曲线尺画出圆顺的曲线，连接裆长中心点、3.8cm（$1\frac{1}{2}$in）的垂直线和前臀围线中心点，作为前裤腿的开口曲线（图11-30）。

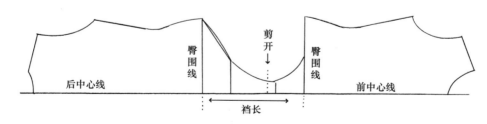

图11-30　步骤7d

e. 用圆顺的曲线将前、后裤腿开口连接
　　起来。

f. 作出裆部开口。从3.8cm（$1\frac{1}{2}$in）参照

　　线向后量取1.9cm（$\frac{3}{4}$in），在这一点作

　　垂直线并剪开。后片则在此点向前延伸

　　1.3cm（$\frac{1}{2}$in）作为搭叠量。裆下开口通

　　常用四合扣连接。

8. 留出缝份，剪下纸样，粗缝衣片。在人台腿
   部或真人模特身上试穿，并进行校正。

9. 参见最终完成样板（图11–31）。

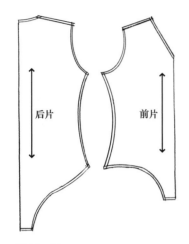

图11–31

针织裤的基础原型

　　针织裤基础原型适用于紧身裤、短裤、睡裤、
运动裤和其他种类，针织裤从结构上可分为有侧缝
和无侧缝两种（图11–32）。

有侧缝针织裤基础原型

A．准备面料

1. 裁剪出前、后两片
   a. 布长——从腰围线至脚踝的距离加7.6cm
      （3in）。
   b. 布宽
      （1）前片——沿臀围线测量出从前中
      　　心线至侧缝线的距离，并加15cm
      　　（6in）。
      （2）后片——沿臀围线测量出从后中心线
      　　至侧缝线的距离，并加20cm（8in）。

图11–32

2. 在前片上，距右侧布边10cm（4in）处粗缝
   一条垂直线作为前中心线。

3. 在后片上，距左侧布边15cm（6in）处粗缝
   一条垂直线作为后中心线。

4. 沿前中心线，从面料上边缘向下5cm（2in）
   处，标记出腰围线位置。

5. 从腰围线位置继续向下18cm（7in）处，标
   记出臀围线位置。

6. 在人台腿部，用直角尺量出上裆长。将直
   角尺的短边置于两腿之间的大腿根部，长
   边与前中心线重合，把腰围线位置所对应

   的尺寸减去3.2cm（$1\frac{1}{4}$in），即为上裆长。

   针织裤，特别是较为合体的针织裤，在此
   处不需要加松量。但较宽松的睡裤或居家
   服，则可以适当加放一些松量。

7. 分别在前片和后片上，从腰围线向下量取
   上裆长，并画出横裆线（图11–33）。

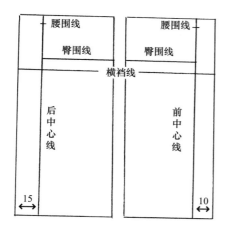

图11-33　步骤A2~7

8. 在后中心线上，标记出腰围线至横裆线的中心点。

9. 从后中心线与腰围线的交点，水平向右量取约2.5cm（1in）。用斜线，将这个点与步骤A8中标记的中心点相连。

10. 从后中心线与横裆线的交点，向左上方作5cm（2in）长的45°角斜线。

11. 用法式曲线尺，通过步骤A10中5cm（2in）长斜线的终点，将横裆线与步骤A9所作的斜线圆顺地连接起来（图11-34），作为后裆弯弧线。

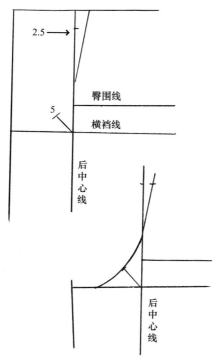

图11-34　步骤A8~11

12. 从前中心线与横裆线的交点，向右上方作3.8cm（$1\frac{1}{2}$in）长的45°角斜线。

13. 用法式曲线尺，通过步骤A12中3.8cm（$1\frac{1}{2}$in）长斜线的终点，将横裆线与前中心线连接起来（图11-35），作为前裆弯弧线。

14. 留出缝份，沿前裆弧线减去多余的面料。

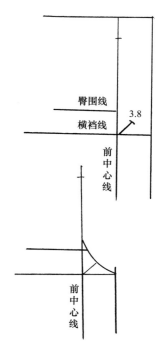

图11-35　步骤A12~13

B. 立裁步骤

1. 将前片固定在人台上,在腰围线和臀围线与前中心线的交点位置分别用大头针固定,并固定前裆弯弧线。

2. 将后片固定在人台上,在腰围线和臀围线与后中心线的交点位置分别用大头针固定,并固定后裆弯弧线。

3. 沿臀围线，分别将前片和后片抚平。然后用大头针沿侧缝线将两片固定在一起，下裆缝重合。

4. 用大头针固定腰围线。

　a. 如果针织裤的腰部是有弹性的或使用橡筋带，则应从臀围线向上将面料抚平，让余量平均分布在腰围线上，然后用大头针固定。

　b. 如果要求针织裤腰部没有褶皱，则需要加装腰头及拉链开口。沿人台公主线，从臀围线向上将面料抚平，并在腰围线处固定。将腰部松量分别收进侧缝线、前中心线和后中心线中。

5. 将前、后两片沿侧缝线固定在一起，下裆缝重合，固定时注意塑造出所设计的裤腿

造型。如果裤腿造型呈明显的锥型或十分
紧身，裆底十字交叉部分则需要下落一定
的量，以保证穿着的舒适度和外观的平整
性（图11-36）。

6. 参见最终完成样板（图11-37）。

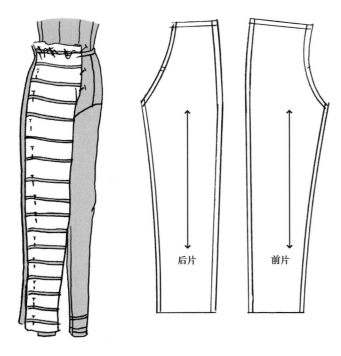

图11-36　步骤B1-5　　　图11-37

无侧缝针织裤基础原型

宽松裤或弹性面料制作的紧身裤可以被设计为
无侧缝的款式。通常，没有侧缝的裤子的腰部是有
弹性的。

A．准备面料

1. 估算前中心至后中心的围度，注意考虑宽
   松裤型的松量或紧身裤所使用的面料的伸
   缩量。

2. 裁剪面料
   a. 布宽——步骤A1中的估算值加30cm
      （12in）。
   b. 布长——腰围线至脚踝的垂直距离加
      7.6cm（3in）。

3. 将面料沿直纱对折，沿对折线粗缝，用以
   标记出侧缝的位置。

4. 沿侧缝线，从面料上边缘向下5cm（2in）处
   标记出腰围线的位置。

5. 从腰围线向下量取18cm（7in）并标记出臀
   围线，再向下量取横裆线位置，对臀围线
   和横裆线进行粗缝标记（图11-38）。

6. 分别画出前裆弯弧线和后裆弯弧线（具体
   方法参照本章第191页步骤A8~13）（图
   11-39）。

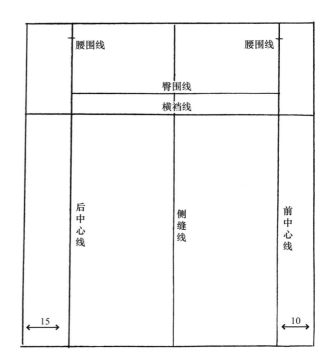

图11-38　步骤A1~5

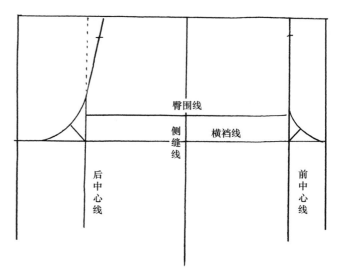

图11-39　步骤A6

B．立裁步骤

1．从腰围线开始，沿侧缝线向下，用大头针将裤片固定在人台腿部，直至踝部为止。

2．从侧缝开始，将面料分别向前中心线和后中心线抚平（宽松裤型可留出一定的松量）。用大头针，分别在前、后中心线与腰围线的交点处，将面料固定，并保证横纱平直。

3．将前裆弯弧线和后裆弯弧线固定在人台上。若是宽松裤型，可留出一定的松量，而紧身裤型则不需要有松量（图11-40）。

4．根据设计画出裤腿的形状。

5．将裤片从人台上取下，确定轮廓线，留出缝份。

6．参见最终完成样板（图11-41）。

图11-40　步骤B1~3

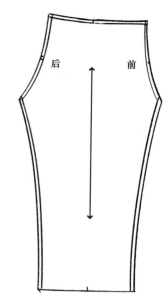

图11-41

图11-42

泳装

　　泳装的设计和生产在全年都会进行。这归功于热带度假热潮以及室内游泳场的普及。除了一些专门的泳装生产厂家处，许多运动品牌也都有泳装部门。

　　泳装的设计必须适合各个消费群体。任何年龄和体型的女性都需要泳装，因此，泳装在设计时必须能够适应各种体型和比例的女性穿着。跟基本款服装一样，泳装由几个支撑点构成。胸罩必须具有功能性，使用柔软又较硬挺的材料塑型而成。另外，泳装一般采用弹性面料，以适应不同的体型。

　　泳装有几种常见的款式（图11-42）。其中最受欢迎的是基本的连衣泳装。分体式的比基尼比较适合晒日光浴。带有垂褶袖和荷叶边短裙的泳衣套装比较适合身材不太理想的女性。设计细节通常在连衣泳装上进行立裁。泳衣套装根据设计的不同，

有时也可以使用紧身上衣的原型板（参见本书第48~52页）。

　　泳装可以有肩部设计，或使用各种宽度的肩带，也可以不使用肩带。如果是无肩带款式，则胸部上边缘必须牢固而有弹性，可以直接使用紧身衣原型进行立裁。泳装的腿部开口可以高至臀部，也可以低至任何保守的位置。

　　分体式泳衣可以被设计成经典比基尼、高裤脚比基尼或更大胆的皮带或细绳比基尼。最近，20世纪50年代的比基尼款式开始复兴。这种款式的下面配一条高腰裤，甚至还装饰有荷叶边裙摆。另外，女式短裤搭配紧身衣也是比基尼的一种。

　　一般来说，面料的选择是泳装设计中最重要的环节。面料的图案——几何图形、条纹、花朵或单色——通常是一件普通连衣泳装或比基尼的唯一特征。除了面料图案之外，面料的成分必须准确说

明。泳装是人们游泳时穿着的，因此穿着时应该没有束缚感，泳装在包裹身体的同时，也应更有利于运动。泳装所使用的面料纤维必须能够抵御阳光、盐和氯。锦纶和弹性纤维的混纺面料具有这些功能性，因此经常被用于泳装的制作。这种面料强韧、耐磨、轻质、柔软且光滑，可以经受反复拉伸并还原。面料中弹性纤维和锦纶含量的比例不同，面料的延展性能也会随之改变。

　　泳装的衬里应该同外部面料一样，具有延展性并能一起活动。因此，通常选用牢固的锦纶经编织物与弹性纤维的混纺面料。许多泳装整个前身和裆部都有衬里，只有背部除外。胸罩通常内置于衬里中。简单的胸罩可能仅仅是将里料塑性后，用弹力线缝在胸罩下半部。另有一种较为有支撑力的胸罩，是将胸垫塑型后，通过小开口插入衬里中制成的。制作胸垫的衬垫可以直接从缝纫品供应商那里获得。裤子部分的衬里，可以单独裁剪，也可以由衣身部分的衬里延伸下来。

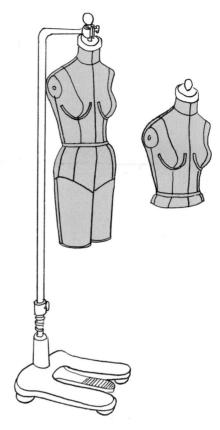

图11-43

泳装的立体裁剪

　　泳装样板是在泳装人台上立裁的，也可以用通用人台，但必须有清晰的胸部和臀部轮廓（图11-43）。在泳装人台上立裁泳装基础原型时，可以使用针织上衣基础原型（参见本章第185～187页）和紧身连衣裤（参见第189～190页）的立裁方法。立裁时，先用标记胶带在人台上粘贴出所期望的领口弧线、裤脚线以及袖窿弧线的形状。由于面料的延展性决定了样板的造型，所以最好采用实际的制衣面料进行立裁。使用胸垫时，胸部的面料必须放松，避免压迫胸垫造型（图11-44、图11-45）。

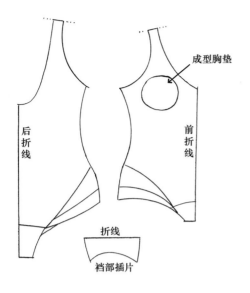

图11-44   一片式泳装

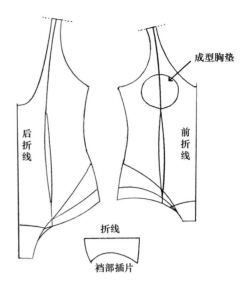

图11-45   公主线泳装

泳装缝制中的注意事项

泳装需要专用机器进行专业缝制。

1. 所有的缝线都要用锁边机进行缝纫，这样锁好后才能随着面料的伸缩而伸展还原。

2. 包边采用几种不同的方法。将橡筋带与面料边缘包缝在一起后，折到内缝里，再用可伸展的Z形锁针、链缝或盖缝等方式缝合。其他部分可采用双层织物内嵌橡筋带，或外部装饰橡筋带（图11-46）等方式。

Z形锁针

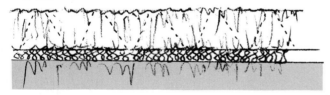

盖针

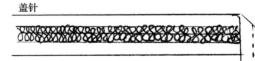

包缝

图11-46

第十二章
高级定制服装

　　高级定制的西服在穿着时挺括平服，能够凸显穿着者苗条挺拔的身姿。这种挺括的着装效果是通过设计合适的放松量而得到的。女西服有其独特的结构，可以将穿着者的体型缺陷隐藏起来，减少体型对服装穿着效果的影响，保持服装原有的外形轮廓（图12-1）。

　　女西服利用各种厚度的垫肩在肩部撑起挺拔的造型。不仅如此，西服的背部、挂面、衬里，都对服装造型起到重要作用。一般来说，前衣片和后衣片的肩部要烫毛衬，以保证面料在人体上的挺括效果，而较硬的棉衬则用于领面和领座。

图12-1

现在，有一种柔软稀松的可熔性纬纱衬料代替了过去的毛衬。这种衬料可以与面料黏合在一起，而不需要通过手缝固定在面料上。此外，还有可熔性和延展性很大的经编衬与无纺衬，软硬程度各不相同，多用于服装的背部和挂面。

女西服的立体裁剪通常使用棉质平纹细布。这种厚重的面料与制作女西服的实际面料相似，能够较好地反映出最后的成品效果。

立裁前人台的准备

A. 将垫肩固定在人台的肩部，这样可以使袖窿在肩线处抬高至少1.3cm（$\frac{1}{2}$in）。

B. 用标记胶带粘贴标记线：

　　1. 臀围线——沿前中心线从腰围线向下量取23cm（9in）作为臀围线位置，将标记胶带从前中心线水平粘贴至后中心线。如果人台的下边缘与地面平行，则可以参照下边缘粘贴臀围标记线。

　　2. 胸围线——通过BP点，将标记胶带从前中心线水平粘贴至后中心线，胸围线与臀围线平行。

　　3. 肩线——将标记胶带从侧颈点粘贴至垫肩上的肩端点，再向下通过臂盘轴心粘贴至侧缝线。

　　4. 公主线——将标记胶带从前身通过垫肩粘贴至后身（图12-2）。

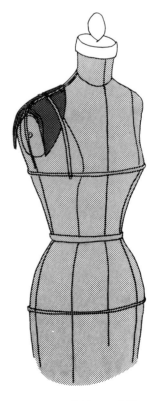

图12-2　步骤A、步骤B1~4

女士短上衣基础原型

女士短上衣的基础原型是以男士合体西装为设计来源制作的。造型可以合体或略微宽松。为了达到造型效果，需要设计特定的结构线和省道。此款女士短上衣基础原型以袖窿的前、后两端为界限，形成一个侧片，替代侧缝，形成三开身结构。为了达到更合体的造型效果，可以在胸部下方增加省道（参见本章图12-1,第197页）。

A. 侧片

从臂盘轴心向下1.9cm（$\frac{3}{4}$ in），分别对应袖窿前、后边缘向下粘贴标记胶带，标示出侧片的轮廓。当上衣在立裁中加放松量并制作完成后，侧片会变宽（图12-3）。

B. 准备坯布

1. 撕布：

a. 布长——量出人台颈部上边缘至臀围线的距离，加15cm（6in）。

b. 布宽——沿臀围线，测量前中心线至后中心线的距离，加38cm（15in）。

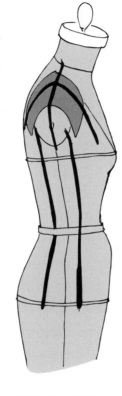

图12-3　步骤A

2. 从坯布下边缘向上10cm（4in）处画一条水平线，作为臀围线。

3. 在人台上测量出BP点至臀围线的距离，然后在坯布上画出胸围水平线。

4. 确定前衣片、后衣片和侧片的宽度

a. 沿臀围线测量出人台的前中心线至侧片轮廓线的距离，并增加14cm（$5\frac{1}{2}$in），得到前衣片的坯布宽度。

b. 沿臀围线测量出人台的后中心线至侧片轮廓线的距离，并增加9cm（$3\frac{1}{2}$in），得到后衣片的坯布宽度。

c. 沿臀围线测量出人台侧片的两条轮廓线之间的距离，并增加9cm（$3\frac{1}{2}$in），得到侧片的坯布宽度。

5. 在坯布上，用垂直线将前衣片、后衣片和侧衣片三大区域分开。

6. 在距坯布右侧边缘7.6cm（3in）处画一条垂直线，作为前中心线。

7. 在距坯布左侧边缘约2.5cm（1in）处画一条垂直线，作为后中心线（图12-4）。

8. 沿三条垂直分界线将前、侧、后衣片剪开备用（图12-5）。

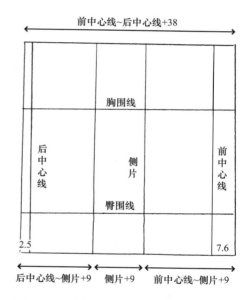

图12-4　步骤B1~7

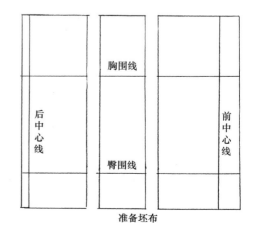

准备坯布

图12-5　步骤B8

C. 立裁步骤

1. 将前衣片和后衣片固定在人台上，横、竖纱向与人台标记线一致。沿胸围线依次固定BP点、前中心线、后中心线、侧片轮廓线。留出松量，沿臀围线依次固定前中心线、侧片轮廓线和后中心线。

2. 固定领口线、前颈中心点、后颈中心点。

3. 保持胸围线横纱水平状态，将前衣片抚平至肩部。

4. 将多余的量集中到胸围线以上形成一个领口省。这个省的开口约在距前颈中心点 3.5cm（$1\frac{3}{8}$in）的领口线上，省尖点应该在BP点以上5cm（2in）处。画出领口曲线，留出约0.3cm（$\frac{1}{8}$in）的放松量。一些松量可以转移到袖窿弧线的下半部分，这些松量在为女式短上衣造型时可以收到侧片轮廓线中（图12-6）。

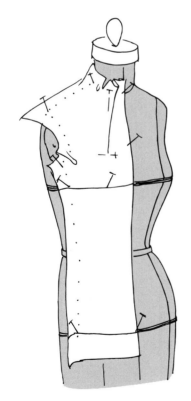

图12-6　步骤C1~4

5. 立裁后领口和肩线，将后中心线在领口线处撇进0.6cm（$\frac{1}{4}$in）。在后肩线留出约

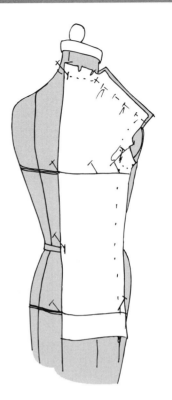

图12-7　步骤C5~6

0.6cm（$\frac{1}{4}$in）的松量。

6. 用大头针将前、后肩线固定在一起，并留出足够的量作为缝份（图12-7）。

7. 将侧片固定在人台上，注意侧片的臀围线和胸围线要与前、后衣片分别对齐。用大头针，从臂盘向下沿侧缝线固定到臀围线。剪掉肩部多余的坯布，缝份向外，用大头针将侧片分别与前衣片和后衣片固定，制作出想要的造型。在腋下留出至少7.6cm（3in）的松量，臀围线留出至少10cm（4in）的松量。

8. 如果需要更强调身形的造型，可以在前衣片和后中心线的腰围线位置增加省，或只在其中的一处增加省并稍作修整。

9. 用标记胶带粘贴出临时袖窿弧线。其中，肩端点距垫肩边缘约1.3cm（$\frac{1}{2}$in）；肩胛骨水平线上距臂盘边缘为1.3cm（$\frac{1}{2}$in）；袖窿底点根据规格表袖窿深的数据来决定，从袖窿弧顶点向下穿过臂盘测量至侧缝线，根据袖窿深标记出袖窿底点位置。

基础短上衣袖窿深规格表

规格	6	8	10	12
袖窿深 （cm）	15.9 （$6\frac{1}{4}$ in）	16.2 （$6\frac{3}{8}$ in）	16.5 （$6\frac{1}{2}$ in）	16.8 （$6\frac{5}{8}$ in）

10. 标记出领口线、肩线、衣片缝合线及省道
（图12-8）。

11. 将样衣从人台上取下，画出确定的轮廓线
和省道线。

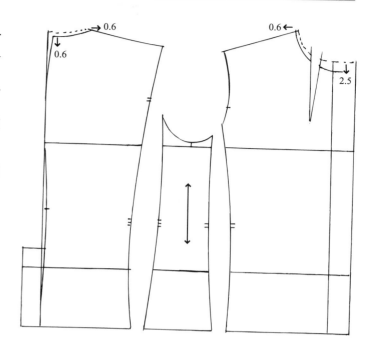

图12-9　步骤C11~13

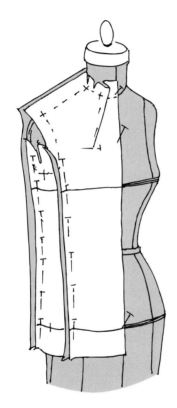

图12-8　步骤C7~10

14. 根据设计，后中心线的腰围线位置可以向外
增加一定的量作为开衩。为所有衣片添加
缝份，然后裁剪下来。这种款式的上衣通
常搭配西装领。衣领通常在衣身立裁完成
之后制作。最后完成纸样如图12-10所示。

12. 修正领口线，将前颈中心点下落2.5cm（约
1in），后颈中心点下落0.6cm（$\frac{1}{4}$in），侧
颈点沿肩线向外移动0.6cm（$\frac{1}{4}$in）。

13. 修正袖窿弧线。腋下侧缝位置保留约1.9cm
（$\frac{3}{4}$in）的多余坯布，用曲线尺画出袖窿
弧线，如图12-9所示。

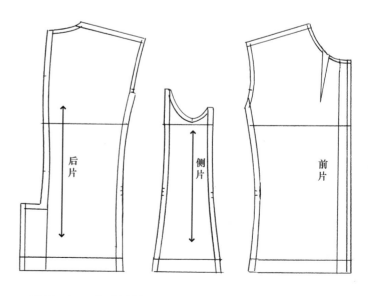

图12-10　完成纸样

15. 服装在定板之前必须仔细试穿反复修正，
试穿准备如下：

    a. 沿衣片轮廓线复制出衬料形状，如图
12-11所示。

    b. 复制服装右半身的所有衣片。

    c. 在前衣片、侧片的上部和底边以及后
衣片的开衩处粘贴可熔性纬编衬，如
图12-11所示。

    d. 在前衣片的肩部和袖窿弧部分再粘一
层黏合衬。

    e. 在后衣片的上半部分缝上衬布。一般
使用斜纹丝光色布，是一种轻薄的机
织衬布。让衬布的下边缘自然下垂。
（如果没有丝光色布，也可以用可熔
性纬编衬代替。）

    f. 在袖窿弧线、领口线、肩线和前中心线
上缝牵条，如图12-11所示。如果前衣
片和侧片的缝合线中存有一定的胸部余
量，则应在侧缝上需要吸收余量的吃势
位置缝上牵条。

    g. 在领子和其他需要支撑的部位黏合胶
衬。

    h. 用大针脚假缝衣片，这样修改的时候
易于拆线。

    i. 放入垫肩。

16. 将缝好的样衣穿在人台上，确定样衣合身
无须修改后，再立裁袖子。

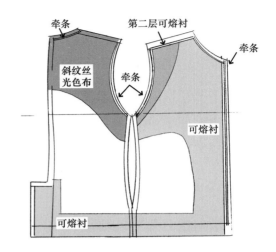

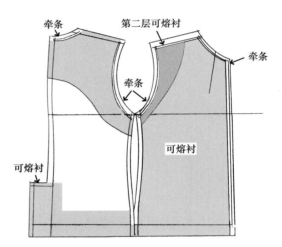

图12-11　步骤C15

图12-12

公主线短上衣

　　通过立裁公主线短上衣，设计师可以得到设计预期的准确造型效果。公主线结构可以轻松地解决款式所需要的松量和廓形，并达到挺拔的着装效果。公主线结构的上衣可以直接作为其他合身上衣的基础板。公主线的结构线可以转移或直接转化成省来处理。公主线上衣可以搭配各种领型和口袋设计，衣长也可以根据整体的比例适当地加长或减短（图12-12）。

A. 准备坯布

1. 撕布

　　a. 布长——测量人台颈部上边缘至臀围线之间的距离，再加15cm（6in）。

　　b. 布宽——将整幅坯布宽度[114cm（45in）]平分成4等份并剪开。

2. 画标记线

　　a. 分别在前衣片和后衣片上，距直纱布边约2.5cm（1in）的位置画前中心线和后中心线。

　　b. 分别在前、后侧片上画直纱中心线。

　　c. 在所有衣片上，距下边缘10cm（4in）处，画臀围线。根据人台臀围线至胸围线的距离，在衣片上画出胸围线（图12-13）。

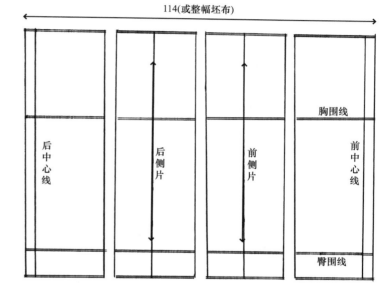

图12-13　步骤A1～2

3. 将前中心线和后中心线以外的2.5cm（1in）的缝份扣折到后面。

B. 立裁步骤

1. 将前衣片放置到人台上，在BP点处扎针固定。

2. 保持纱线平直，将坯布向上抚平至肩部。沿前中心线，分别在前颈中心点、胸部、胸部下围和臀围线处扎针固定。

3. 用大头针固定臀围线和公主线，臀围线水平位置留出1.3cm（$\frac{1}{2}$in）的松量。

4. 立裁领口线，沿领口线均匀打剪口。在领口捏出一点松量——0.3cm（$\frac{1}{8}$in）。

5. 公主线以外留出约5cm（2in）的缝份，清剪多余坯布。

6. 沿公主线，在胸围线以下和腰围线处的缝份上打剪口。画出肩线和领口线图12-14。

7. 将前侧片固定在人台上。注意水平标记线与前衣片要一致，垂直标记线与人台公主片的中心垂直线重合。在臀围线上，用大头针固定公主线和侧缝线，注意留出约1.3cm（$\frac{1}{2}$in）的松量。将坯布从胸围线向上抚平至肩部，袖窿弧处留少量松量。

8. 沿公主线，用大头针将前侧片固定在前衣片上，并沿公主线，在胸围线以下和腰围线处打剪口。

9. 公主线和肩线以外留出5cm（2in）的缝份，清剪多余的坯布。画出肩线（图12-15）。

10. 用大头针将后衣片固定在人台上，注意保证腰围线和臀围线与人台上的标记线一致。

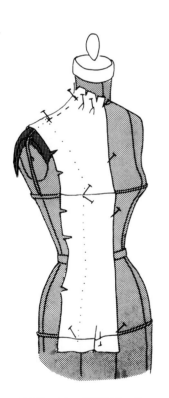

图12-14　步骤B1~6

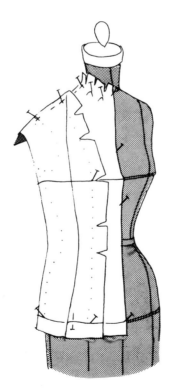

图12-15　步骤B7~9

11. 立裁后领口线并打剪口。捏出一定的量，使后中心线在领口线处撇进0.6cm（$\frac{1}{4}$in）。采用与前领口线松量相同的方法在

12. 将后衣片向上抚平，在肩线处留出0.3cm（$\frac{1}{8}$in）的松量。

13. 用大头针沿臀围线和公主线将后衣片固定，注意在臀围线处放出约1.3cm（$\frac{1}{2}$in）的松量。

14. 沿后公主线以外留出5cm（2in）的缝份，清剪多余的坯布。在胸围线至臀围线之间的缝份上打剪口（图12-16）。

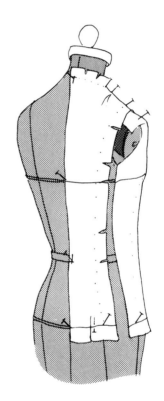

图12-16　步骤B10~14

15. 将后侧片固定在人台上。注意水平标记线与后衣片和前侧片一致，垂直标记线与人台后公主片的中心垂直线重合。

16. 将后侧片与后衣片重叠的部分用大头针固定；在肩部留出0.3cm（$\frac{1}{8}$in）的松量，在臀围线处留出1.3cm（$\frac{1}{4}$in）的松量。保证整个后侧片横向有一定的松度。用大头针将侧缝固定在一起，并注意保证纱向平

后领口线捏出一点松量。

直。

17. 用大头针，将前、后肩线固定在一起，注意保证后肩线比前肩线长0.6cm（$\frac{1}{4}$in）。

18. 清剪肩线和侧缝线处的多余坯布，保留3.8cm（$1\frac{1}{2}$in）的缝份即可（图12-17）。

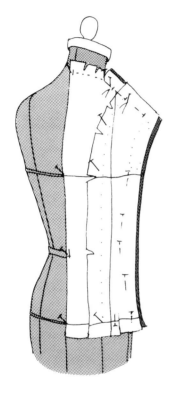

图12-17　步骤B15～18

19. 将前、后衣片的侧缝线和公主线修剪成所需要的形状。在需要的部位打剪口。造型时，注意保证纱向的平直。后中心线的腰围线处也需要稍微造型。当上衣穿在衬衫或针织衫外面时，不能过紧，因此，必须留出足够的松量。每片衣片的下摆处应至少留有1.3cm（$\frac{1}{2}$in）的松量。侧缝的袖窿弧底点位置应比人台本身的臂盘底点低约2.5cm（1in）。

20. 用标记胶带粘贴出公主线的造型线。从肩线开始，通过BP点向外约2.5cm（1in）的位置，向下至底边。注意：在样衣上粘贴出的公主线不应与人台公主线重合。

21. 标记领口线。

22. 保持衣片上的大头针和标记线不动，将整个衣片从人台上取下。

23. 沿侧缝线和公主线清剪多余的坯布，留出约2.5cm（1in）的缝份即可，这样更易于塑造出样衣的廓型。

24. 在确定轮廓线之前，将样衣重新穿回到人台上试穿，查看合体度。

25. 用标记胶带粘贴出临时的袖窿弧线——肩端点距垫肩边缘约1.3cm（$\frac{1}{2}$in）的位置，肩胛骨水平线上距臂盘边缘1.3cm（1/2in）的位置，袖窿底点为从臂盘与人台侧缝线的交点向下3.2cm（$1\frac{1}{4}$in）的位置（图12-18）。

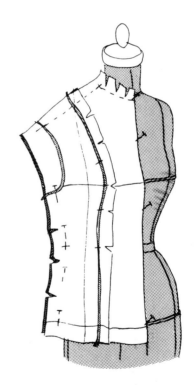

图12-18　步骤B19～25

26. 标记出所有的轮廓线。注意：标记公主线时，要沿着衣片上标记线的边缘作标记，再将重叠的缝份沿标记线翻折过来，在下面的衣片上标记公主线。

27. 在结构线上作十字标记。

　　a. 后中心线——打三个三角剪口，位于

后中心线中间部分。

b. 后公主线——打两个剪口，间隔7.6cm（3in），位于肩胛骨以下。

c. 所有结构线——在位于腰围线的位置打一个剪口。

d. 前公主线——第一个剪口位于胸围线位置，第二个剪口位于胸围线向上6cm（$2\frac{1}{2}$in）的位置；第三个剪口位于胸围线向下6cm（$2\frac{1}{2}$in）的位置。

28. 将样衣从人台上取下，确定所有的轮廓线。

29. 确定领口线。将后颈中心点位置下落0.6（$\frac{1}{4}$in）；侧颈点沿肩线向外移1.8cm（$\frac{3}{4}$in），前颈中心点向下2.5cm（约1in）。

30. 确定袖窿弧线，腋下侧缝位置保留1.9cm（$\frac{3}{4}$in）的多余坯布，用曲线尺画出圆顺的袖窿弧线。

31. 参见最终样板（图12-19）。

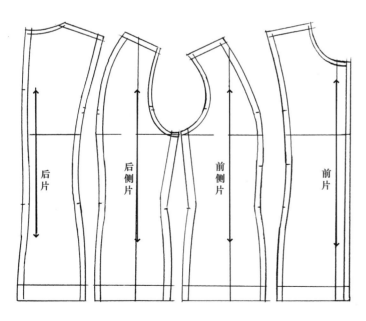

图12-19

32. 样衣的试穿准备工作与基础短上衣相同（参见本章第202页）。裁剪衬布之前，

要将前、后公主线从BP点以上用大头针固定在一起。

33. 在制作袖子之前，需在人台上进行试穿，以检查样衣的合体度。

两片式衣袖的制作

传统的西装衣袖是两片袖，两片袖可以解决胳膊在肘部以下向前弯曲的造型特点。袖山与衣身要平顺衔接，松量要适当，才能保证缝袖的垂直，避免过紧或余量过多。由于上衣内还要穿着衬衫或针织衫，因此上衣袖要足够宽松。这种袖子可以作为西装衣袖的基础板。

两片式衣袖规格表

规格	6	8	10	12
袖长（cm）	58.4（23in）	59.7（$23\frac{1}{2}$in）	61（24in）	62.3（$24\frac{1}{2}$in）
袖山高（cm）	15.6（$6\frac{1}{8}$in）	15.9（$6\frac{1}{4}$in）	16.2（$6\frac{3}{8}$in）	16.5（$6\frac{1}{2}$in）
袖肥（cm）	35.6（14in）	36.8（$14\frac{1}{2}$in）	38（15in）	39.4（$15\frac{1}{2}$in）

A. 制作两片式衣袖

1. 取一张大的打板纸，将其对折。

2. 沿对折线量取合适的袖长。

3. 标记袖山顶点和腕围线位置，并分别经过这两点作折线的垂直线。

4. 从袖山顶点向左量取袖山高并作标记点，经过此点作折线的垂直线，作为袖肥线。

5. 在对折线上，量取袖肥线至腕围线的中心点并向右约2.5cm（1in）的位置，作折线的垂直线，作为肘线（图12-20）。

腕围线	肘线	袖肥线	袖山顶点水平线

图12-20 步骤A1~5

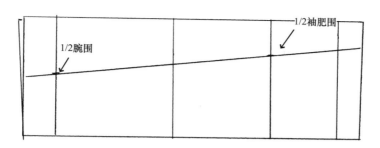

图12-21　步骤A6~8

6. 在袖肥线上量取袖肥围的 $\frac{1}{2}$ ，作标记点。

7. 上衣袖的腕围通常取26.7cm（ $10\frac{1}{2}$ in）。在腕围线上量取腕围的 $\frac{1}{2}$ ，作标记点。

8. 连接袖肥线与腕围线上的标记点，并延伸至袖山顶点水平线，作为内袖缝（图12-21）。

9. 将袖子剪下来，注意袖子两侧要加放2.5cm（约1in）的缝份，袖口加放3.8cm（ $1\frac{1}{2}$ in）的缝份。

10. 将袖子展开，画出袖中心线并完成另外半边的辅助线（图12-22）。

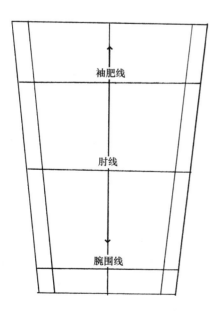

图12-22　步骤A10

B. 画出袖山弧线

1. 沿袖山顶点水平线，从袖中心线分别向两边各量取2in（5cm），作标记点。

2. 沿袖肥线，从后内袖缝向内量取1.6cm（ $\frac{5}{8}$ in），从前内袖缝向内量取4.5cm（ $1\frac{3}{4}$ in），分别作标记点。分别连接袖山顶点水平线和袖肥线上的标记点（图12-23）。

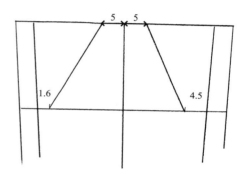

图12-23　步骤B1~2

3. 用曲线尺，将袖山弧线画圆顺，如图12-24、图12-25所示。袖山弧线应该比袖窿弧线长2.5~3.8cm（ $1\sim1\frac{1}{2}$ in）。

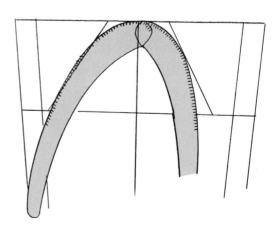

图12-24　步骤B3

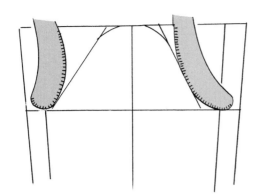

图12-25　步骤B3

4. 沿袖山弧线将多余的坯布剪掉。
5. 在袖山弧线上作十字标记。在袖山弧线上，距前内袖缝7.6cm（3in）处作一个十字标记；距后内袖缝7.6cm（3in）处作两个十字标记，间距1.3cm（$\frac{1}{2}$in）（图12-26）。

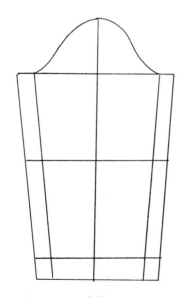

图12-26　步骤B5

注意：衣袖制作到这里，可以成为两片式衣袖的基础原型。

C. 肘部造型
1. 将袖子的两侧向中间对折，使前、后内袖缝与袖中线重合，如图12-27所示。
2. 将袖子展开，分别从肘线的两端沿肘线将袖子剪开，剪至刚才的折叠线为止。
3. 在腕围线上，从袖中心线向前3.8cm（$1\frac{1}{2}$

in）处作标记，从这一点向肘线与袖中心线的交点作直线并将这条直线复制到纸的另一面，作为新的袖中线（图12-28）。

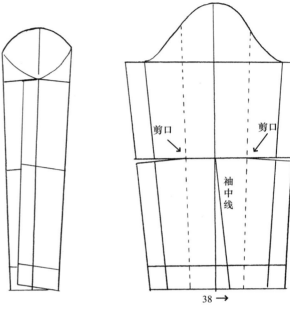

图12-27　步骤C1　　　图12-28　步骤C2~3

4. 将袖肘线以下部分按步骤C1的方法重新折叠回去，这次以新的袖中心线为重叠线。此时，袖子的后侧在肘部重叠，前侧则在肘部分开。
5. 用标记胶带沿内袖缝和后侧重叠量处将折叠后的袖子固定住。
6. 在后侧折叠线上的腕围线位置向下1.9cm（$\frac{3}{4}$in），与前侧折叠线上的腕围线位置相连接，作为新的腕围线（图12-29）。
7. 剪去多余的纸。
8. 画出标记线，如图：
   a. 后侧——从顶端沿袖山弧线向内1.3cm（$\frac{1}{2}$in），向后折叠线肘部方向做圆顺的弧线。
   b. 前侧——从顶端沿袖山弧线向内量取约5cm（2in），底边沿腕围线向内量取约2.5cm（1in），用曲线尺将两点用圆顺的弧线连接起来。在这条弧线上，从袖山弧线向下7.6cm（3in）处作十字标记，从腕围线向上10cm（4in）处作十字标记。

9. 沿原来的袖中心线画出直纱向线（图12-30）。

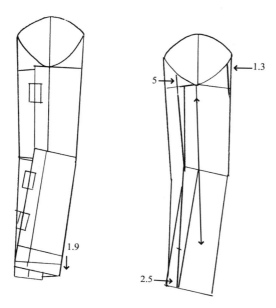

图12-29　步骤C4~6　　　图12-30　步骤C7~9

10. 将袖子的腋下部分复制到另一张纸上。

11. 沿新的弧线将袖子剪开，将袖山部分也复制到另一张纸上。

12. 分别在两个袖片上：

　　a. 外袖缝——沿袖肥线向外加放0.6cm（$\frac{1}{4}$in），沿腕围线向内减去1.3cm（$\frac{1}{2}$in）。

　　b. 内袖缝——沿腕围线向外加放1.3cm（$\frac{1}{2}$in），并向肘部递减。

13. 用曲线尺将内、外袖缝线画圆顺，如图12-31所示。

14. 两个袖片均在腕围线处加放3.8cm（$1\frac{1}{2}$in）的缝份。在小袖上，为了袖口开衩结构，需要在腕围线外侧加放长10cm（4in）、宽3.8cm（$1\frac{1}{2}$in）的缝份。并在此基础上，再向外加放长7.6cm（3in）、宽0.6cm（$\frac{1}{4}$in）

的缝份量，如图12-32所示。

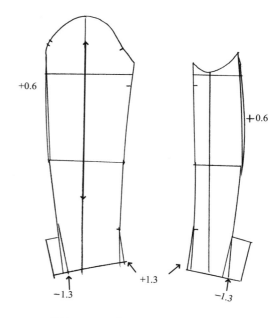

图12-31　步骤C10~13

15. 在大袖上，同样在腕围线后侧加放长10cm（4in）、宽3.8cm（$1\frac{1}{2}$in）的缝份。以45°角剪掉这块缝份的边角，注意剪前要留出0.6cm（$\frac{1}{4}$in）的缝份。这样，在制作袖口开衩时，袖子的底边和侧缝的缝份就可以在袖子内部斜接起来了（图12-32）。

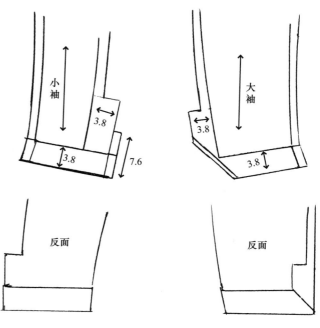

图12-32　步骤C14~15

16. 分别沿大、小袖的边缘加放缝份和3.8cm（$1\frac{1}{2}$in）的底边。将纸样剪下来，参见最终样板（图12-33）。

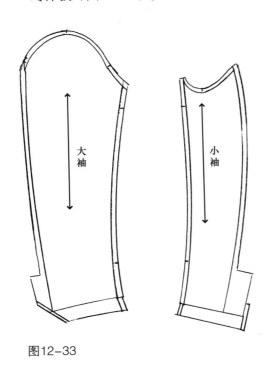

大袖

小袖

图12-33

17. 将袖子纸样复制到坯布上［注意要包括边缘缝份和3.8cm（$1\frac{1}{2}$in）的底边］。将坯布上的袖片剪下并缝合。大袖的内袖缝必须与胳膊的走向相适合。

18. 沿袖山弧线烫贴斜纱牵条，然后将袖子缝合到上衣上。

19. 将上衣穿到人台或真人模特上试穿。

上衣里子的制作

几乎所有的西服上衣都有里子。因为，给上衣装上里子可以将制作中的缝份和线头都隐藏起来，使整件衣服看起来更干净、完成度更高。而且，

由于里子面料通常非常顺滑，穿脱上衣时也更为容易。

里子应该与上衣的造型相同，但上衣上往往有装饰作用的分割线，制作里子时可以忽略。同时，上衣上的有些结构线在制作里子时可以用省或褶来代替，以达到同样的效果。上衣的后中心线用一个宽3.2cm（$1\frac{1}{4}$in）的褶来代替。

里子通常不会延伸到上衣边缘，领口的贴边和前门襟的挂面通常都用上衣的面料来制作。如果上衣是有领子的，那么后片的里子通常会延伸至后领口，但是比较高档的上衣（如羊毛上衣）后领口贴边也采用上衣面料来制作。

A．裁剪里料

里子按面料的纸样进行裁剪，稍加以下修正：

1. 前片

a. 将挂面放在里子纸样上，沿挂面线进行裁剪，不要加放缝份。

b. 裁剪时，里子的长度要比面料短约2.5cm（1in）。

（1）前侧缝和袖窿弧线的交点抬高0.6cm（$\frac{1}{4}$in），同时外扩0.3cm（$\frac{1}{8}$in）。

（2）以这个新点为交点，修正袖窿弧线和前侧缝线（图12-34）。

c. 侧片：

（1）里子的长度比面料短约2.5cm（1in）。

（2）前侧缝和袖窿弧线的交点抬高0.6cm（$\frac{1}{4}$in），同时外扩0.3cm（$\frac{1}{8}$in）。以这个新点为交点，修正袖窿弧线和前侧缝线，如前所述。

注意： 由于上衣里子没有侧片，袖窿弧线上的加放量可以加放在前片和后片相对应的位置。

  d. 后片：

   （1）里子的长度比面料短约2.5cm（1in）。

   （2）将后领口贴边放在里子上，沿贴边弧线裁剪里子，不留缝份。

   （3）在后中心线上，从领口向下至腰围线，加放3.2cm（$1\frac{1}{4}$in）多余的褶量，如图12-34所示。

  e. 袖子：

   （1）两片袖子的长度均比面料短2.5cm（约1in）。

   （2）将大袖的内袖缝与袖山弧线的交点抬高0.6cm（$\frac{1}{4}$in），同时外扩0.3cm（$\frac{1}{8}$in）；小袖的内袖缝与袖山弧线的交点也同样抬高0.6cm（$\frac{1}{4}$in），同时外扩0.3cm（$\frac{1}{8}$in）。按新的交点修正大、小袖的前袖缝和袖山弧线，如图12-35所示。

  f. 所有的里子纸样边缘都加放1.3cm（$\frac{1}{2}$in）缝份。里子与挂面和贴边相接的边缘也要加放缝份。

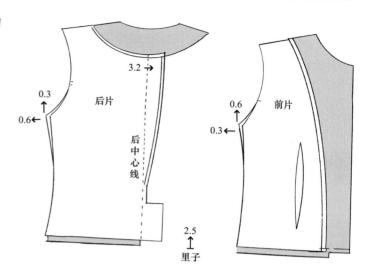

图12-34　步骤A1a～d

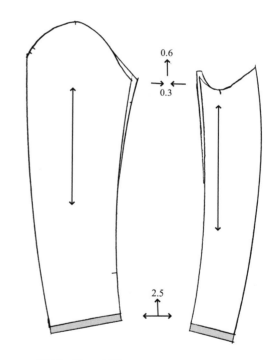

图12-35　步骤A1e

里子的缝制技巧

缝制里子可以运用两种不同的方法。在比较好的样衣工作室里，只有里子的省和结构线是采用缝纫机缝制的。里子的前片和后片要用手针缭缝到衣身上。袖子用缝纫机缝制好以后，也用手针缭缝到衣身上。贴边，包括开衩，都是由手工缝制完成的。但在大批量的生产中，里子的缝制都是由缝纫机完成的。

以下的说明适用于样衣室中人工和机器相结合的缝制方法：

1. 用机器完成所有的省、褶的缝制和压烫。
2. 缝制纵向结构线。
3. 缝制肩线。
4. 缝制袖子。
5. 用手针将里子缭缝到上衣挂面上。
6. 在袖窿处，将里子粗缝到垫肩和袖窿弧线上。
7. 用手针将袖里子缭缝到里子的袖窿上。
8. 用手针完成贴边和开衩的缝制。

更多关于样衣的裁剪和缝制的知识可参见"参考文献"中的其他书籍（本书第250页）。

第十三章
童装设计

设计童装就如同进入了一个截然不同的世界，设计师需要更多地运用有趣味性和想象力的颜色与线条。那些在成人服装中不经常采用的刺绣和花边装饰等元素在童装中被经常应用并且有很好的效果。明亮干净的颜色搭配柔和清新的粉彩是长期以来人们最喜爱的童装形象。有些款式，如婴儿和蹒跚学步的幼儿穿着的连衣裤、小女孩穿着的罩衫裙等服装款式，都是在童装中才会出现的款式。

尽管如此，很大一部分童装也在跟随成人服装的流行趋势，这种现象在一些年龄较大的童装中体现得更为明显。这些孩子已经具有展示自己的意识，平时常以模仿大人们的穿着为乐（图13-1）。

图13-1

从婴儿到十几岁孩子的服装都属于童装范畴，但不同年龄段的童装在设计上也有所区别。

婴儿

婴儿装应该轻薄、柔软、保暖并易于清洗。婴儿装通常选用纯棉针织面料，但如今合成纤维面料也被广泛应用。外套使用合成纤维面料制作一般不会出现任何问题。但是，像睡衣这类与婴儿敏感的肌肤直接接触的服装，如果选用锦纶或涤纶类面料制作，则必须严格测试其吸湿性和舒适性是否达到要求。婴儿们喜欢明亮鲜艳的颜色，因此色彩鲜艳是婴儿装的主要特点。然而，大多数人还是更喜欢柔和粉彩搭配的童装。

从市场角度考虑，设计师必须记住购买婴儿装的消费者分为两大类。一类是婴儿的母亲，她们重视婴儿装的性价比、实用性和易打理性；另一类是婴儿家庭的亲戚和朋友们，他们购买婴儿装作为礼物，因此更愿意出高价购买面料好、做工复杂、手感舒适的产品。

"婴儿"这一概念，主要指从刚出生到开始学步这一年龄段的孩子。

婴儿装的规格通常按照婴儿的月龄分为3个月、6个月、9个月、12个月和18~24个月等五个类型；或分为小号、中号、大号、加大号。婴儿装的样衣规格通常是按照12个月大的婴儿或按照大号制定的。

幼儿

一般来说，孩子1岁左右开始学步，从这一时期开始的服装可以划分到幼儿服装的范畴。这属于一个中间阶段，这一时期的孩子开始探索周围的世界，但还不会自己如厕，所以这一时期的服装仍应有足够的空间能够放置尿布。

幼儿的服装规格通常分为1T、2T、3T和4T。加上T是为了使这类服装的规格与下一个阶段的服装规格能够区分开来。幼儿服装的样衣规格通常是2T。

儿童

从2.5~3岁之间的孩子，身体比例会发生改变。他们快速长高，腿长长，同时体重并没有快速增长。尿布最后也不需要了。在这一时期，许多孩子开始上幼儿园，并喜欢跟成年人玩耍。他们开始模仿大人，如爸爸、妈妈、超人、芭蕾舞者，或是任何能引起他们兴趣的人。随着孩子们对自己着装打扮的意识越来越强，大人的服装款式越来越多地运用到儿童服装中。直到孩子六七岁时，虽然男孩和女孩的服装在款式上有所不同，但基本上都是由同一个公司甚至同一个设计师来设计的。

这一时期的儿童服装的规格开始男女有别，女装的规格分为2号、3号、4号、5号、6号和6x号，男装的规格分为2号、3号、4号、5号、6号和7号。儿童服装的样衣规格通常是4号。

男孩和女孩

孩子到了上小学的年龄，男孩和女孩的服装就有了较大的差异。在商店中，男孩和女孩的服装分开销售；服装公司中，男孩和女孩的服装也开始分开设计。男孩服装基本上就是将成年男性的服装缩小化；而女孩服装也在很大程度上受到成年女性服装的影响，但仍然具有一些童装的特色。童装的颜色通常都鲜艳明亮，适当合理地运用富有想象力的刺绣和花边装饰。

这一时期的女孩服装规格分为7号、8号、10号、12号、14号和16号，男孩服装规格分为7号、8号、10号、12号、14号、16号、18号和20号。

童装的基础原型

童装有统一的制板方法。样衣的基础原型通过在人台上立裁的方法就可以很简单地制作出来（图13-2）。

儿童人台的各种规格齐全并有半身人台和全身带腿人台等种类。在半身人台上测算儿童身体比例比较困难。全身带腿人台比较贵，但更容易看出服装在儿童身上的比例和效果，便于设计师工作（图13-3）。

童装基础原型包括连衣裙基础原型、袖子基础原型和裤子基础原型。

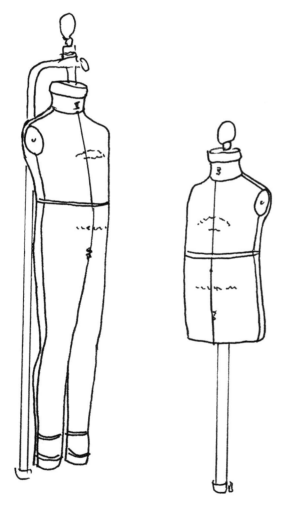

图13-2　全身人台　　　　图13-3　半身人台

儿童连衣裙基础原型（图13-4）

A. 准备坯布

1. 准备两块白坯布，分别作为前片和后片，

图13-4　基础连衣裙

两块坯布的尺寸如下：

a. 长度——沿后中心线，量取侧颈点至臀围线的长度，增加5cm（2in）。

b. 宽度——在腋下量取后背的宽度，增加10 cm（4in）。

2. 距布边约2.5cm（1in）处，分别画出前中心线和后中心线。

3. 在后片，从上边缘向下$\frac{1}{4}$处画一条水平线。

4. 标记前中心线中心点，通过中心点画一条水平线。

5. 在后中心线上，从上边缘向下量取5cm（2in），作为后领深点。

6. 在前中心线上，从上边缘向下量取10cm（4in），作为前领深点（图13-5）。

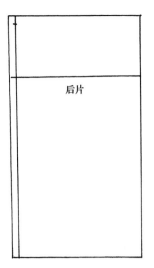

后片

前片

图13-5　步骤A1～6

B. 立裁步骤——前片

1. 沿着前中心线，从上至下，分别在前领深点、胸部和坯布水平标记线与前中心线的交点，用大头针将前片固定在人台上。

2. 沿坯布水平标记线将坯布沿横纱向抚平，并在距前中心线7.6～10cm（3～4in）处用大头针固定。

3. 沿坯布水平标记线，在保持合适松量〔至少1.3cm（$\frac{1}{2}$in）〕的同时用一排大头针将前片固定，直至侧缝线。

4. 从坯布水平标记线垂直向上将坯布抚平。在胸上部，用一排大头针固定，直至侧缝线（图13-6）。

5. 修剪出领口形状。在领口线与肩线的交点和肩线与袖窿弧线的交点处，用大头针固定（图13-7）。

6. 在袖窿弧线和侧缝线的交点处，用大头针固定。同时，袖窿处会有一小部分松量。

7. 标记领口线、肩线和袖窿弧线。标记方法与衣身基础原型相同（见本书第10页）。

8. 在袖窿弧线与侧缝线的交点作十字标记。标记袖窿弧线的方法参见本书第10～11页，具体数据见下表。

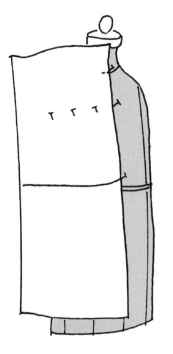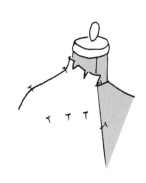

图13-6　步骤B1～4　　　　图13-7　步骤B5

童装样衣袖窿深规格表

规格	2	4	5	6	8	10
袖窿深（cm）	9.5（3$\frac{3}{4}$in）	10（4in）	10.5（4$\frac{1}{8}$in）	10.8（4$\frac{1}{4}$in）	11.1（4$\frac{3}{8}$in）	11.4（4$\frac{1}{2}$in）

9. 将前片从人台上取下，清剪领口线和肩线处多余的坯布，注意留出缝份。

10. 粗裁袖窿，留出约2.5cm（1in）的缝份。

11. 将前片重新放回到人台上，用大头针沿前中心线和肩线固定（图13-8）。

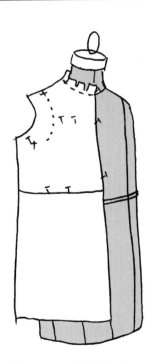

图13-8　步骤B6～11

C. 立裁步骤——后片

1. 沿后中心线，用大头针在后领深点、坯布水平标记线与后中心线的交点和下边缘线处，将后片固定在人台上。

2. 使后片自然下垂，沿坯布水平标记线将坯布抚平至袖窿处。用大头针沿肩线固定，注意留出约0.6cm（$\frac{1}{4}$in）的松量。

3. 在保证后片纱向水平和垂直的基础上，用大头针将前、后片侧缝线固定在一起，注意要在袖窿弧线与侧缝线交点处固定，底边不用固定。

4. 修剪出后领口形状，将前、后肩线固定在一起。后肩线覆盖在前肩线上固定，同时注意在后肩线上加放0.6cm（$\frac{1}{4}$in）的吃缝量。

5. 标记领口弧线、肩线和袖窿弧线。

6. 在袖窿弧线与侧缝线的交点处作十字标记，并在固定侧缝线的每个大头针两侧作十字标记（图13-9）。

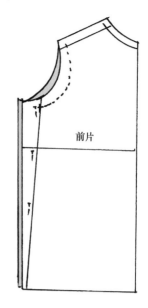

图13-10　步骤C7~8

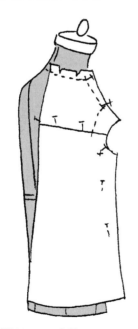

图13-9　步骤C1~6

7. 保持前、后片固定在一起的状态，将衣片从人台上取下。

8. 由于需要绱袖子，袖窿底点应外扩1.3cm（$\frac{1}{2}$in）（图13-10）。

9. 连接新的袖窿底点和底边作为新的侧缝线。

10. 沿侧缝线留出2.5cm（约1in）的缝份，清剪多余的坯布。

11. 用大头针将前、后侧缝线固定在一起，用法式曲线尺画出圆顺的前、后袖窿弧线。

12. 确定领口线和肩线，留出缝份，清剪多余的坯布（图13-11）。

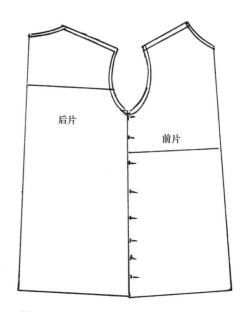

图13-11　步骤C9~12

13. 将前、后肩线固定在一起。将样衣重新穿回到人台上，检查其合体度。画出底边线（图13-12）。

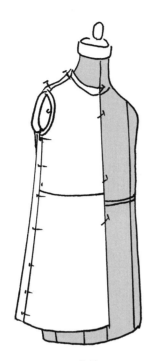

图13-12 步骤C13

14. 最终完成样板如图13-13所示。

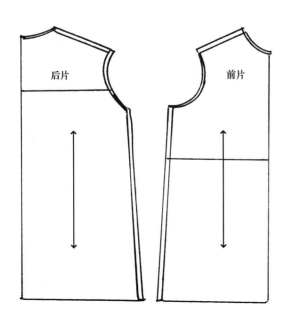

图13-13

童装袖子基础原型

童装的袖子与成人服装的袖子制作方法基本相同，但童装的袖子更为简单，且不需要作肘部结构的功能性设计（参见本书第20~21页）。

在袖口线上，袖中心线两边各为手腕围度的 $\frac{1}{2}$，画出袖下线。

童装样衣袖子规格表

规格	2	4	5	6	8	10
内袖长（cm）	19.4（$7\frac{5}{8}$ in）	19.1（$7\frac{1}{2}$ in）	19.7（$7\frac{3}{4}$ in）	20.3（8in）	21（$8\frac{1}{4}$ in）	21.6（$8\frac{1}{2}$ in）
袖山高（cm）	8.3（$3\frac{1}{4}$ in）	8.9（$3\frac{1}{2}$ in）	9.2（$3\frac{1}{4}$ in）	9.8（$3\frac{7}{8}$ in）	10.8（$4\frac{1}{4}$ in）	11.4（$4\frac{1}{2}$ in）
袖肥围（cm）	24.1（$9\frac{1}{2}$ in）	25.4（10in）	26（$10\frac{1}{4}$ in）	26.4（$10\frac{3}{8}$ in）	29.2（$11\frac{1}{2}$ in）	29.8（$11\frac{3}{4}$ in）
腕围（cm）	17.8（7in）	19.1（$7\frac{1}{2}$ in）	19.7（$7\frac{3}{4}$ in）	20.3（8in）	21（$8\frac{1}{4}$ in）	21.6（$8\frac{1}{2}$ in）

最终完成样板如图13-14所示。

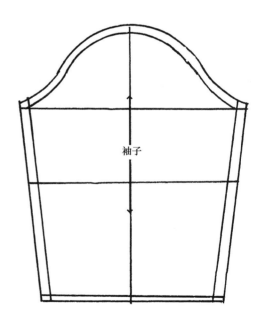

图13-14

童装裤子基础原型

（图13-15）

图13-15　童装裤子基础原型

A．准备坯布

1. 在人台腿部，用标记胶带水平粘贴臀围线（图13-16）。（臀围线位于人台腰部以下最粗的位置——通常是臀部最高点的位置。）

2. 撕布——前片和后片

   a．长度——沿侧缝线量出所期望的裤长，并增加10cm（4in）。

   b．宽度——在人台最宽处测量出前中线至侧缝线之间的水平距离，并增加约10cm（4in）

3. 在前片上，距布边约10cm（4in）的位置画一条垂直线，作为前中心线。

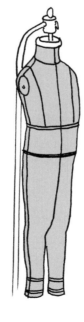

图13-16　用标记胶带粘贴水平臀围线

4. 在后片上，距布边13cm（5in）的位置画一条垂直线，作为后中心线。

5. 在前片和后片上，分别从上边缘向下5cm（2in）的位置画一条水平线，作为腰围辅助线。

6. 用直角尺测量出人台上裆长（具体方法参见本书第101页，步骤A3）。童裤裆部的松量一般约2.5cm（1in）。婴儿装和幼儿装的上裆处由于需要放置尿布，因此松量必须加大〔5cm（2in）〕。在此处，应适当减少裆部松量。下表为上裆长的测量数据，其数据中已包含约加放的2.5cm（1in）松量。

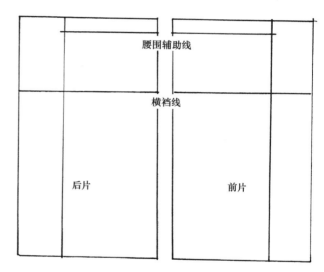

图13-17　步骤A2～6

童装样衣上裆长规格表

规格	2	4	5	6	8	10
上裆长（cm）	17.8（7in）	21（8$\frac{1}{4}$in）	22.2（8$\frac{3}{4}$in）	23.5（9$\frac{1}{4}$in）	25.4（10in）	27.9（11in）

7. 根据测量出的上裆长，分别在前片和后片上画出横裆线。在前片的横裆线上测量前中心线至侧缝线的距离，并增加0.6cm（$\frac{1}{4}$in）的松量，作标记；在后片的横裆线上测量后中心线至侧缝线的距离，并增加0.6cm（$\frac{1}{4}$in）的松量，作标记。

8. 在横裆线上作出裆部的延伸量。

   a．前片——在横裆线的延长线上量取前中

心线至侧缝线距离的$\frac{1}{4}$作为延伸量。

b. 后片——在横裆线的延长线上量取后中

心线至侧缝线距离的$\frac{1}{2}$作为延伸量。

9. 从前、后片的横裆延伸量终点，分别向下画垂直线，平行于前中心线和后中心线。

10. 将后片的横裆线延伸量两等分❶，将后中心线与腰围线的交点抬高1.3cm（$\frac{1}{2}$in），从此点开始以圆顺的弧线与腰围辅助线连接画出新的腰围线（图13-18）。

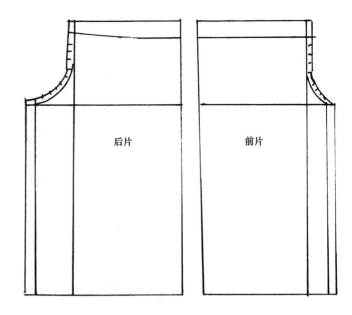

图13-19　步骤A11～12

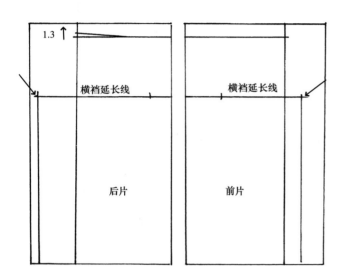

图13-18　步骤A7～10

11. 如图13-19所示，用法式曲线尺画出圆顺的前、后裆弧线。

12. 沿裆弧线加放缝份并清修剪多余的坯布，在缝份上打剪口（图13-19）。

B. 立裁步骤

1. 在将裤片放到人台上之前，先将前片和后片用大头针沿下裆缝固定在一起（图13-20）。

2. 将前、后片固定在人台上。分别在前中心线和后中心线与对应腰围线和臀围线的交点处用大头针固定。

3. 用大头针沿臀围线水平固定在人台上，并

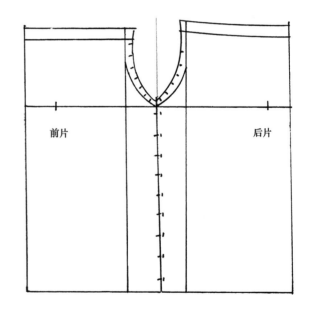

图13-20　步骤B1

使其保留一定的松量。

4. 在横裆线与侧缝线的交点位置，用大头针将前、后片固定在一起。

5. 保持直纱垂直状态。将前、后片从横裆线向上抚平至腰围线，用大头针在腰围线处固定，并使余量成为褶量保留。

6. 用大头针将横裆线与腰围线间的前、后片

---

❶ 此处图13-18上并没有画出两等分，请酌情参考将后裆弧线画圆顺。——译者注

侧缝线固定在一起。在婴儿和幼儿服装中，腰围线至横裆线之间的侧缝线通常没有造型。

7. 童裤的前片腰围线通常比较平顺。为了达到合体舒适的造型，前中心线可能会出现偏离，可以根据需要采用烫褶或抽褶的方法；后腰线则可以利用省道来达到合身的效果。童装普遍采用橡筋带来达到合体的目的。当后腰采用橡筋带时，腰部的纱向就能保证水平，而多余的量可能会堆积在后中心线处。在完成的服装纸样中，多余的量是位于腰围线以上的，这样前腰可以绱腰头，后腰头可以内嵌橡筋带。

8. 在保持纱向水平和垂直的基础上，用大头针沿侧缝线将前、后裤片固定在一起。裤腿可以逐渐收小，具体情况依设计而定。下裆缝也要相应逐渐内收，与外侧缝保持造型的一致。

9. 标记外侧缝线、脚踝处下裆缝线的位置、腰围线以及所有的省道和褶裥（图13-21）。

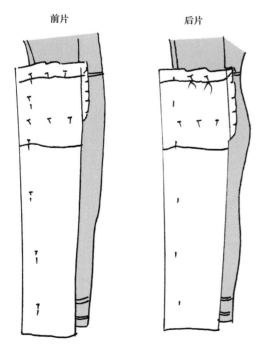

图13-21　步骤B2-9

10. 将裤片从人台上取下，画出确定的结构线。
11. 沿腰围线、外侧缝线和下裆缝线留出缝

份，清剪多余的坯布。
12. 沿外侧缝线和下裆缝线将前、后裤片固定在一起，并重新穿回到人台上。检查其合体度，并判断是否有需要进一步修正的部位（图13-22）。

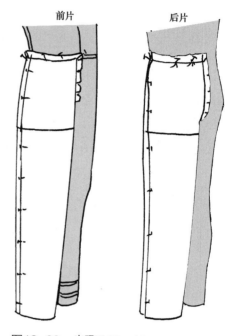

图13-22　步骤B10～12

13. 参见最终完成样板，如图13-23所示。

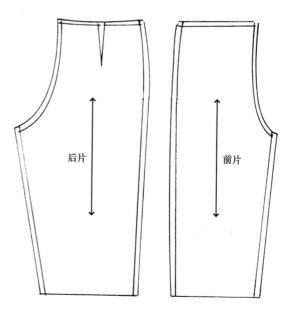

图13-23

帝国腰线连衣裙　　　　　　　　公主式连衣裙

图13-24　儿童连衣裙

款式的变化

　　用白坯布立裁出童装基础原型后,将纸样复印到硬纸板或塑料板上制作成纸样模板。这些模板在今后制作其他款式的童装中可以作为基础纸样(参见本书第246页相关内容)。

　　款式的变化(图13-24)方法参照以下步骤。

1. 选择合适的基础原型纸样复制到纸上。
2. 将基础原型纸样固定到人台上。
3. 依照设计,在纸样上画出结构线或装饰线(图13-25)。

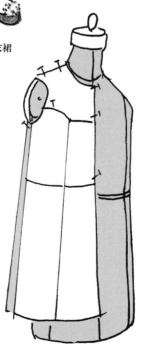
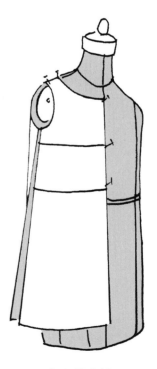

公主式连衣裙　　　　　　帝国腰线连衣裙

图13-25　立裁儿童连衣裙

4. 沿所画的结构线将纸样剪开
（图13-26）。

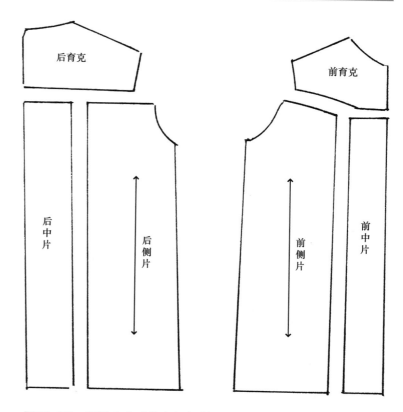

图13-26　剪出公主式连衣裙纸样

5. 依 设 计 加 放 松 量（图13-
27）。

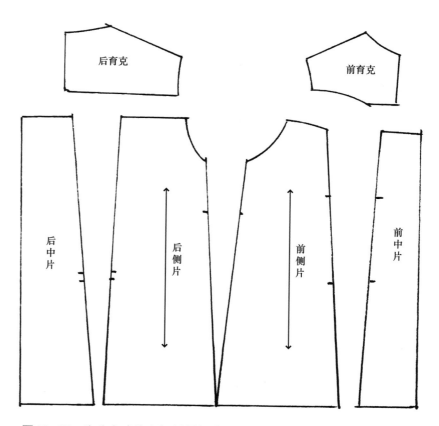

图13-27　为公主式连衣裙纸样加放松量

6. 沿纸样边缘加放缝份。最终完成样板如图
   13-28所示。

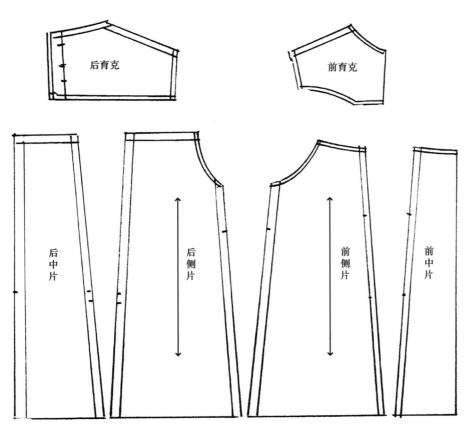

公主式连衣裙

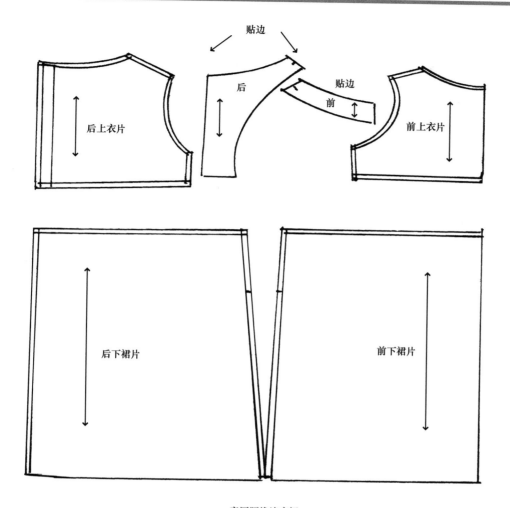

帝国腰线连衣裙

图13-28　儿童连衣裙最终样板

第十四章
功能性整理

功能性整理也是服装设计的一个环节。服装制板完成后，服装的边缘、底边和挂面的处理必须考虑周到。这些设计细节虽然不显眼，但兼具功能性和装饰性。

底边的处理

底边的处理通常是直接将底边扣折进去。立裁前准备面料时，必须在底边处留出足够的扣折量。

底边折边的宽度根据不同的位置有不同的设定。窄裙的底边折边通常为5cm（2in）；喇叭裙的底边折边必须非常窄，因为裙摆上小下大，下摆为曲线造型，底边扣折上去后会产生多余的摆量，当底边折边窄时则能够收掉多余的量；裤口和袖口的折边约为3.2cm（$1\frac{1}{4}$in）；面料较轻薄的服装底边折边可能很宽也可能很窄，这要根据设计师所需要的效果来具体分析。

标准尺寸的底边折边应该用专用暗缝机或手工缝制；非常窄的底边折边则需要采用锁边机或手工滚边。运动服的底边折边通常采用明线。各种手工处理底边的针法，如图14-1所示。

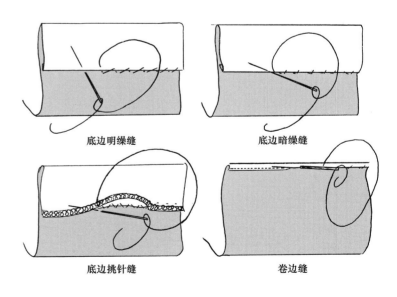

底边明缲缝　　　　　底边暗缲缝

底边挑针缝　　　　　卷边缝

图14-1

贴边

　　贴边用于整理非常规的服装边缘。曲线和不规则的边缘均需要进行贴边。如领口、袖窿和领子是经常采用贴边的部位。

　　贴边的面料通常与服装面料相同。当服装面料过于厚重时，为了使衣服制作完成后更加柔软平顺，也可以使用较为轻薄的面料进行贴边。

裁剪贴边：

1. 准备一块面料，大小应该足够覆盖需要贴边的区域。

2. 将需要贴边的区域的纸样放到准备好的面料上。将需要贴边的区域中所有的省道均合上。注意贴边面料与衣身的纱向一致。

3. 沿领口线或袖窿弧线描出外轮廓，在衔接处增加至少6.4cm（$2\frac{1}{2}$in）的缝份（图14-2）。

6. 贴边的缝份宽度应该是衣身缝份宽度的$\frac{1}{2}$。添加缝份，清剪多余的面料。

整体式贴边

　　整体式贴边常用于领口较深、肩部较窄的无袖服装。如图14-3所示的裁剪贴边。

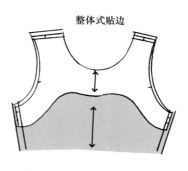

图14-3

深V型领口贴边

　　深V型领口的贴边在裁剪时，纱向参照图14-4中所示设置，可以防止领口被拉长，对保型有较好的效果。

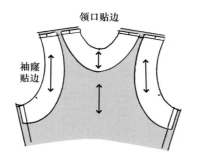

图14-2

4. 移开纸样，完成贴边的外轮廓。贴边宽度至少6.4cm（$2\frac{1}{2}$in），但宽度不要超过任何省道的省尖。

5. 为了保证贴边隐藏在衣服内侧，领口和袖窿的贴边弧线长度应该比衣身的对应弧线长度小约1.3cm（$\frac{1}{2}$in）。在肩线和腋下位置需要减少贴边的宽度，大约减少0.3cm（$\frac{1}{8}$in）。

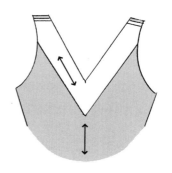

图14-4

挂面

前开襟的服装需要加挂面。如图14-5所示款式的挂面是从肩部量至腰围线，肩线处的挂面宽为6.4cm（$2\frac{1}{2}$in）宽；在腰围线上，前中心线量至挂面宽为6.4cm（$2\frac{1}{2}$in）。

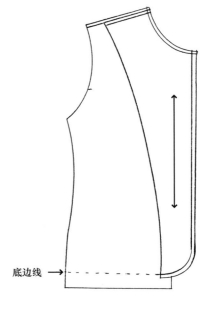

图14-6

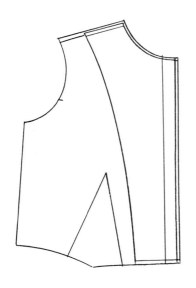

图14-5

上衣挂面

上衣的挂面形状与衣身上肩线至衣长的形状相似。挂面的宽度为前中心线至前片里布边缘，肩部的宽度大约到中间位置，约为7.6cm（3in）。这个款式上，臀围处的上衣挂面要在底边线上重叠覆盖3.8cm（$1\frac{1}{2}$in）的宽度（图14-6）。

底边贴边造型

有些裙子的下摆被设计成特殊的形状——如围裙、衬裙等都需要进行贴边处理。贴边也可以用窄边（滚边）缝代替。贴边可以使服装边缘更圆顺，同时也可以使边缘增加重量，这对某些需要增加悬垂感的面料来说有一定的益处。窄边（滚边）缝则比较轻，也更飘逸。这两种处理方式各有利弊，要根据裙子的长短和设计具体分析、处理（图14-7）。

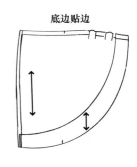

图14-7

贴边的缝制技巧

　　所有贴边的部位都必须在其内部粘衬，采用机织衬或无纺衬均可。衬的选择必须与服装的面料相匹配。无胶衬应沿服装边缘与面料平缝或锁缝在一起，黏合衬则可以压烫在贴边上。

1. 将衣身上所有需要贴边的弧线边缘用针平缝或锁缝。

2. 将衬平缝在衣服边缘上。如果使用黏合衬，则将衬压烫在贴边上。

3. 将肩缝一起处理。

4. 准备贴边（图14-8）：

　　a. 领口贴边，合上肩缝并劈缝。

　　b. 完成外边缘贴边。

5. 将贴边的领口弧线边缘与衣身的领口弧线边缘固定在一起。保证布料正、反面正确，对齐前中心线和肩缝。如果后中需要安装拉链，则按如下步骤折叠贴边：

　　a. 暗拉链（图14-8）：

　　　（1）从后中心线迹开始，将贴边的左侧边缘反折1cm（$\frac{3}{8}$in）。

　　　（2）将服装的后中心左侧缝份沿后中心线迹反折，压在贴边上。

　　　（3）沿后中心线，将贴边的右侧边缘反折。

　　　（4）将服装后中心右侧缝份反折，压在贴边上，折线与后中心线之间留出0.3cm（$\frac{1}{8}$in）余量。

　　b. 明拉链（图14-8）：

　　　（1）贴边两侧均从后中心线开始向内反折0.6cm（$\frac{1}{4}$in）。

　　　（2）将服装后中心的两侧缝份分别沿后中心线向两侧反折。

6. 将贴边缝合在衣身上，注意线迹与衣身正面平缝线迹一致。

7. 为了保证贴边圆顺服帖，要在缝份上打剪口，并在转角处修剪多余的缝份（图14-8）。

8. 在边缘处打倒针，将贴边翻折到服装反面（图14-8）。

9. 按住贴边，将缝合缝倒向服装反面。

10. 绱拉链，用平针将贴边缝在拉链布边上。

11. 将贴边缲缝在缝份上，注意不要出现交叉线。

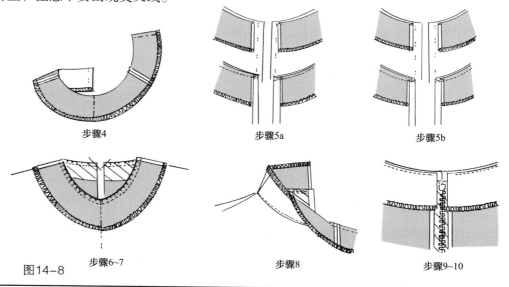

步骤4　　　　　步骤5a　　　　　步骤5b

图14-8　　步骤6~7　　　　　步骤8　　　　　步骤9~10

腰头

裙子和裤子制作完成后，腰部需要绱腰头。制作腰头的方法有很多种，通过不同的方式，可以体现设计的多样性以及后整理的精工细做。有弹性的腰头或系带腰头也适用于不同尺寸的腰部需求。

低腰线的裤子或裙子一般没有腰头，而改用贴边。腰头贴边的具体方法可参见前一部分。腰头的款式有很多种，腰部的具体设计参见本书第110～111页。

标准腰头

标准腰头是将面料裁剪成一条围绕腰线的合体带子并对折，无滚边。腰头通常需烫衬，以保证腰头的硬度足以支撑裙子或裤子。也可根据设计需要添加裤串带等附件（图14-9）。

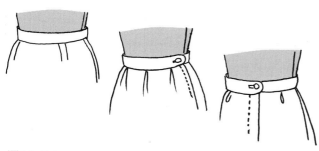

图14-9

准备坯布

1. 在腰围尺寸的基础上增加1.6cm（$\frac{5}{8}$in）。

2. 确定腰头宽度。标准腰头通常为3cm（$1\frac{1}{4}$ in）宽，可以设计的略宽或略窄。

3. 撕布：
   a. 腰头长度——腰围尺寸加上2.5cm（约1in）松量，再加上3cm（$1\frac{1}{4}$in）余量。
   b. 标准腰头宽度——约9cm（$3\frac{1}{2}$in）。

4. 在裁剪好的坯布中间，画一条水平线，作为对折线。

5. 分别在对折线两侧距离3cm（$1\frac{1}{4}$in）的位置画两条水平线。

6. 侧开口的腰头，从左向右制板。
   a. 距左边缘1.3cm（$\frac{1}{2}$in）作垂直线，作为缝份。
   b. 再向右量取3cm（$1\frac{1}{4}$in）作垂直线，作为搭门宽。
   c. 继续向右量取后腰围线的尺寸再增加1.3cm（$\frac{1}{2}$in）松量，作十字标记，作为侧缝的位置。
   d. 从这个十字标记再向右量取前腰围线尺寸再增加1.3cm（$\frac{1}{2}$in）松量，作垂直线。
   e. 用十字标记出前中心线和后中心线的位置（图14-10）。

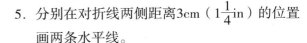

图14-10　步骤6a～e

7. 后中心线开口的腰头，从右向左制板。
   a. 距右边缘1.3cm（$\frac{1}{2}$in）处作垂直线，作为缝份。
   b. 从标记点再向左量取后腰围线尺寸的$\frac{1}{2}$再增加0.6cm（$\frac{1}{4}$in）松量，作十字标记，标记出侧缝线的位置。
   c. 从这个十字标记再向左量取前腰围线的尺寸并增加1.3cm（$\frac{1}{2}$in）松量，作十字标记，标记出另一条侧缝线的位置。

d. 从这个十字标记再向左量取后腰围线尺寸的$\frac{1}{2}$，并增加0.6cm（$\frac{1}{4}$in）松量，作垂直线。再向左增加3cm（$1\frac{1}{4}$in）作为搭门宽。重复以上步骤，画出另一边的辅助线。

e. 用十字标记出前中心线的位置（图14-11）。

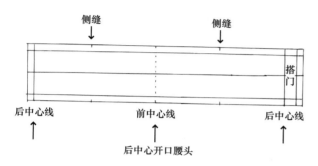

图14-11　步骤7a～e

搭门

搭门的类型必须在服装立裁前就考虑好。因为那些开身的服装款式需要开襟来方便穿脱，因此这些开襟需要搭门的设计。搭门既具有功能性又可以兼具设计感。

搭门的款式造型会影响缝份的预留量。本节将对大部分常用搭门的立裁注意事项进行解说。

拉链

拉链在服装上使用十分广泛，同时也最能满足服装开合的功能性需要。除了故意用拉链进行装饰以外，拉链通常被隐藏起来。拉链有不同的颜色和重量，能够跟各种面料进行搭配。绱拉链的服装在立裁时的注意要点就是对缝份的不同宽度的控制。

拉链有各种不同的材质。过去只有金属材质的拉链。如今，拉链可以根据不同服装的需要，有宽窄和轻重之分。粗金属拉链通常只用于外套，特别是皮夹克的拉链装饰。尼龙拉链比较轻，但是开合不如金属拉链顺滑。宽塑料拉链有各种颜色可供选择，同样可以作为服装的装饰。

常见的拉链分为四种，每种都有自己的特点和用途。普通拉链，是单向闭尾的最常见的一种拉链，通常用于连衣裙的领口或裙子、裤子的开合处；口袋拉链，是一种双向闭尾的拉链，通常用于连衣裙的侧缝和口袋的开合处；隐形拉链，这种拉链装在服装上从外观上是看不见的；分体拉链，通常较重，常用于夹克和外套。

除隐形拉链外，其他拉链都有好几种缝法（图14-12）。

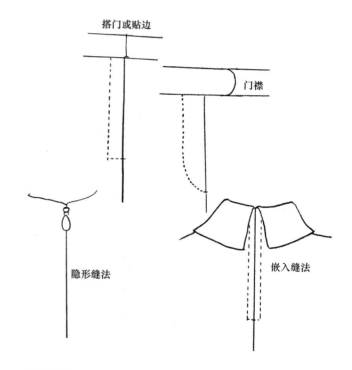

图14-12

1. 在搭门或贴边处用的拉链——安装拉链的其中一侧面料有一些余量能够覆盖拉链使之被隐蔽起来，其宽约为1cm（$\frac{3}{8}$in）。在搭门或贴边处使用的拉链常用于裙子或裤子的侧开合处，有时也用于连衣裙前面或后面的开合处口。装拉链处需留出约2.5cm（1in）的缝份。

2. 在门襟处用的拉链——门襟效果与搭门类

似，但比搭门略宽。在缝制过程中，我们常会用一块独立的贴边把这类拉链的一侧固定住，在另外一侧的拉链下方还要单独放置一块面料作为里襟。门襟常用于裤子的前开门，是基于男裤的功能性设计的。有时候，门襟加分体式拉链也被用于外套或夹克。使用分体式贴边和补料就可以不特别加放缝份。

3. 嵌入缝法——将拉链嵌在两边之间。用明线固定，明线距边缘约0.6cm（$\frac{1}{4}$in）。这种拉链缝法通常适用于颈部开口。绱拉链部分需要预留出1.9cm（$\frac{3}{4}$in）的缝份。

4. 隐形缝法——隐形拉链配合特殊的缝法可以将拉链和缝线完全隐藏起来。当拉链合上时，外观看上去就像一条平滑的直线。这种缝法适用于领口或裙子和裤子的开合处。绱拉链处需要预留出1.3cm（$\frac{1}{2}$in）的缝份。注意要绱完拉链后再贴边。贴边完成后可以使用嵌入缝法（参见本章第229页）。

纽扣和扣眼

使用纽扣来闭合衣服时，有几点需要特别注意的事项。纽扣的选择和位置会影响服装的整体比例和设计效果。例如，美丽的宝石纽扣可能成为服装上最重要的特征。

纽扣有多种材质。好的纽扣可能由石头、珠母、皮革或金属制成。但目前大部分纽扣均是由塑料制成的，价格便宜并有各种颜色和尺寸。

如果服装是使用纽扣来进行开合，那么立裁时一定要考虑纽扣和扣眼所需要的搭门量，这意味着开襟两侧均需要加放一些余量。搭门量的宽窄要根据纽扣的直径大小、面料的厚薄和质地而定，而且还要考虑服装是单排扣还是双排扣。搭门量的最小值是纽扣的直径。服装面料越厚重则搭门量越大，如夹克或外套。当搭门部分的边缘是直线时，贴边通常与衣身连在一起进行裁剪。

A. 准备坯布——整体式门襟贴边

1. 设置贴边宽度——如果贴边能够延伸至肩

部，则肩线的贴边宽度至少需要6.4cm（$2\frac{1}{2}$in）。其他部位的贴边宽度为6.4cm（$2\frac{1}{2}$in）~7.6cm（3in）就足够了。

2. 设置搭门宽度——搭门的宽度不能小于纽扣的直径。在服装前中心线外侧需加放两倍搭门量宽度和一个贴边宽度。

3. 裁剪坯布——按照通常的方法裁剪，注意须在面料宽度上加放搭门量和贴边量。

4. 画辅助线：
   a. 贴边宽度；
   b. 两倍的搭门量；
   c. 前中心线（图14-13）。

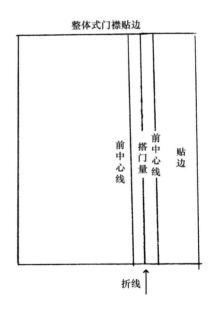

图14-13　步骤A1~4

B. 准备坯布——分体式门襟贴边

1. 裁剪坯布——方法与通常做法相同，注意在边缘加放纽扣搭门量和缝份宽度。双排扣服装的搭门宽度应该在人台上确定，并且要根据前中心线至两侧纽扣的距离加放贴边的宽度。

2. 设置贴边宽度——如果贴边延伸至肩部，

则肩线处的贴边宽度至少需要6.4cm（$2\frac{1}{2}$ in），其余部分的贴边宽度为6.35cm（$2\frac{1}{2}$ in）～7.6cm（3in）。

3. 从坯布的直纱布边向右量取缝份宽度和搭门量宽度，并作标记。从这两个点分别作垂直线平行于布边，作为缝份线和前中心线（图14-14）。

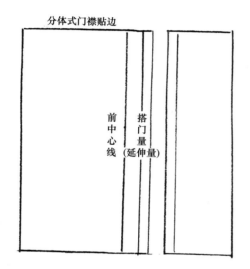

图14-14　步骤B1~3

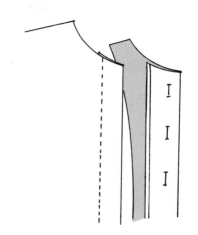

图14-15

门襟上均匀分布即可。

　　纽扣的位置直接用圆点在衣服左襟的前中心线上标记出来即可。扣眼位置可以用直线在右襟的前中心线上作标记。标记线长度比纽扣直径略长约0.2cm（$\frac{1}{16}$in）即可，半球形纽扣或宝石纽扣的扣眼需要略大一些。在扣眼的两侧分别作约0.6cm（$\frac{1}{4}$ in）的垂直线段，这样可以更明确地标记出扣眼的长度。为了确保纽扣扣合后正好位于前中心线上，扣眼右端应位于前中心线向外0.3cm（$\frac{1}{8}$in）的位置（图14-16）。

C. 暗门襟

　　当纽扣隐藏在门襟下做成暗门襟时，服装左襟的（缝纽扣一侧）处理方法如前所述。右襟则需加放两倍搭门量并加上缝份的宽度。在右襟的下面另制作一个贴边。扣眼位于下层的贴边搭门量上，这片贴边最后要缝合在右襟上，如图14-15所示。

D. 纽扣间距

　　纽扣和扣眼的间距大小是根据几个因素来决定的。首先必须考虑服装的设计和纽扣的尺寸。针对比较合身的服装，纽扣应该设置在受力点上，如腰围线和胸围线位置。位于领口位置的第一粒纽扣的边缘应该距领口线至少0.6cm（$\frac{1}{4}$in）。其他纽扣在

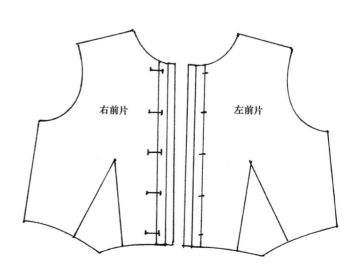

图14-16　扣眼位置（右前片）和纽扣位置（左前片）

在当今的成衣生产中，扣眼基本都采用锁眼机缝制，只有在单件定制服装时才采用手工缝制。不同的扣眼对应使用不同的锁眼机，如平头扣眼、锁孔扣眼（圆头扣眼）、镶边扣眼（图14-17）。简单的平头扣眼可以应用于轻薄的服装，如连衣裙、衬衫、睡衣、童装等。锁孔扣眼通常用于面料厚重的服装，如牛仔布和羊毛面料服装及所有男装风格的服装。镶边扣眼较为女性化，主要用于女士短上衣和女士外套。根据服装的不同款式，样衣工作室会提供不同的锁眼机。如果没有锁眼机，也可以将样衣送到专门的扣眼缝制店进行加工。

锁孔扣眼

平头扣眼

镶边扣眼

图14-17 扣眼类型

尼龙搭扣（魔术贴）

尼龙搭扣简单又安全，是非常普遍的服装闭合应用方式。它操作起来速度最快最简单，特别适用于童装或残疾人服装。

图14-18

尼龙搭扣由两片表面带有纤维的贴片组成，一片表面有微小的钩状物，另一片表面则布满圈圈的绒状物（图14-18），将两贴片按在一起就会互相黏住闭合起来，只要轻拉就可以将它们分开。尼龙搭扣有各种尺寸，使用时不会影响面料的柔韧性和伸展性。

使用尼龙搭扣与使用纽扣时的贴边是一样的。钉缝尼龙搭扣具有隐藏性。带有小钩的一片应该缝在衣片的表层上，以免其碰触身体造成不适（图14-19）。

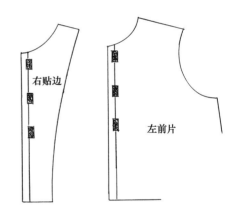

右贴边

左前片

图14-19 尼龙搭扣贴片

第十五章
口袋

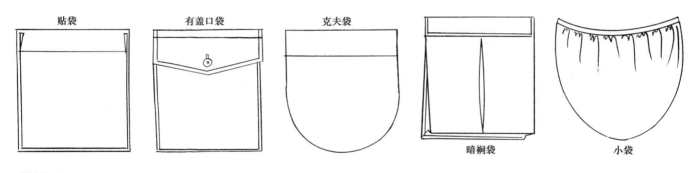

贴袋　　　有盖口袋　　　克夫袋　　　暗裥袋　　　小袋

图15-1

女装通常都没有口袋。服装如果没有具有功能性的口袋可能很难销售出去。无论是工作还是休闲娱乐，拿着手提包往往很不方便，所以口袋起着非常重要的作用，用于装钥匙、钱等其他小物件。连衣裙、衬衫、休闲裤，特别是夹克和外套都需要口袋，口袋具有重要的设计特征。然而，当口袋影响了服装的整体外观效果时，就要想办法将其隐藏起来。只要衣服里有足够的空间，就可以将口袋隐藏于衣服的结构线中。

尽管口袋已经在平面草图上标记出来，但在立体裁剪时考虑口袋的位置和尺寸仍然非常重要。可以直接用标记胶带在样衣上粘贴出口袋的外轮廓。如果口袋的位置设计在结构线中则必须设置足够的空间，这个空间的容量要能够伸入人的手掌并足以取放一些小物件。

贴袋

　　贴袋是将一块面料直接缝在服装上形成的口袋。这种口袋一般用明线或暗线将三边缝合，上边开口。贴袋可以设计在任何位置，在衬衫或衬衫式连衣裙款式中，经常被设计在胸口。

　　贴袋有很多种变化，其中最简单的贴袋袋口呈一条水平线；克夫袋的袋口有克夫；有盖口袋的袋盖一般与口袋分离，单独缝在衣身上，袋口有纽

扣；暗裥袋的口袋中央有一暗褶裥，袋口一般有克夫或贴边；小袋的袋身一般有抽褶或压褶，最后用橡筋带或布条固定（参见本章第235页图15-1）。

　　贴袋也可以设计成不同的形状，甚至可以成为服装设计的亮点。如果贴袋的形状过于复杂，无法用简单机器缝制，则需要采用手工缝制。手工缝制的口袋通常采用全部粘烫可熔性黏合衬的方式进行加固。

贴袋的缝制要点

无衬里贴袋

1. 准备一块薄硬纸板或马尼拉模板，剪成口袋的形状，用以在缝制前精确压烫口袋边缘。

2. 沿口袋边缘剪去多余面料，将上边缘缝份向反面扣折并车缝（图15-2）。

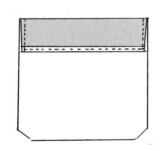

图15-2　步骤2

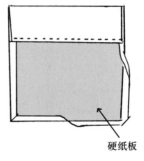

硬纸板

图15-3　步骤4

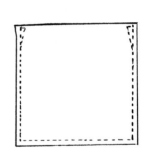

图15-4　步骤6a

3. 将贴边边缘翻折到口袋内侧。如果需要的话可以沿贴边边缘缉明线。

4. 沿硬纸板将缝份向反面压烫（图15-3）。

5. 将准备好的口袋放在衣身上用大头针固定并粗缝。

6. 将口袋缝到衣身上：

　　a. 用明线将口袋缉缝到衣身上，袋口的转角处缉三角形固定，如图15-4所示。

　　b. 贴袋用暗线缝制。将口袋正面朝下与衣身口袋位置标记的左侧对齐。从左侧边缘顶端开始，沿口袋标记线暗缝，直至右侧顶端结束（图15-5）。

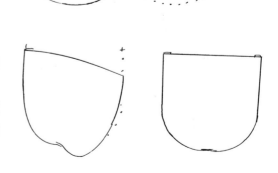

图15-5　步骤6b

有衬里贴袋

1. 将衬里剪成与口袋相同的形状，但要减去口袋上边缘贴边的宽度，四周减去0.2cm（$\frac{1}{16}$in）。

2. 将衬里与口袋的上边缘缝合在一起，留一个小开口，其大小足够将口袋从里向外翻出即可（图15-6）。

3. 将缝份倒向衬里并重新整理口袋，沿口袋外边缘车缝（图15-7）。

4. 修剪缝份，将口袋从里面翻出来。将缝份倒向衬里，用缲针将开口缝合（图15-8）。

5. 将口袋缝合到服装上（方法参见无衬里口袋步骤6）。

图15-6　步骤2

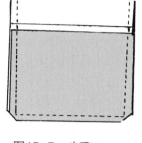

图15-7　步骤3

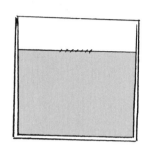

图15-8　步骤4

侧插袋

　　侧插袋一般位于裙子或裤子两侧，兼具隐蔽性和功能性。侧插袋的制板非常简单，只需前、后两片里袋布。

　　在有腰线的服装款式中，里袋上缘至腰线为止。口袋开口位置大约位于腰线向下3.8cm（$1\frac{1}{2}$in）处。在刀背缝或公主线服装款式中，侧插袋只置于侧缝线上。袋口长至少14cm（$5\frac{1}{2}$in），里袋宽至少15cm（6in），里袋深约25cm（10in）（图15-9）。

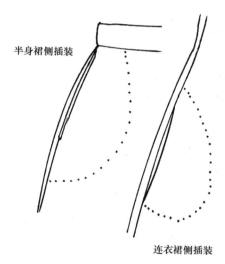

半身裙侧插装

连衣裙侧插装

图15-9

侧插袋的缝制要点

　　侧插袋的里袋可以采用面料也可以采用里料。如果用里料制作，则应在后片对应袋口的位置用服装面料贴缝一块表布，使袋口处不会露出里料。侧插袋应在服装侧缝缝合之前制作。

1.（如果里袋的后片使用服装面料制作，则可以省略此步骤，直接从步骤2开始。）当需要用服装面料贴缝一块表布时，要将表布边缘修剪整齐。将表布置于后袋布袋口一侧，并沿边缘将表布和后袋布缝合在一起。

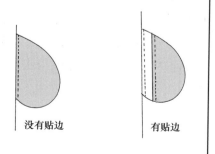

没有贴边

有贴边

图15-10　步骤2

2. 用大头针将两片里袋布分别固定在服装前片和后片的缝份上，沿缝份中线缝制（图15-10）。

3. 将口袋的缝份倒向口袋折叠，并将缝份夹入接缝（图15-11）。

4. 将口袋和衣片的前、后片分别固定在一起，沿服装边缘由上而下缝至袋口，并继续沿口袋外轮廓缝至底端（图15-12）。

5. 将口袋折向服装前片，在后片缝份上打斜向剪口，这样侧缝缝份就可以打开了。

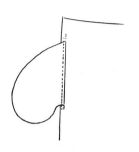　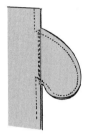　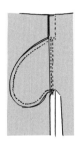

图15-11　步骤3　　　　图15-12　步骤4　　　　图15-13　步骤5

开口口袋

　　开口口袋的袋口是一条线，结构简单。首先将面料剪开作为开口。需要采用服装面料裁剪一块与里袋布形状相同的垫袋布作为里袋的内层。开口上端（开口起始点）缝份宽度通常为0.6cm（$\frac{1}{4}$in），向开口下端递减并逐渐消失。垫袋布的轮廓要与口袋后片一致。

　　钥匙孔口袋是开口口袋的变种。与开口口袋不同的是，这种口袋的开口是圆形或水滴形，其与开口口袋同样在里袋内侧需要有垫袋布（图15-14）。

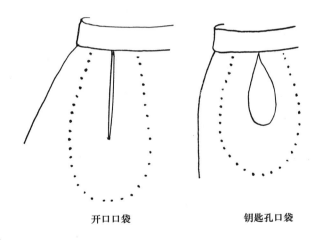

开口口袋　　　　钥匙孔口袋

图15-14

育克口袋

　　这种口袋位于育克线内——通常是在肩部育克中应用。这是美国西部风格衬衫的流行设计特点。育克结构可以用于口袋的扣合或作为袋盖。因此，里袋可以单独裁制也可以与衣身合二为一（图15-15）。

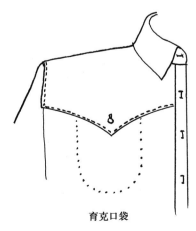

育克口袋

图15-15

裙子和裤子的斜插袋

斜插袋位于半身裙或裤子的两侧。袋口从腰围线开始斜向向下至两边侧缝。袋口可以是简单的斜线，如斜插袋的男裤；也可以设计成其他样式，如典型的西部风格口袋。

这种口袋的表层，要大到足以覆盖里袋的上层。里袋的下层需要从腰围线一直延伸至侧缝线，这样当口袋缝合时，裙子或裤子前面的外观是完整的。当斜插袋应用于运动服或定制服装时，口袋内层分成两片，这样袋口处需用服装面料做垫布，而看不见的地方可以用口袋面料制作。一种柔软且织造紧密的棉织物最为适合作为里袋布使用（图15-16）。

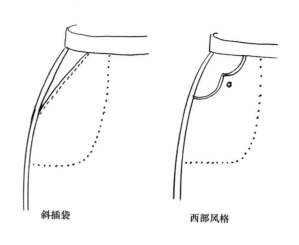

斜插袋　　西部风格

图15-16

正装口袋

在女装中，带牙口袋主要用于西式短上衣、外套和运动西服等款式中。这种口袋通常有贴边或袋盖，其结构设计兼具传统性和功能性。

当口袋的位置和尺寸在面料上确定下来后，口袋的纸样必须立裁得十分精确，这样所有的裁片缝合到一起时才会合适。袋口部分的贴边和袋盖必须使用可熔性黏合衬进行加厚。在西式短上衣和外套中，口袋的里袋一般都在衣服的内侧，所以一般用口袋面料制作。

贴边口袋

在男装制作中，贴边口袋只用于胸袋。贴边为宽约约2.5cm（1in）、长11cm（$4\frac{1}{2}$in），略微倾斜。而在女装中，贴边口袋可以用于任何位置，

倾斜角度也可以随意设计。袋口可以比贴边略宽1.3~3.8cm（$\frac{1}{2}$~$1\frac{1}{2}$in）（图15-17）。为了隐藏里袋布，在袋口位置需要用成衣面料遮盖下层袋布。

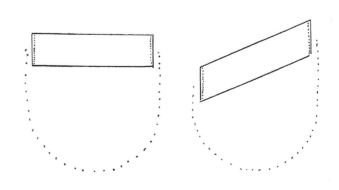

图15-17

贴边口袋的缝制要点

1. 剪下贴边布并对折，正面相对并缝合（图15-18）。

2. 将贴边翻至正面并压折，沿原来边缘粗缝。

3. 将垫袋布和里袋后片正面相对并缝合，缝份倒向口袋一侧（图15-19）。

4. 将贴边和里袋后片放在衣服前片的口袋上，正面相对。里袋布在上，贴边在下，用大头针固定并粗缝（图15-20）。

5. 将贴边放在里袋前片下面并粗缝，将袋口两端缝合，留出0.6cm（$\frac{1}{4}$in）缝份，用大头针固定住两端（图15-21）。

6. 剪开袋口，两端各留出1.3cm（$\frac{1}{2}$in），从开口两端向线迹根部斜向剪开（图15-22）。

7. 从袋口将袋布翻到衣服反面，将贴边翻出来。

8. 在服装反面，将上线压平。两端小三角形分别向两侧折叠并压烫（图15-23）。

9. 将前、后里袋布对齐，越过三角形，沿里袋布边缘车缝。

10. 在正面，压平贴边并将贴边两端与前衣片缝合（图15-24）。

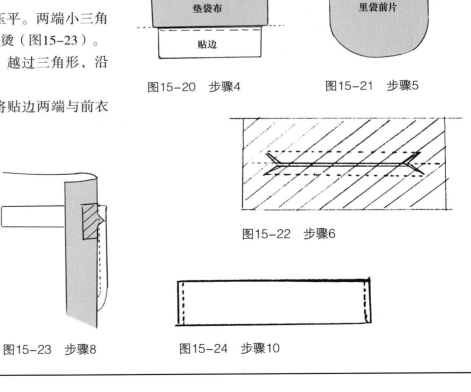

图15-18　步骤1 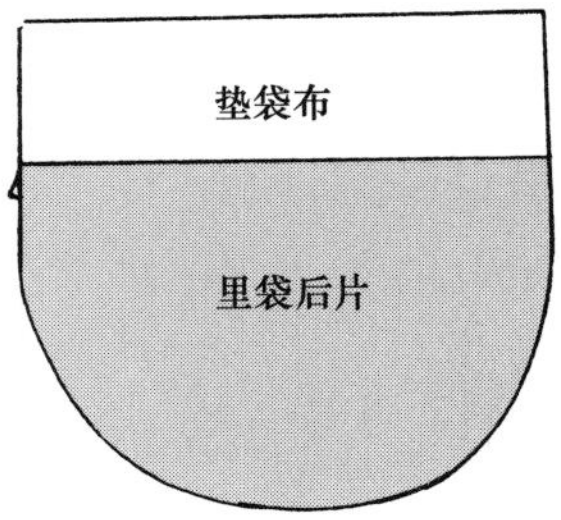　　　　图15-19　步骤3

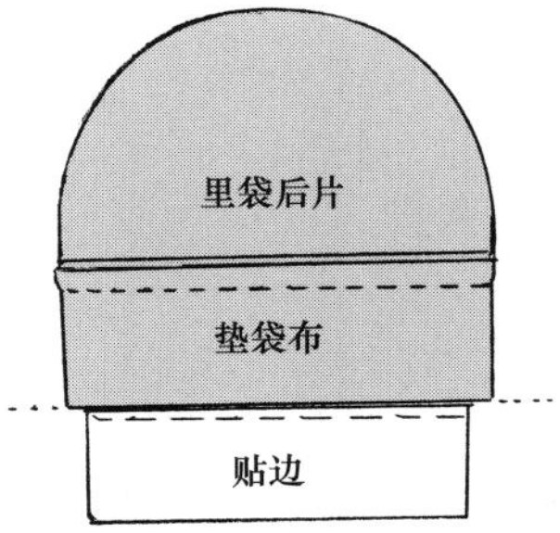

图15-20　步骤4 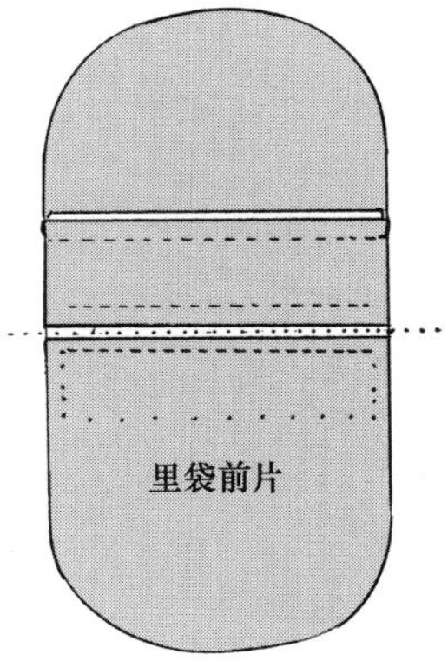　　　　图15-21　步骤5

图15-22　步骤6

图15-23　步骤8　　　　图15-24　步骤10

双嵌线袋

双嵌线袋看起来像一个大号扣眼，因此也叫扣眼口袋。嵌线宽约0.6cm（$\frac{1}{4}$in），开口平直或略有弧度［小于0.3cm（$\frac{1}{8}$in）］。弧度虽然不明显但口袋整体效果会略显下垂。上嵌线下常装有袋盖，如果没有袋盖，里袋后片必须要有面料垫袋布（图15-25）。

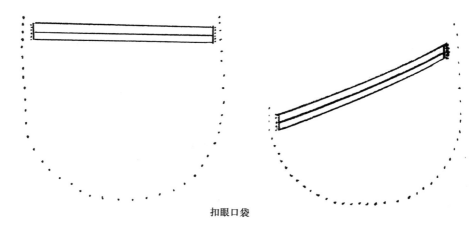

扣眼口袋

图15-25

有盖口袋

有盖口袋通常有两种形式。一种是袋盖装在双嵌线袋的上嵌线之下，另一种是用袋盖来完成口袋上缘的制作。在后一种情况中，袋口下缘常采用窄贴边（图15-26）。

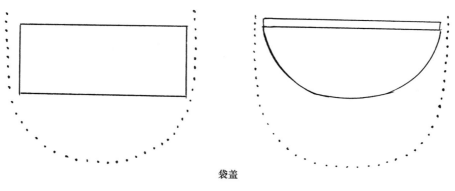

袋盖

图15-26

双嵌线袋的缝制要点

1. 在衣服正面用划粉画出口袋开口。在开口线上下各0.6cm（$\frac{1}{4}$in）处画两条平行线（图15-27）。

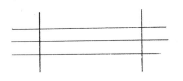

图15-27 步骤1

2. 裁两片宽3.8cm（$1\frac{1}{2}$in）、长度等于袋口宽的长条嵌线面料，两端加放缝份。

3. 将长条嵌线面料反面对折，距折线0.6cm（$\frac{1}{4}$in）处平行粗缝（如图15-28）。

4. 将垫袋布与里袋后片正面相对并缝合，缝份倒向口袋一侧。

5. 在衣服的正面，将长条嵌线面料的粗缝线与划粉线重合，对折线向外，毛缝在袋口线重叠（图15-29）。

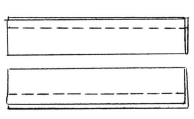 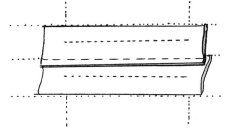

图15-28 步骤3　　　图15-29 步骤5

6. 沿粗缝线疏缝，保持线迹平行。两端用大头针固定。

7. 剪开袋口线，左、右各留出1.3cm（$\frac{1}{2}$in），两端分别向线迹根部斜向剪开，形成小三角形。

8. 将长条嵌线面料与小三角形从袋口翻出，使两条折边在中央对合，毛缝翻到服装反面。

9. 将三角形在袋口折角处分别向左右折叠，并车缝在长条嵌线面料上，如图15-30所示。

10. （如果需要袋盖，这时可以将袋盖车缝在上嵌线的缝份上。）用手针将长条嵌线面料边缘缝合在一起。这里的缝合是临时的，口袋制作完成后要将这些线拆除。

11. 将服装对折，伸出缝份。将与垫袋布缝合的里袋后片与上嵌线长条面料缝合，将里袋前片与下嵌线长条面料缝合（图15-31）。

12. 将前、后片里袋布对齐，沿边缘车缝。

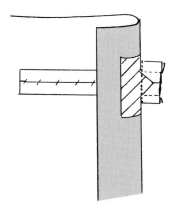 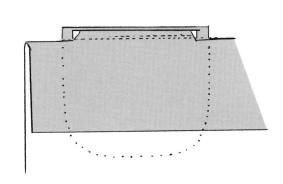

图15-30 步骤9　　　图15-31 步骤11

第十六章
用制衣面料立体裁剪和试装

　　有些设计师认为直接用实际的制衣面料进行立体裁剪比用白坯布更容易得到新的灵感。有时，在立裁过程中，甚至会推翻原有的想法并创造出新的设计造型。在立裁时，面料的纹理和形状所适合的款式会表达得更明确。

　　不仅如此，直接用制衣面料立裁能够更直观更确切地看出服装的最终效果。面料的质感和纹理在立裁时被表现得一目了然。对于制衣面料或其他延展性较强的面料来说，其质感和纹理的特性十分重要。只有充分考虑面料的伸缩性，选择合适的面料，才能得到理想的效果（图16-1）。

图16-1

A．准备面料

　　用白坯布立裁时一般只制作样衣的半边，但用实际制衣面料立裁时两侧都要制作。如果前中心线或后中心线需要对折连裁，选择面料时就要考虑其宽度是否足够制作左右两侧的衣片。

1. 参照制作坯布样衣相同的方法裁剪熨烫准备，所需的实际制衣面料。经过永久压褶或免烫处理的面料，需要按照样衣片的特点裁剪面料。尽可能直观地得到最终效果。

2. 用线丁标记出所有需要的标记线。虽然也可以使用隐形划粉作标记，但线丁更精确，而且不会污染面料。特别是一些贵重的面料，如丝绸上所有的标记线都应该用细线丁作标记，以避免留下无法去除的痕迹。一般来说，前中心线和后中心线都用线丁作标记。

B．立裁步骤

1. 将前中心线或后中心线固定在人台上，如果中心线是对折连裁的，可以暂时将多余的面料固定放置在人台的右边。

2. 先设计左侧衣片。如果中心线是对折连裁的，则需要同时制作左、右两侧的衣片，以防止纱向被破坏。

3. 用大头针标记左侧衣片。注意大头针要顺着标记线和省道的方向。

4. 将样衣从人台上取下。在样衣反面用划粉画出大头针的标记点。

5. 将面料正面向里并沿中心线对折，用大头针固定以防止移动。用白色打板纸复制所有的标记线。当采用斜纱剪裁时，要沿直

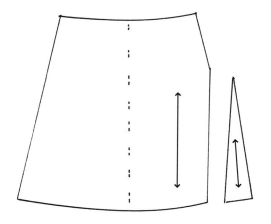

图16-2　步骤B5

纱或横纱抚平面料，防止面料因拉伸而变形。当对折连裁时，面料幅宽可能不够制作另一侧衣身，则可以沿直纱向补上另一块面料，如图16-2所示；如果不用对折连裁，则可以将衣片复制到另一半面料上，方法同前。

6. 将左、右两片固定在一起后，留出缝份剪掉多余面料。当用斜纱剪裁时缝份要留宽一些，并且要作面料延伸的调整，方法是将样衣用大头针固定好，悬挂至少24小时。待衣片自然伸展之后，再将样衣重新穿到人台上，做适当调整以得到理想的样板。

7. 用线丁将标记线标注到面料正面。

8. 如果衣片需要复制，注意要在衣片缝合之前进行复制。

9. 加放缝份，剪出面料样板。

去除省道

服装没有省道也可以合体。如前所述，缩褶、压褶、褶裥和分割线都可以消除多余的量，使面料贴合人体曲线。不过服装通常都是随人体表面流动的，不用任何明显的合体手段也可以做得合适（参见本章第244页图16-1）。

通过把多余的量巧妙地分散到袖窿或肩部，或通过对面料的归拔处理，即使不设置省道，也可以达到合体的效果。不过这些方法不适用于无弹性或经永久压褶处理的面料。针织或其他有弹性的面料很容易制作得合体。很多亚麻布、丝绸、棉布和可缩的羊毛织物应该小心处理。纬编织物比经编织物更易造型。

如果准备制作一件无省道的合体服装，最好使用实际的制衣面料。这里有两种方法可供选择。

A. 第一种方法

1. 分散多余的量，并用大头针固定。
2. 在肩线和袖窿弧线上粘贴标记胶带并粗缝。
3. 粗缝余量消失的位置。
4. 将样衣从人台上取下。
5. 用蒸汽收缩所有余量。
6. 采用羊毛织物或其他易于用熨斗归拔的面料（图16-3）。

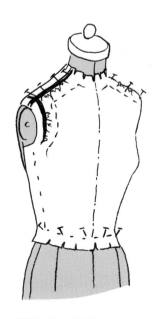

图16-3　步骤A5～6

B. 第二种方法

这种方法适用于大批量生产。

1. 分散多余的量，并用大头针固定。画出标记线，剪掉多余的面料。
2. 在需要造型的部位固定一块白坯布，画出标记线，剪掉多余的面料。
3. 将样衣和白坯布从人台上取下。
4. 在对样衣造型之前，先将白坯布从样衣上取下来，压平样衣。将白坯布和样衣的形状复制到纸上用于以后复制衣片。
5. 将样衣重新穿到人台上，给余量造型，方法如前所述。将白坯布粗缝到样衣上，但不要破坏余量的形状（图16-4）。

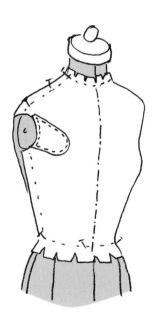

图16-4　步骤B5

6. 将样衣从人台上取下。
7. 将样衣翻到反面（白坯布在下面），用蒸汽熨斗收缩归烫所有余量。

将样板复制到打板纸、
卡纸或塑料板上

将服装的样板转移到纸或其他材料上时要注意保持纱向不变，同时所有的线条都必须精确复制。即使是一点点误差也可能对整个板型的最终着装效果产生毁灭性的影响。

1. 将衣片分开，打开省道并压平，注意保持纱向不变。

2. 服装沿直纱向裁剪：

    a. 用划粉或线丁标记服装前片和后片的横、直纱向，线条间隔5cm（2in），以袖窿弧线和侧缝线的交点为起点。对于裙子和长裤，横纱向以臀围线为基准，直纱向以之前的标记线为基准，均匀地间隔排列（图16-5）。

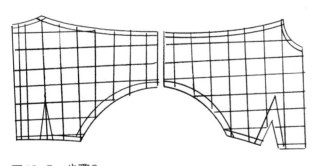

图16-5　步骤2a

b. 在准备复制的纸上画出同样间隔5cm（2in）的网格线，且与样板上的纱向线一致（图16-6）。

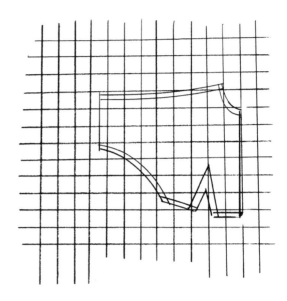

图16-6　步骤2b～3

3. 将样板放到纸上，横直纱线对齐。将样板铺平，用大头针或重物固定好。采用滚轮沿结构线仔细复制。

4. 重复所有的结构线，确保侧缝线长度一致、线条和十字标记等对齐，要放松的区域除外。

5. 加放缝份，剪掉多余的面料。

6. 在所有十字标记的缝份边缘打上剪口标记，完成制板。

试装

　　样衣立裁并缝制完成后就要给真人模特试装了。尽管坯布样衣在人台上效果很好，但真正的效果只有通过真人试穿，才能准确地反映出来。当胳膊上抬时袖子是否舒服？模特坐下或走路时裙子或裤子是否合适？诸如此类的问题必须在试穿时进行检查和评估，在批量生产或交给顾客之前对服装进行必要的调整。

　　特别是当今，批量生产的服装初样通常是在异地的加工厂中缝制，因此对于样衣的评估和认可是十分重要的。每一件样衣或原型制作完成之后都要送回公司总部让真人试装，并对样衣进行审查评估或调整。当款式确定但仍需修改时，修改数据将在试装时进行确定并输入计算机。采用这种方法可以即时得到修改后的板型。板型修改后重新裁剪缝制并让真人模特试穿，如此反复直到达到理想效果为止。

　　制作坯布样衣在一些好的样衣工作室中仍然存在，并且是传统制衣过程中不可缺少的环节之一。当样衣制作完成，板型确定下来后，就应该准备第一次试装了。

A. 试装前的坯布准备

　　坯布样衣试穿前必须裁剪出整身的衣片，然后用机器粗缝在一起。如果采用装袖，则用机器将袖片缝合后不要绱到衣身上。将垫肩和衬里粗缝到衣片上。

B. 试装步骤

1. 检查肩线是否需要调整。根据需要添加或去掉垫肩。
2. 试装时，检查横、直纱向是否平直。无论是制作完成或是部分完成的服装，自然悬垂时横、直纱向都必须保持平直。调整纱向时，要拆开结构线，根据需要通过上下移动面料来调整悬垂时样衣的纱线方向和美观状况。
3. 绱袖的调整：
   a. 检查袖窿。试穿制作完成或部分完成的服装时，检查衣身胸围线以上宽度是否足够，保证绱袖点与领口线底部和BP点水平位置处无牵拉（图16-7）。如果胸上部分太窄，可以通过调整袖窿来解决。根据需要可以降低或抬高袖窿。袖窿如果抬高会太紧，袖窿降低会较为舒适，但太低时，袖山底点必须上升。在试穿已制作完成的样衣时，如果需要调整袖窿，则需要把袖子拆下来再进行调整，方法同上。

图16-7　步骤B3a～b

b. 如果模特手臂上抬时，衣身上出现牵拉，则袖山底点必须上升。为了确定袖山在腋下需要的量，可以从前、后腋点打开袖窿弧线。让模特抬起手臂，以决定满足运动舒适性所需要的量（图16-7）。

c. 以袖山的前、后腋点为中心，向上旋转袖片，得到袖子运动时所需的量，如图16-8所示。

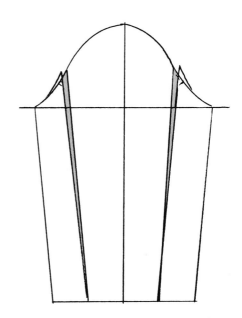

图16-9   步骤B3d

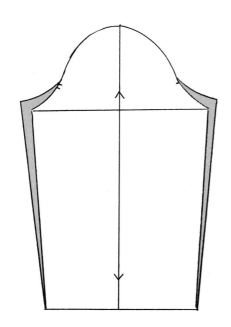

图16-8   步骤B3c

d. 检查袖肥。如果袖子太紧，可以采用剪开袖子的方法加宽袖肥（图16-9）。

e. 检查袖山松量：
　（1）如果袖山松量太大则需要做一些调整。稍稍降低袖窿底点，单侧或两侧向外扩。
　（2）如果袖山松量不够，裁剪时将袖片剪宽一些即可。

f. 将袖窿和袖山调整好后，可绱袖子。袖子的肘部以上应垂直地面，肘部以下应略向前倾斜，走势与人的胳膊相同。重新绱修改过的袖子（图16-10）。

图16-10   步骤B3f

4. 检查侧缝。按需要收放适当的量，注意保持纱向平直。

5. 检查腰线：

　　a. 如果腰线过低，则在胸围线和腰围线之间通过折叠收进一定的量。

　　b. 如果腰线过高，则将胸围线和腰围线之间剪开并补上一定的量（图16-11）。

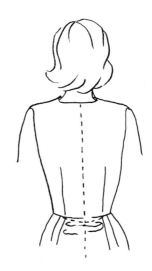

图16-12　步骤B5c

图16-11　步骤B5b

　　c. 给有腰线的裙子或长裤试装时，检查后片腰围线以下是否有横向牵拉。如果有，可以通过降低后腰围线的方法来解决（图16-12）。

6. 检查领口。如果领口太紧，可降低领口底点；如果领口太松，则应抬高领口底点。如果领口做了调整，那么贴边和领子也必须相应地进行调整。

7. 检查所有款式线，包括口袋、领子等造型。这些部件的比例和形状最好是在真人模特上评估其最终效果（图16-13）。

图16-13　步骤B7

参考文献

读者如果想要了解更多关于本书各章节中的立裁方法，可以根据"参考文献"中的资源进行更深入的学习。

平面制板

Armstrong, Helen Joseph. *Patternmaking for Fashion Design* . 4th ed. Upper Saddle River, NJ: Pearson Prentice Hall, 2006.

Haggar, Ann. *Pattern Cutting for Lingerie, Beachwear & Leisurewear* . 2d ed. Oxford, UK: Blackwell Science Ltd., 2004.

Kopp, Ernestine, Vittorina Rolfo, Beatrice Zelin, and Lee Gross. *Designing Apparel Through the Flat Pattern* . 6th ed. New York: Fairchild, 1992.

——. *How to Draft Basic Patterns* . 4th ed. New York: Fairchild, 1991.

Price, Jeanne, and Bernard Zamkoff. *Basic Pattern Skills for Fashion Design.* 2d ed. New York: Fairchild, 2009.

——. *Grading Techniques for Modern Design* . 2d ed. New York: Fairchild, 1996.

样衣缝制

Armstrong, Helen Joseph. *Patternmaking for Fashion Design* . 4th ed. Upper Saddle River, NJ: Pearson Prentice Hall, 2006.

Haggar, Ann. *Pattern Cutting for Lingerie, Beachwear & Leisurewear* . 2d ed. Oxford, UK: Blackwell Science Ltd., 2004.

Kopp, Ernestine, Vittorina Rolfo, Beatrice Zelin, and Lee Gross. *Designing Apparel Through the Flat Pattern* . 6th ed. New York: Fairchild, 1992.

——. *How to Draft Basic Patterns* . 4th ed. New York: Fairchild, 1991.

Price, Jeanne, and Bernard Zamkoff. *Basic Pattern Skills for Fashion Design.* 2d ed. New York: Fairchild, 2009.

——. *Grading Techniques for Modern Design* . 2d ed. New York: Fairchild, 1996.

高级定制

Cabrera, Roberto, and Patricia Flaherty Meyers. *Classic Tailoring Techniques: A Construction Guide for Women's Wear* . New York: Fairchild, 1984.

Tailoring: *The Classic Guide to Sewing the Perfect Jacket.* Chanhassen, MN: Creative Publishing International, 2005.

时装效果图

Abling, Bina. *Advanced Fashion Sketchbook* . New York: Fairchild, 1991.

Abling, Bina, and Kathleen Maggio. *Integrating Draping, Drafting and Drawing.* New York: Fairchild, 2009.

Tain, Linda. *Portfolio Presentation for Fashion Designers* . 2d ed. New York: Fairchild, 2006.

Stipelman, Steven. *Illustrating Fashion*: *Concept to Creation.* 2d ed. New York: Fairchild, 2005.

Tallon, Kevin. *Digital Fashion Illustration with Photoshop and Illustrator.* London, UK: Batsford, 2008.

——. *Creative Fashion Design with Illustrator.* London, UK: Batsford, 2006.

特殊兴趣领域

Donofrio-Ferrazza, Lisa, and Marilyn Hefferen, *Designing a Knitwear Collection.* New York: Fairchild, 2009.

Frings, Ginni Stephens. *Fashion from Concept to Consumer.* 6th ed. Upper Saddle River, NJ: Prentice Hall, 1999.

Tortora, Phyllis, and Keith Eubank. *Survey of Historic Costume.* 3d ed. New York: Fairchild, 1998.

Zangrillo, Frances Leto. *Fashion Design for the Plus-Size* . New York: Fairchild, 1990.